普通高等教育"十二五"规划教材

医学电子仪器设计

主编 贺忠海
参编 马振鹤 李梦超 王巧云
　　　赵玉倩 魏永涛 孙美荣
　　　陈　砚

机械工业出版社

本书首先介绍了医学电子仪器常用的元器件和电路,然后以设计任务为核心,逐级分解设计任务,选择解决方案,说明各部分模块的实现方法,结合不同类型的医学电子仪器说明了设计方法和流程。

本书既概括了医学电子仪器的通用设计方法(包括通用的流程、通用的元器件、通用的电路),又说明了不同类型仪器的设计特点,无论从设计思路还是实际内容上都有很强的指导和参考作用。本书还有重点地对现阶段技术条件下的模拟电路的核心(运算放大器)和数字电路的核心(单片机)进行非常详细的说明,对于如何设计高性能运算放大电路和以单片机为核心的控制电路重点加以阐述。本书介绍的内容都是公司研发中实际应用的,这就保证了本书技术的先进性。

本书可作为高等院校生物医学工程专业本科的专业课教材,也可供从事医学电子仪器设计、使用和维修的工程技术人员参考。

图书在版编目(CIP)数据

医学电子仪器设计/贺忠海主编. —北京:机械工业出版社,2014.4
(2025.1重印)

普通高等教育"十二五"规划教材
ISBN 978-7-111-45661-2

Ⅰ.①医⋯ Ⅱ.①贺⋯ Ⅲ.①医疗器械-电子仪器-设计-高等学校-教材 Ⅳ.①TH772.02

中国版本图书馆 CIP 数据核字(2014)第 022861 号

机械工业出版社(北京市百万庄大街22号 邮政编码100037)
策划编辑:王小东 责任编辑:王小东 王 琪 王 康
版式设计:霍永明 责任校对:樊钟英
封面设计:张 静 责任印制:张 博
北京建宏印刷有限公司印刷
2025年1月第1版第5次印刷
184mm×260mm・14.75印张・1插页・363千字
标准书号:ISBN 978-7-111-45661-2
定价:45.00元

电话服务　　　　　　　　　网络服务
客服电话:010-88361066　　机 工 官 网:www.cmpbook.com
　　　　　010-88379833　　机 工 官 博:weibo.com/cmp1952
　　　　　010-68326294　　金 书 网:www.golden-book.com
封底无防伪标均为盗版　　　机工教育服务网:www.cmpedu.com

前言

本书是为生物医学工程专业的医学电子仪器设计课程编写的，编写的特点是注重了技术的先进性和知识体系的完整性。本书从实际的医学仪器设计出发，精选了几类有特点的仪器作为设计的范例，详细分析了仪器设计的要求、步骤、任务的分解与完成方法。根据现有医学仪器的特点，对仪器设计的两大部分，即模拟信号提取部分和数字控制部分，分别进行详细讲述。本书的设计都是以单片机为核心搭建的，并都采用现在广泛应用的技术。

全书共分9章，基本分为3大部分。第一部分包括前3章，分别对医学仪器的总体设计和组建医学仪器的元器件与电路进行了充分讲述，为医学仪器设计的基础知识部分，这部分内容根据实际元器件的性能特点对电路进行了深入研究，对运算放大器电路的使用进行了详细说明，对常用的输入/输出设备给出了说明并讲解了使用方法。第二部分包括第4~8章，分别对典型仪器的设计过程和方法进行讲述，从仪器需要达到的功能要求进行分析，根据生物信号的特点设计信号提取电路，对各部分任务进行分解，根据分解任务确定核心控制器信号，再根据核心控制器确定外围电路，从而组成一个完整的生物信号测量仪器，并对输入/输出设备进行选择和控制设计，整个控制系统都以现在广泛采用的元器件作为设计基础，有很强的实用价值和指导作用。第三部分为第9章，简单讲解了生物治疗仪器的设计方法，这部分内容突出了治疗仪器与检测仪器设计过程中的不同，特别强调了安全性在设计过程中的重要性。

在编写本书的过程中，作者得到了康泰医学系统有限公司的大力帮助，研发中心副总监杨振和张金玲为本书提供了大量的建议和指导，研发中心的李传喜、杨磊、王树志、杨婷婷等工程师为本书提供了无私的帮助和指导，并对某些专题编写了部分内容，在此表示特别的感谢。

为充分体现内容的先进性和条理性，本书在编写过程中参阅了大量的著作和期刊，在此谨向这些文献的作者们致以诚挚的谢意。

由于本书内容很新颖，其中很大一部分都是第一次整理出版，肯定有不成熟和错误的地方，恳请读者批评指正。作者Email：professorhe@qq.com。

编　者

前言
第1章 医学电子仪器的特点 ... 1
1.1 生物信号的基本特征 ... 1
1.2 生物系统建模与仪器设计 ... 3
1.2.1 系统建模与模型特点 ... 3
1.2.2 建立生物系统模型的基本方法 ... 4
1.3 医学电子仪器的基本构成 ... 7
1.3.1 生物信号采集系统 ... 8
1.3.2 生物信号处理和控制系统 ... 9
1.3.3 生物医学信号的记录与显示系统 ... 9
1.3.4 电源管理系统 ... 10
1.3.5 辅助系统 ... 10
1.3.6 医学仪器的工作方式 ... 11
1.4 医学仪器的特性与分类 ... 11
1.4.1 医学仪器的主要技术指标 ... 11
1.4.2 医学仪器的特殊性 ... 15
1.4.3 典型医学参数 ... 15
1.4.4 医学仪器的分类 ... 16
1.5 生物医学仪器的设计原则与步骤 ... 17
1.5.1 医学电子仪器的设计原则 ... 17
1.5.2 仪器的设计步骤 ... 18

第2章 常用电子元器件 ... 21
2.1 电阻器 ... 21
2.1.1 电阻器的参数 ... 21
2.1.2 阻抗元件标称值和允许偏差的标志法 ... 22
2.1.3 电阻器的杂散参数和选用方法 ... 23
2.2 电感器的结构与特点 ... 24
2.2.1 电感器的作用 ... 24
2.2.2 小型固定电感器 ... 24
2.2.3 电感器的杂散参数 ... 24
2.3 电容器 ... 25
2.3.1 电容器的分类和作用 ... 25
2.3.2 常用电容器的特点 ... 25
2.3.3 电容器的杂散参数 ... 27
2.4 显示、键盘及打印技术 ... 29
2.4.1 发光二极管显示器 ... 29
2.4.2 液晶显示器 ... 31

2.4.3 有机发光显示器 ··· 36
2.4.4 显示器的控制 ··· 38
2.4.5 常用键盘类型 ··· 39
2.4.6 常用打印形式 ··· 42
2.5 微处理器 ··· 44
2.5.1 单片机的特点与功用 ·· 44
2.5.2 常用单片机类型及特点 ··· 45
2.6 常用器件的主要供应商 ·· 47
2.7 常用芯片资料的阅读方法 ··· 48

第3章 医学仪器常用电路 ··· 49
3.1 运算放大器的类型和技术参数 ·· 49
3.1.1 运算放大器的类型 ··· 49
3.1.2 运算放大器的参数 ··· 50
3.1.3 集成电路的元器件特性 ··· 53
3.2 信号放大电路 ·· 54
3.2.1 反相放大电路 ··· 54
3.2.2 同相放大器 ·· 55
3.2.3 基本差动放大电路 ··· 56
3.2.4 高共模抑制比放大电路 ··· 60
3.2.5 电桥电路 ··· 64
3.2.6 隔离放大器 ·· 65
3.3 滤波电路 ··· 66
3.3.1 滤波器的分类 ··· 66
3.3.2 滤波器的主要特性指标 ··· 67
3.3.3 RC 有源滤波电路 ·· 68
3.3.4 几款常用的滤波器设计软件 ··· 69
3.3.5 有源滤波器集成电路 ·· 69
3.4 典型电源电路 ·· 69
3.5 生物电放大器前置级原理 ··· 72
3.5.1 高输入阻抗 ·· 72
3.5.2 高共模抑制比 ··· 73
3.5.3 低噪声、低漂移 ·· 74
3.5.4 设置保护电路 ··· 74
3.6 噪声特性分析 ·· 75
3.6.1 噪声与干扰的基本特性 ··· 75
3.6.2 运算放大电路中的噪声分析 ··· 77
3.7 抗干扰措施 ··· 78
3.7.1 串模干扰及其抑制 ··· 78
3.7.2 共模干扰及其抑制 ··· 80
3.7.3 模拟电路和数字电路的隔离 ··· 81
3.7.4 接地方法 ··· 82
3.7.5 软件的抗干扰技术 ··· 83
3.7.6 自激振荡现象与排除方法 ·· 83

3.8 便携式仪器的设计特点 ··· 84
　3.8.1 选择 CMOS 工艺的元器件 ·· 84
　3.8.2 单片机的低功耗设计 ·· 85
　3.8.3 存储器的低功耗设计 ·· 86
　3.8.4 电源的低功耗设计 ·· 86
　3.8.5 使用液晶显示技术 ·· 88
　3.8.6 表面安装技术 ·· 89
　3.8.7 电路集成设计 ·· 89
　3.8.8 减小体积尺寸 ·· 90

第4章 心电图机的设计 ··· 91

4.1 心电信号的产生和特点 ··· 91
　4.1.1 心电信号的产生 ·· 91
　4.1.2 心电信号的电信号特点 ·· 93
　4.1.3 心电信号的常见噪声 ·· 94
4.2 心电图机的信号采集设计 ··· 95
　4.2.1 心电图机需要实现的功能 ·· 95
　4.2.2 心电图机的主要性能参数 ·· 97
　4.2.3 电极与导联 ·· 99
　4.2.4 信号放大电路 ·· 104
4.3 单片机控制系统 ··· 109
　4.3.1 单片机型号的选择 ·· 109
　4.3.2 按键控制与编程 ·· 113
　4.3.3 液晶显示电路 ·· 116
　4.3.4 打印机控制电路 ·· 118
　4.3.5 电动机驱动控制 ·· 119
4.4 电源电路的设计 ··· 120
　4.4.1 电源管理总体结构图 ·· 120
　4.4.2 交流供电及电池充电电路 ·· 120
　4.4.3 实地稳压供电电路与浮地隔离电路 ·· 123
4.5 单片机软件的结构 ··· 123
　4.5.1 前后台程序结构 ·· 123
　4.5.2 前后台程序的编写原则 ·· 124
　4.5.3 任务实时性分析 ·· 125
　4.5.4 心电图机中的程序结构 ·· 126
　4.5.5 前后台程序结构的特点 ·· 127

第5章 脉搏血氧仪设计 ··· 130

5.1 脉搏血氧测量的意义 ··· 130
5.2 脉搏血氧法基本测量原理 ··· 131
5.3 脉搏血氧仪的硬件结构 ··· 134
　5.3.1 总体设计方案与系统构成 ·· 134
　5.3.2 光源及其驱动电路的设计 ·· 136
　5.3.3 数据采集电路 ·· 138
　5.3.4 显示器模块及其驱动电路设计 ·· 140

目　录

5.3.5　外接存储设备设计 ··· 143
5.4　基于 MSP430 的主控系统设计 ·· 143
5.4.1　MSP430 的特点 ·· 143
5.4.2　单片机需要完成的任务和设计过程 ·· 144
5.4.3　系统软件设计 ··· 146
5.5　低功耗电源设计 ··· 148
5.5.1　电源芯片技术现状 ··· 148
5.5.2　锂电池充电管理设计 ·· 149
5.6　脉搏血氧仪的校正方法 ·· 150
5.6.1　脉搏血氧仪的标定方法 ··· 150
5.6.2　脉搏血氧仪的噪声分析 ··· 151

第 6 章　血压测量仪器设计 ·· 153
6.1　血压的监测意义 ··· 153
6.2　血压的直接测量方法 ··· 153
6.3　血压的间接测量方法 ··· 155
6.3.1　柯氏音法 ·· 156
6.3.2　测振法 ··· 156
6.4　电子血压计的电路设计 ·· 157
6.4.1　血压信号提取过程 ··· 157
6.4.2　传感器及模拟信号电路 ··· 158
6.5　单片机控制系统设计 ··· 160
6.5.1　单片机资源分析 ·· 160
6.5.2　单片机软件的工作流程 ··· 163
6.5.3　调整方法 ·· 166
6.6　动态血压监测 ··· 167
6.6.1　动态血压的测量意义和内容 ·· 167
6.6.2　仪器结构 ·· 168
6.6.3　单片机控制系统 ·· 168
6.6.4　单片机软件的工作流程 ··· 169
6.6.5　PCB 设计 ·· 171
6.6.6　液晶显示控制 ··· 171
6.6.7　电源模块及其相关电路设计 ·· 171
6.7　影响动态血压监测的因素 ··· 172

第 7 章　半自动生化分析仪设计 ·· 173
7.1　生化分析仪概述 ··· 173
7.1.1　生化分析过程 ··· 173
7.1.2　生化分析仪的分类 ··· 174
7.2　生化分析测量原理 ·· 174
7.2.1　基本原理 ·· 174
7.2.2　信号采集方法 ··· 175
7.2.3　葡萄糖氧化酶法测量原理 ·· 176
7.2.4　生化分析仪总体结构 ·· 177
7.3　测量光路设计 ··· 178

VII

7.3.1 光源选择	178
7.3.2 光电探测器	179
7.3.3 分光方法选择	180
7.3.4 光学系统设计	181
7.4 生化分析仪电路的设计	182
7.4.1 信号采集和处理模块	182
7.4.2 中央控制系统设计	184

第8章 多参数监护仪设计 190
8.1 监护仪概述 190
- 8.1.1 监护仪的意义和作用 191
- 8.1.2 监护仪的分类 191
- 8.1.3 监护仪的测量内容 191

8.2 信号采集硬件 193
- 8.2.1 监护仪的基本结构 193
- 8.2.2 多参数监护仪的参数测量方法 193

8.3 核心控制系统设计 200
- 8.3.1 芯片选择 200
- 8.3.2 系统硬件电路设计 201
- 8.3.3 系统软件设计 204

8.4 心率检测算法设计 206
- 8.4.1 R波检测技术 206
- 8.4.2 心律失常的判别 209

8.5 多参数监护仪的设计特点 210

8.6 动态心电监护仪设计 211
- 8.6.1 动态心电图设计需求 211
- 8.6.2 动态心电图设计原理 211
- 8.6.3 动态心电监护仪的特色设计 212

第9章 常规治疗仪器设计 214
9.1 除颤器 214
- 9.1.1 除颤器电路原理 215
- 9.1.2 除颤电极 216
- 9.1.3 同步除颤 217
- 9.1.4 自动除颤 218
- 9.1.5 除颤器的测试 218

9.2 电外科器械 219
- 9.2.1 电刀切割止血的机制 220
- 9.2.2 电极与工作方式 221
- 9.2.3 输出波形和发生器 223
- 9.2.4 电外科的拓展技术 224

参考文献 227

第 1 章

医学电子仪器的特点

医学仪器主要用于对人的疾病进行诊断和治疗,其作用对象是条件复杂的人体。由于人体本身信号有一些特有的性质,所以医学仪器与其他仪器相比有其特殊性。本章主要介绍与医学仪器密切相关的生物信号知识,包括生物信号的基本特性类型以及检测与处理,医学仪器的基本构成和工作方式,医学仪器的特性、特殊性、分类及一些典型医学参数,医学仪器设计中涉及的数学物理方法以及医学仪器设计的一般原则。

1.1 生物信号的基本特征

携带生物信息的信号称为生物信号。其中生物电信号是由于人体内各种神经细胞自发地或在各种刺激下产生和传递的电脉冲,肌肉在进行机械活动时也伴有电活动所产生的信号,如心电、脑电、肌电等。非生物电信号是由于人体各种非电活动产生的信号,如心音、血压波、呼吸、体温等。医学中还常通过在人体上施加一些物理因素的方法来获得生物信号,如各种阻抗图,即以数十千赫交流电通过人体的一定部位,获得阻抗或导纳变化的波形图;又如超声波诊断仪器,它向人体发射脉冲式的超声波,通过回波方式获得生物信号。另外还有通过在体外检测人体样品的仪器、生理参数遥测仪器和放射性探测仪器等获取的生物信号。上述诸多的生物信号被统称为生物医学信号。

人体是一有机整体,各器官功能密切相关,传感器所拾取信息往往是由多种参数综合而形成的,所以人体信号具有下面的特性。

1. 不稳定性

生物体是一个与外界有密切联系的开放系统,有些节律由于适应性而受到调控。另外,生物体的发育、老化及意识状况的变化都会使生物信号不稳定。长时间保持一定的意识状态而不影响神经系统的活动是困难的,所以,生物信号不存在静态的稳定性。因此,人们在检测和处理生物信号时,就有选择时机的问题。有时为了方便分析问题,在一定的条件下,亦可将这种不稳定近似作为稳定来处理。

2. 非线性

因生物体内充满非线性现象,反映生物体机能的生物信号必然是非线性的。用非线性描述生物体显示出的生物特性才会比较准确。但在检测和处理生物信号时,在一定的条件下,仍可用线性理论和方法。

3. 概率性

生物体是一个极其复杂的多输入端系统,各种输入会随着在自然界中所能遇到的任何变化而变化,并会在生物体内相互影响。对于任意一个被测的确定现象来说,这些变化就会被看做噪声。生物噪声与生物机能有关,使生物信号表现出概率变化的特性。

4. 生物电信号的检测与处理

为了分析研究人体（生物体）的结构与机能，给诊断提供依据，现在可以用医学仪器来检测和处理生物信号。当然，由于医学仪器的不断发展更新，检测与处理生物信号的方法和手段也在不断更新。

生物电信号的频带主要在低频和超低频范围内，因此要求放大器有较低的频率响应，甚至是直流放大器。通常生物电信号的幅度较低，只有毫伏级甚至微伏级，而普通的电子元器件的噪声相当于数微伏无规则电压，为了使生物电信号不被噪声淹没，放大器的前级必须选用高质量的电阻和电容、低噪声的场效应晶体管，电源也要采取特殊稳定的措施。另外生物电信号的整个频带中要求放大器的放大倍数稳定、均匀，在信号幅度范围内具有良好的线性。对于生物电放大器来讲，电压放大倍数一般都较大。放大倍数越大，保持稳定就越困难。为了使输出波形不失真，必须采取一定的电路技术，如负反馈放大技术。

生物体的阻抗很高，这意味着生物信号源不仅输出电压幅度低，而且提供电流的能力也很差，因此要求生物电放大器的前级必须具有很高的输入阻抗，以防止生物电信号的衰减，但高输入阻抗易引入外界干扰，特别是市电 50Hz 的干扰。50Hz 的市电干扰作为一种共模干扰，可以通过提高放大器的共模抑制比来抑制这种干扰。

生物电信号的信噪比较低，这是由于生物体内各种无规律的电活动在生物电信号中形成噪声，有些生物电信号被其他更强的电活动所淹没。例如，希氏束电图 H 波只有 $1\sim10\mu V$，比心电信号弱得多；胎儿心电信号的幅度约为 $5\mu V$，比母体的心电信号弱很多，使噪声电压超出生物电信号电压。当无用信号掩盖了有用信号时，提取这些电信号就需要借助于微弱信号检测技术。

综上所述，生物信号的信号特点包括：

（1）低频率特性　绝大多数生物信号处在低频段，一般认为在 $0\sim10kHz$ 之间，多数信号为低频或超低频信号，频率分布范围在 $0\sim300Hz$。许多生理信号具有较宽的频带，如心音（PCG）为 $20Hz\sim1kHz$，肌电（EMG）为 $0\sim10kHz$。

（2）低幅值特性　绝大多数生物信号幅值非常微弱，在微伏至毫伏数量级，最高的约为 100mV，低的仅 $1\mu V$，多数为 1mV 以下。如脑干听觉诱发电位（BAEP）的最大幅值仅 $0.3\mu V$ 左右。如果人的年龄、人体部位不同或个体存在差异，则幅度变化也较大，如脑电（EEG）在几微伏到几百微伏变化，肌电（EMG）在几微伏到几千微伏变化。

（3）源阻抗大　生物电信号源的阻抗（称源阻抗）达数十至上百千欧。

（4）信噪比低　生物信号的噪声来源可能是多方面的。人体属于导电体，体外的电场、磁场感应都会在人体内形成测量噪声，干扰生理信息的检测。电极极化电压为数百毫伏。

（5）各类生物信号常常复合交织在一起　例如在采集心电信号时，常常混杂有频带复用（或部分复用）而强度更大的肌电（EMG）信号以及其他无规律的运动干扰信号等，给目标生物信号采集带来很大的困难。由于心电信号中通常混杂有其他生物信号，加之体外以 50Hz 工频为主的电磁场干扰，使得心电噪声背景较强，测量条件比较复杂。

生物信号检测，必须考虑到生物信号的特点，针对不同生理参量，采用不同的方式。检测一些十分微弱的信息，必须用高灵敏度的传感器或电极；对一些变化极为缓慢的生物信号，则要求检测系统有很好的频率响应特性。一般实际检测到的信息，只是生物体系统信息中的一部分，在根据这些信息分析生物体的机能状态时，就应注意观察检测以后生物体状态的变化。总之，为适应生物医学信号频率较低且频带较宽、阻抗较高且幅度较低和信噪比较低的特点，必须选用低截止频率、高输入阻抗、高共模抑制比、高增益和放大倍数稳定的放大器。

现在能检测到的生物信号十分丰富，已到了不用计算机就很难处理的地步。但计算机只能直接处理离散信息，处理模拟信息时必须先将其采样并作模-数转换。另外，对不同特性的生物信号的处理，还要用到一些数学方法，如对非线性的生物信号，可通过拉普拉斯变换的方法，将其按线性处理；欲将检测到的以时间域表示的生物信号转换到频率域上，就需要采用傅里叶变换的方法。在处理生物信号的过程中，当需要进行信号波形分析时，又要用到模拟式频谱分析法（即滤波法）和数字式频谱分析法（即快速傅里叶变换法）。

1.2 生物系统建模与仪器设计

生物系统建模是对系统整体各个层次的行为、参数及其关系建立数学模型的工作，最终希望用数学的形式表达出来。建模的目的是为了更好地了解生物系统的行为及规律，为生物控制奠定基础。生物系统建模与仿真可以将生物系统简化为数学模型并对此模型进行计算机分析，从而代替实际的复杂、长期、昂贵甚至无法实现的试验，大大提高研究效率和定量性，并可研究人为施加控制条件时生物系统的运行过程。因此，生物系统模型不仅为研制医学仪器提供理论基础，还可用于人体疾病诊断、预报、相关参数的自适应控制等，并且为生物学、生理学、仿生学等学科的研究提供了一种新的研究手段和方法。

建模是医学仪器设计的第一步，也是最为关键的一步，它是对生命对象进行科学定量描述（常采用一定形式的数学语言）的产物。但由于生物系统是一个复杂系统，所以模型仅仅反映的是我们认识过程中，通过适当的简化、抽象和近似，所获得的一个较为理想化的人为系统，因此存在一个不断改进和完善的过程。尽管如此，它毕竟在满足特定条件的医学临床与研究的前提下，为医学仪器设计提供了可参照的理论依据。

本节先阐述模型的分类和建模的基本过程，再着重分析建模的3种基本方法，即理论分析法、类比分析法和数据分析法，并以应用实例阐述建模对仪器设计的指导意义。

1.2.1 系统建模与模型特点

由一个实际系统构造一个模型的任务一般包括两方面的内容：①建立模型结构；②提供数据。在建立模型结构时，要确定系统的边界，还要鉴别系统的实体、属性和活动。而提供数据则要求能够使包含在活动中的各个属性之间有确定的关系。在选择模型结构时，要满足两个前提条件：①要细化模型研究的目的；②要了解相关特定的建模目标与系统结构性质之间的关系。

一般来说，系统模型的结构具有以下一些性质：

（1）相似性　模型与被研究系统在属性上具有相似的特性和变化规律，这就是说，真实系统的"原型"与"替身"之间具有相似的物理属性或数学描述。

（2）简单性　从实用的观点来看，由于在模型的建立过程中忽略了一些次要因素和某些非可测变量的影响，因此实际的模型已是一个被简化了的近似模型。一般而言，在实用的前提下，模型越简单越好，但要注意不要影响到主要性质的描述。

（3）多面性　对于由许多实体组成的系统来说，其不同的研究目的决定了所要收集的与系统有关信息是不同的，因此用来表示系统的模型并不是唯一的。由于不同的分析者所关心的是系统的不同方面，或者由于同一分析者要了解系统的各种变化关系，因此对同一个系统可以产生相应于不同层次的多种模型。

在建模关系中，建模者最关注的是模型的有效性，它反映了建模关系正确与否，即模型如何充分地表示实际系统。模型的有效性可用实际系统数据和模型产生的数据之间的符合程度来度量，可用等式象征性描述，即"实际系统数据＝模型产生的数据"。

模型的有效性用符合程度来度量，它可分以下3个不同级别的模型有效：

（1）复制有效（Replicative Valid）　建模者把实际系统看做一个黑箱，仅在输入/输出行为水平上认识系统。这样，只要模型产生的输入/输出数据与从实际系统所得到的输入/输出数据是相匹配的，就认为模型是复制有效。实际上，这类有效的建模只能描述实际系统过去的行为或实验，不能说明实际系统将来的行为，这是低水平的有效。

（2）预测有效（Predictively Valid）　建模者对实际系统的内部运行情况有清楚的了解，也就是掌握了实际系统的内部状态及其总体结构，可预测实际系统的将来的状态和行为变化，但对实际系统内部的分解结构尚不明了。在实际系统取得数据之前，能够由模型看出相应的数据，这就认为模型是预测有效的。

（3）结构有效（Structurally Valid）　建模者不但搞清了实际系统内部之间的工作关系，还了解了实际系统的内部分解结构，可把实际系统描述为由许多子系统相互连接起来而构成的一个整体。结构有效是模型有效的最高级别，它不但能重复被观察的实际系统的行为，且能反映实际系统产生这个行为的操作过程。

1.2.2　建立生物系统模型的基本方法

构造模型，首先由试验观察开始，进而认识事物和提出问题，然后形成和产生概念，以及对系统特性或行为可能性的看法与实验描述，接着引用有关自然定律，构建系统模型。模型的建立，特别是数学模型的建立，则是对定性概念的量化。在对所建立的模型实验求解后，再进一步对模型进行评价和验证，以检查其真实性和可靠性。只有模型经过了试验并确认其正确性，才可以认为我们对某个问题有了真正的了解，这一过程往往要经过多次反复迭代才能达到，图1-1用框图形式表示了系统建模的一般过程。

随着电子技术的发展，建立模型的方法已经由最初的静态发展为动态，由形态相似的实体模型发展为性质和功能相似的电路模型，由用简单数学公式描述的模型发展为用计算机程序语言描述的复杂运算模型。然而，尽管模型的概念是建立在与其原型具有某种相似性的基础之上的，但是相似并不是等同。尤其是对生物系统的模型而言，到目前为止，还无法构造一个与其原型完全一样的模型。当然，那也不

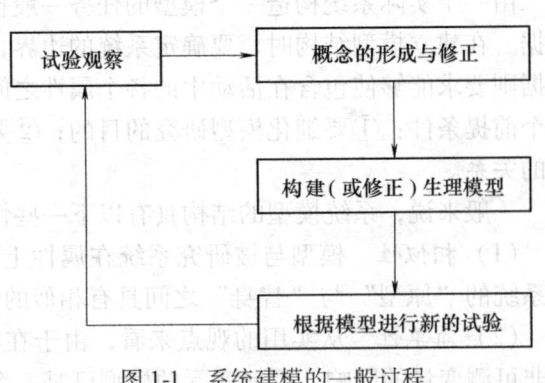

图1-1　系统建模的一般过程

是建立模型的目标。

一个模型的建立往往蕴含着3层意思：①理想化；②抽象化；③简单化。这3点精辟地指出了建模与仿真方法的特色。从某种意义上说，在建立模型时并不苛求与其原型的等同性，相反，往往依所研究的目的将实际条件理想化，将具体事务抽象化，同时还常常对一个复杂的系统进行一系列的简化以适应解决问题的需要。例如，对循环系统的研究，实际的血液循环网是个大的闭合回路，同时又与全身各个器官和系统相耦合和作用，但根据建模的目的，可以有形形色色的模型。例如，当研究心肌的力学特性时，可建立心肌的力学模型，而忽略其他因素的作用，而当研究血管的输运作用时，则可将心脏简化为一个泵。

1. 理论分析法建模

理论分析是构建生物系统模型时广泛使用的方法。理论分析是指应用自然科学中已被证明的正确的理论、原理和定律，对被研究系统的有关要素进行分析、演绎、归纳，从而建立系统的数学模型。

当采用数学模型来刻画生物系统中的定量关系时，数学表达式中的各个参数代表系统的固有特性，例如，血流中的阻尼系数表征血液的黏稠度。由医学可知，当人体内的固有特性发生变化时，则对应于各种病症。例如，血管弹性系数下降对应于动脉硬化。因此，当一个模型中的参数变化时，就相当于构造了种种病例，而这种参数的改变对于软件形式的数学模型而言，可以说是轻而易举的。

构造一个数学模型主要包括两个方面的内容：①系统中各个作用环节的描述；②表征系统的固有特征量的提取。

内容①即是寻求一个适当的数学运算关系来描述系统的结构、功能和内在联系。这种数学表述既可以是线性的，也可以是非线性的；既可以是解析的，也可以是逻辑运算，只要是可合理的描述系统特性的数学表达都可采纳。

内容②即参量的提取，主要来源于实验数据。当然，在某些实验数据缺乏的情况下，也可采用拟合、迭代、寻优等手段来确定模型参量。

现在广泛应用的血氧监护仪就是应用理论建模的方法设计的，具体模型和仪器设计将在血氧仪设计一章（第5章）详细介绍。

2. 类比分析法建模

若两个不同的系统，可以用同一形式的数学模型来描述，则这两个系统就可以互相类比。就是说类比分析法是根据两个（或两类）系统某些属性或关系的近似，去推论两者的其他属性或者关系也可能相似的一种方法。

动态物理模型是医学建模中最常用、最能反映医学对象特征的类比模型，在研究一些物理本质不同，而变量关系类似的物理系统时，往往要用到类比模型，如电路系统与机械系统、电路系统与流体系统，以及这些系统与我们所关注的生物系统。这些系统的物理性质各不相同，但支配系统行为的因素有着本质类似的特征。基于这一点，类比模型可帮助我们把比较了解和熟悉的系统，推广到还不甚了解和生疏的系统中去，对两种系统进行类比分析往往是很有益处的。类比法在生物系统分析中应用很广，下面以无创连续血压测量为例来进行讨论。

血压是反映人体循环系统机能的重要参数。通常所说的血压都指动脉血压，即由心脏泵血活动造成的血液对单位面积血管壁的侧压力，它和心脏功能及外周血管的状况有密切联系，通常所说的血压是指动脉内壁的压强与大气压强之差。

无论是临床医学还是基础医学，实现血压的无创连续测量都是非常重要的。实验结果表明，当动脉血管随心脏周期性的收缩和舒张，血管内的血液随之发生变化，表明血管内外两侧的压强差与血液的容积变化有密切关系，因此可利用血液容积变化来对血压进行无创连续测量。

(1) **血管中血流的流体动力学模型** 因为血液是流体，可以应用流体力学理论来研究血液在血管中的流动机理，若假设血液为不可压缩的牛顿液体，且血管截面为圆形，则血液在血管中的流动过程可以用流体力学中的纳维-斯托克斯方程来描述：

$$\rho \frac{dv}{dt} + v(\nabla v) = \nabla p + \mu \nabla^2 v + \rho g$$

式中，ρ 为血液的密度；v 为血流速度；t 为时间；p 为血压；μ 为血液粘滞系数；g 为重力加速度。

(2) **电学类比模型** 经过一系列简化和推导后，可以得出以下结论：血管中的血压和血流的关系类似于电路中的电压和电流之间的关系，因此，可以用一个等效电路（见图1-2）来模拟血流在血管中的流动状态。

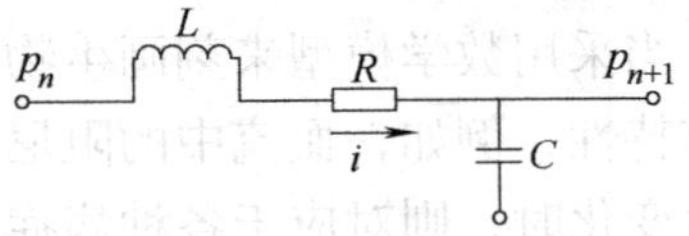

图1-2 血管中血压和血流关系的等效电路

图中电阻表示等效流阻，电感表示等效流感，电容表示血管顺应性，电压表示血压，电流表示血流，相应的血流的电学方程式为

$$\begin{cases} L \dfrac{di_{in}}{dt} + Ri_{in} = u_{in} - u_{out} \\ C \dfrac{du_{out}}{dt} = i_{in} - i_{out} \end{cases}$$

有了这样一个模型，对于给定的血管和血液参数，就可以计算当血压变化时的血流变化，或当血流变化时的血压变化，以及各参数的改变引起的变化，如血管硬化时的情况等。上述电学模型对呼吸系统同样适用，呼吸系统和循环系统有相似的原理，不同的只是流动的分别是气体和液体，整个运动机制是一样的，根据呼吸参数的改变也同样可以测出人体呼吸系统相应的病变。

(3) **肌肉的类比模型** 在人体和其他动物体内有两种肌肉：一种称为横纹肌或骨骼肌，如人类手臂中的肌肉，它可以随意控制；另一种称为平滑肌，如人肠内的肌肉或蛤蜊之类动物中使蛤壳闭拢的闭壳肌。平滑肌工作得非常缓慢，使它能够保持一种"姿势"，也就是说，假如蛤蜊要把它的外壳闭拢在某一个位置上，即使有很大的力去改变它，它将仍然保持那个位置。在长时间的负荷下，蛤蜊的闭壳肌可以保持一定的位置而不感觉疲劳，这和桌子支持重物的原理相似（当桌子被固定在一个确定的位置时，它的分子也暂时被保持在固定的位置不做功），所以蛤蜊不需花费力气。事实上，人们提着一个重物之所以要花费力气，仅仅是由于横纹肌结构的关系。当神经脉冲传到肌肉纤维的时候，该纤维就会抽搐一下，然后松弛下来，所以当我们拿起一个重物时，大量的神经脉冲流传到肌肉，产生大量的抽搐维持着重物，而另一些肌肉纤维则松弛着。当人们提起一个重物而感到疲劳时，身体就开始颤抖，其原因是神经脉冲流不规则地传过来，而肌肉疲劳了，反应得不够快。平滑肌支撑重物则有效得多,因为当人站着的时候,平滑肌会卡住,这不涉及做功的问题,也不需要能量,可是,它的缺点是动作非常缓慢。

当人体肌肉不受力时,其作用类似于无源机械元件,若施加一外力(如提升一重物)使肌肉拉伸,此时肌肉呈现弹性机械的特点,肌肉组织的伸缩运动常常伴随着热量的产生和温度的增高。这些效应表现在肌肉组织内有某种类似于摩擦机构的作用,使得肌肉运动时一部分机械能做功,而另一部分则变为热能。

按照以上分析,可以用一个理想的弹簧和一个阻尼器的组合来类比一束肌肉的物理模型,其中弹簧类比于肌肉的弹性(K表示弹性系数),而阻尼器(D表示阻尼器系数)则类比于肌肉的摩擦现象,如图1-3a所示的那样,肌肉在外力$f(t)$作用时被拉伸,位移量为y,可表示为如图1-3b所示的力学类比模型。

图1-3b的数学表达式为

$$f(t) = D\frac{\mathrm{d}y}{\mathrm{d}t} + Ky = Dv + K\int v\mathrm{d}t$$

若以电阻与阻尼系数、电感与弹簧系数类比,又可以得到电路的类比模型,如图1-3c所示。图1-3c的数学表达式为

$$i(t) = \frac{1}{R}u(t) + \frac{1}{L}\int u(t)\mathrm{d}t$$

显然,图1-3b、c都是无源肌肉的物理类比模型。

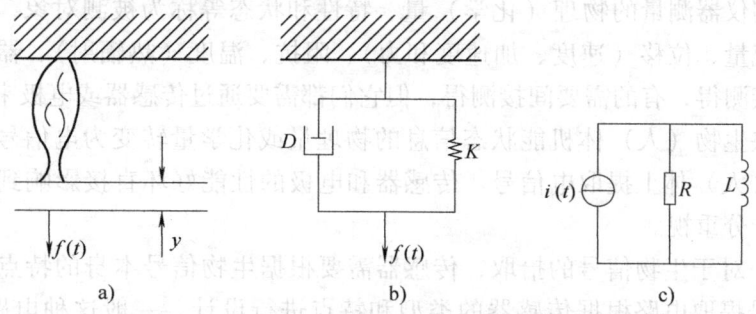

图1-3 肌肉的类比模型
a) 肌肉在受外力$f(t)$作用时被拉伸 b) 肌肉的力学类比模型
c) 肌肉的电路类比模型

总之,若两个系统可以用同样的微分(差分)方程描述时,则这个系统可以相类比。可见,类比模型是基于两个系统间动态性质相似,而不是外形上的类似。因此,类比模型实际上就是真实系统的动态物理模型。

1.3 医学电子仪器的基本构成

医学电子仪器从功能上来说主要有生物信号检测和治疗两大类,通用结构由4个主要模块组成,分别是:生物信号采集系统,包括传感器接口、放大、模-数转换等部分;控制和数据处理模块;用户界面和显示;电源/电池管理系统。此外有些仪器还有反馈/控制和刺激/激励等辅助系统,检测系统一般还应包括信号校准部分,如图1-4所示,图中虚线表示的

部分不是必需的。

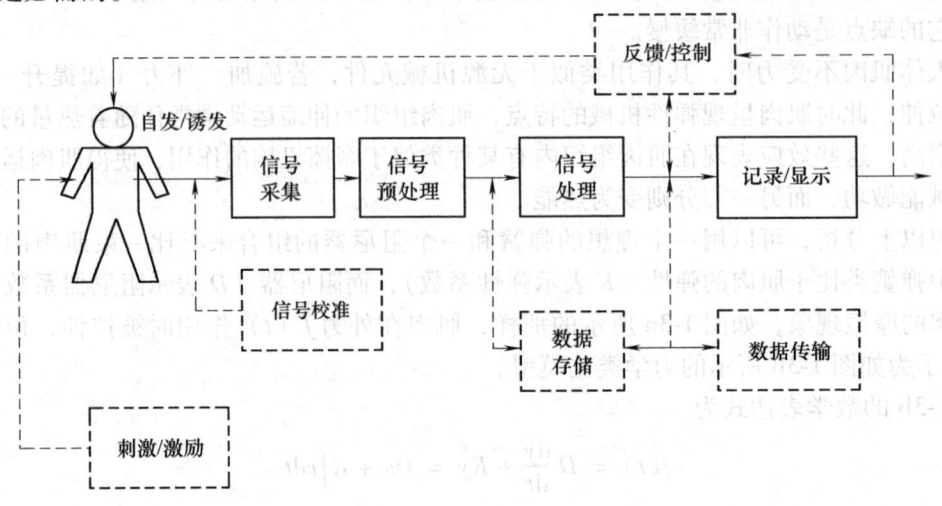

图1-4　医学电子仪器结构框图

1.3.1　生物信号采集系统

生物信号采集系统主要包括被测对象、传感器或电极，它是医学仪器的信号源。在生物体中，将需要用仪器测量的物理（化学）量、特性和状态等称为被测对象，如生物电、生物磁、压力、流量、位移（速度、加速度和力）、阻抗、温度（热辐射）、器官结构等。这些量有的可直接测得，有的需要间接测得，但它们都需要通过传感器或电极来检测。传感器的作用是将反映生物（人）体机能状态信息的物理量或化学量转变为电信号；电极的作用是直接从生物（人）体上提取电信号。传感器和电极的性能好坏直接影响到医学仪器的整机性能，应该十分重视。

一般来说，对于生物信号的拾取，传感器需要根据生物信号本身的特点来选择，与传感器配套的信号提取电路根据传感器的类型和特点进行设计，一般这种电路都是定型的，设计中主要注重参量的设置和调整元件的设置等。仪器的前置放大电路在仪器的性能方面起着决定作用，设计时要重点考虑与传感器电路信号接口问题，主要有电压大小和接口电阻两方面的问题，这两个参数决定着前置放大能从传感器中得到多少功率的信号。考虑到噪声的影响，一般前置放大电路增益都不高，以免噪声在被滤除之前被放大到使放大器饱和的电压水平，这是由生物信号的高噪声水平决定的。在中间放大阶段，主要放大信号的幅值，一般放大倍数较大，以达到后级处理（一般为A-D转换）所需幅值为主要任务，这时的放大器选用通用放大器即可，一般单级放大倍数不大于100倍。以上所述是医学仪器的模拟部分，这些电路只能用模拟电路完成，没有别的处理方法。好的模拟电路的性能在仪器结构体系中起着至关重要的作用，如果前端模拟信号处理不好，则后面的数字处理电路很难把信号质量进一步提高。完成信号提取之后需要进行A-D转换，转换的精度和速度是转换的关键参数，如果转换精度不高，则可以直接选用片内带A-D转换器的微处理器以简化电路。转换后的信号成为数字信号，使用微处理器进一步处理，微处理器还是仪器的控制核心。

1.3.2 生物信号处理和控制系统

由于人体信号的幅度和频率都比较低,很容易受到空间电磁波以及人体其他信号的干扰,因此,在对其进行变换、分析、存储、记录等处理之前,应进行一些预处理,以保证测量结果的准确性。

传感器给出的电信号往往远不是所需要的理想状态,这就需要对信号加以调整。信号修整电路是内容极为丰富的各种电路的综合,它的作用如下:

1)把信号调整到符合 A-D 转换器工作所需要的数值,最简单的例子是放大。例如,传感器的输出信号一般是毫伏数量级,而 A-D 转换器的满量程输入电压大都是 2.5V、5V、10V。为了充分发挥 A-D 转换器的分辨率(即转换器输出的数字位数),就要把传感器输出的模拟信号放大到与 A-D 转换器满量程相应的电平值。

2)滤除信号中的不需要成分。例如,传感器电桥电路输出中含有不需要的共模分量;在恶劣电磁环境中远距离传输时传输线上除了有用的电信号外,还感应出的电噪声;信号中含有不需要的高频噪声等。为了滤除它们,信号调理电路往往含有测量放大器、隔离放大器、滤波器等。

3)把信号调整到便于进一步处理的需要。例如,传感器电桥输出/输入关系具有非线性性质,电桥电路的线性化修整可使系统的反馈控制大为简单。又如,几乎被噪声淹没的信号,通过"相加平均"电路可使信噪比大为改善。

4)减轻对后续电路性能指标的过高要求。例如,对大动态范围信号的对数压缩,可以避免对 A-D 转换器的分辨率提出不切实际的要求。

信号处理部分是系统的核心部分,一般通过 A-D 变换将放大后的模拟信号转换成数字信号送入计算机或微处理器进行处理,完成信号的运算、分析、诊断、存储等功能。之所以说信号处理系统是医学仪器核心,是因为仪器性能的优劣、精度的高低、功能的多少主要取决于它。可以说医学仪器自动化、智能化的发展完全取决于信息处理系统技术进步的程度。这部分是仪器的控制核心,各种控制按键、显示、打印等功能都要通过控制核心完成。随着技术的发展和自动诊断功能的加强以及显示内容的丰富和逼真,对控制器功能的要求不断加强,现在通用的控制器是 32 位。

1.3.3 生物医学信号的记录与显示系统

生物信号的记录与显示系统的作用是将处理后的生物信号变为可供人们直接观察的形式。医学仪器对记录显示系统的要求是记录显示的效果明显、清晰,便于观察和分析,正确反映输入信号的变化情况,故障少、寿命长,可与其他部分有较好的匹配连接。

1. 存储记录器

现代医学电子仪器,特别是生理参数测量仪器,随着智能化程度的提高,有大量的数据需要保存;随着网络技术的高度发展,测量数据的共享也越来越普遍,因此现代数据存储技术和数据传输技术在医学电子仪器中得到了广泛应用。医学电子仪器中的数据存储技术随着计算机存储技术的发展而发展,现在的存储芯片主要是闪存,存储设备是以闪存为核心存储器的 TF 卡、U 盘等。闪存又称 Flash 存储器,是一种可在线进行电擦写、掉电后信息不丢失的存储器。它具有低功耗、大容量、擦写速度快、可整片或分扇区在线编程或擦除等特点，并且可由内部嵌入的算法完成对芯片的操作，因而在各种嵌入式系统中得到了广泛的应用。Flash 存储器还具有体积小、抗振性强等优点，是嵌入式系统的首选存储设备。通常使用的 U 盘是闪存加上控制芯片，此控制芯片的作用主要有两个：一是完成闪存数据与计算机的通信；二是完成对闪存的控制，优化闪存利用率，完成写平衡。TF 卡、SD 卡的组成是闪存控制器加闪存，闪存控制器的作用就是用于优化闪存利用率，完成写平衡，故通常 TF 卡或 SD 卡想要与计算机通信，需要一个读卡电路，既通常所说的读卡器，用于完成闪存数据与计算机的通信。TF 卡是放在数码产品中用来内存资料的一类卡，如数码相机、手机、MP3 等，TF 卡的内存容量有大有小，现在常见的存储容量是 2G。大量的数据经存储装置保留后，既方便诊断和研究，又可重复使用。

2. 数字式显示器

数字式显示器是一种将信号以数字形式显示供观察的器件，医学电子仪器中常用的显示器有发光二极管（LED）、LCD 显示屏、OLED 显示屏。其中 LCD 显示屏根据工艺可以分为：TN 类液晶显示器、STN 类液晶显示器、TFT 类液晶显示器。根据显示内容可以分为笔段式和图形点阵式。笔段式显示器包括 TN 类液晶显示器、STN 类液晶显示器两种。图形点阵式的显示内容丰富，是现在使用最多的显示器，根据显示原理可分为 STN 类液晶显示器、TFT 类液晶显示器、OLED 显示屏。图形点阵式液晶模块都集成有控制器完成数据到显示点的转换，液晶模块和单片机之间只有显示命令和数据的传输。单片机与图形点阵式液晶模块的接口方式有下面几种：6800 并行接口，8080 并行接口，SPI/IIC 串行接口，RGB 接口。

1.3.4　电源管理系统

电源系统给整个仪器提供电源，如果电源不稳定，有可能在处理信息时发生错误，如果电源不被管理，则系统有可能损坏。保证电源的稳定供电，设计一个稳定的电源管理系统是系统正常工作的保证。设计中首先要提供所需的电压类型，CPU 以及外围部件都需要供电，外围部件主要包括 Flash、SDRAM、LCD、触摸屏等部分，LCD 的供电电路比较复杂，需要专用的驱动芯片为其供电。现在常用电压有单片机的 3.3V 和数字电路的 5V，以及有些运算放大器需要的负电压。其次要保证电源的功率足够，对于每条支路都要保证电源芯片的功率是足够的。对于交流供电系统来说，节省能源不是主要任务，对于通常的便携式仪器，减小仪器的功耗是一个主要任务。

1.3.5　辅助系统

辅助系统的配置、复杂程度及结构均随医学仪器的用途和性能而变化。对仪器的功能、精度和自动化程度要求越高，辅助系统应越齐备。辅助系统一般包括控制和反馈、数据存储和传输、标准信号产生和外加能量源等部分。

在医学仪器里控制和反馈的应用分为开环和闭环两种调节控制系统。手动控制、时间程序控制均属开环控制；通过反馈回路对控制对象进行调节的自动控制系统为闭环控制系统。反馈控制在测量和治疗类设备中都得到了充分的利用，例如，利用测量到的脑电等生物参数去激励刺激信号，再将刺激信号反馈到人体，进行睡眠等治疗的反馈治疗仪；按需式心脏起搏器根据检测到的心电 R 波是否存在决定是否产生刺激脉冲作用到心脏，是一种典型的同时具备测量和治疗功能的闭环反馈控制系统。

为了远距离也能调用存储记录器中的数据，医学仪器还需要有数据传输设备，这可以设专用线路，也可利用其他传输线路兼顾。无线传输和网络传输技术在医学电子仪器中得到了广泛应用。

医学仪器都备有标准信号源（校准信号），以便适时校正仪器的自身特性，确保检测结果准确无误。外加能量源是指仪器向人体施加的能量（如X射线、超声波等），利用其对生物做信息检测，而不是靠活组织自身的能量。治疗类仪器中都备有外加能量源。

1.3.6 医学仪器的工作方式

医学仪器的工作方式是指因其检测和处理生物信号方法的不同而采用的直接的和间接的、实时的和延时的、间断的和连续的、模拟的和数字的等各种工作方式。

仪器的直接和间接工作方式，其区别在于：直接工作方式是指仪器的检测对象容易接触或有可靠的探测方法，其传感器或电极能通过检测对象本身的能量产生输出信号；而间接工作方式是指仪器的传感器或电极与被测对象不能或无法接触，需通过测量其他关系量间接获取预测对象的量值。

仪器的实时和延时工作方式，其区别在于：假设人体被测参数基本稳定不变的情况下，若能在一个极短的时间内输出、显示检测信号，则为实时的工作方式；若需经过一段时间才能输出所检测的信号，则为延时工作方式。

另外，由于人体系统内，有些生物参数变化缓慢，有些生物参数变化迅速，这就要求医学仪器选择与之变化相适应的工作方式，即检测变化缓慢的信息时采用间断的工作方式，而检测变化迅速的信息时采用连续的工作方式。

由此可见，若测量体温的变化时，可以采用直接、实时、间断的工作方式，而检测心电、脑电、肌电时，则需用直接、实时、连续的工作方式才能测出完整的波形图。

由于计算机在处理生物信号方面有突出的优点，使得医学仪器检测与处理生物信号的方式从模拟发展为模拟和数字两种。目前，传感器和电极均属模拟的工作方式，将模拟量进行A-D转换后再由计算机进行信息处理，然后再经D-A转换，输出所测信号，这样的仪器是数字的工作方式。数字的工作方式具有准确度高、重复性好、稳定可靠、抗干扰能力强等特点。当然，模拟的工作方式因不需要进行两次变换而显得简单、方便。

1.4 医学仪器的特性与分类

1.4.1 医学仪器的主要技术指标

1. 准确度

准确度（Accuracy）是衡量仪器测量系统误差的尺度。仪器的准确度越高，它的测量值与理论值（或实际值、固有值）间的偏离越小。准确度可理解为测量值与理论值之间的接近程度，所以，准确度定义为

$$准确度 = \frac{理论值 - 测量值}{理论值} \times 100\%$$

准确度可用读数的百分数或满度的百分数表示，它通常在被测参数的额定范围内变化。

影响准确度的系统总误差一般是指元器件的误差、指示或记录系统的机械误差、系统频响欠佳引起的误差、因非线性转换引起的误差、来自被测对象和测试方法的误差等。减小这些误差即减小系统总误差，可以提高准确度。在理想的情况下，测量值等于理论值，则准确度最高为零，这是任何仪器都难以做到的。所以，不存在准确度为零的仪器。准确度有时也称为精度。

2. 精密度

精密度（Precision）是指仪器对测量结果区分程度的一种度量，用它可以表示出在相同条件下用同一种方法多次测量所得数值的接近程度。它不同于准确度，精密度高的仪器其准确度未必高。若两台仪器在相同条件下使用，就比较容易比较出准确度与精密度的不同。

有些场合，将精密度和准确度合称为精确度，作为一个特性来考虑时，其含义不变，仍包含上述两个方面。

3. 阻抗

医学仪器的阻抗（Impedence）分为输入阻抗和输出阻抗。输入阻抗与被测对象的阻抗特性、所用电极或传感器的类型及生物体接触界面有关。电路元器件的输入阻抗是输入端的外加电压与流进输入端的电流之比。在外加直流电压情况下，输入阻抗是一个电阻，可是，对于交流信号情况，必须采用包含相位关系的一般阻抗，仅仅是在输入电流恰巧与外加电压相位相同时，输入阻抗才是纯电阻（电抗等于0）。低输入阻抗器件比高输入阻抗器件从给定的外加电压源吸取更多电流，或者说低阻抗器件比高阻抗器件对输入信号源"加载"更重。于是得出结论：测量仪器的输入阻抗将决定任何一个器件的工作状态被外加测量仪器改变的程度。因此，在任何一台测量仪器连接之前，都应当先考虑该仪器的输入阻抗是否合适，然后才将它接上电路。

器件的输出阻抗是负载所看到的等效源阻抗，只有把一对端子处的有源器件看成一个信号源时，输出阻抗才有意义。如图1-5所示的那样，等效阻抗这个术语意味着该器件可以用一等效电路（戴维南等效电路）代替。在图中，电压源是无负载时的输出电压，Z_{out}是所有有源器件都用它们的内阻抗代替时向器件看回去的阻抗。

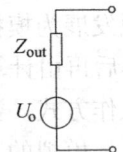

图1-5 等效电压源和输出阻抗

可以将输出阻抗看成为器件对负载的敏感程度，即输出阻抗越低，负载对输入电压的影响越小。当电流给定，较低输出阻抗两端的电压降较低，于是输出电压较高，从而对后续测量产生积极影响。

应当记住，Z_{in}和Z_{out}一般与频率有关，因为它们一般带电抗，所以分到的电压也与频率有关，好在生物信号的频率都不高，因此一般影响不大。

放大器对于信号源而言，相当于一个负载，在中频范围内可等效为一个电阻，即为输入电阻$r_i = U_i/I_i$。放大器工作时必须从信号源取得电流，所取电流的大小表示了放大器对信号源的影响程度，当信号源内阻为R_s时，R_s与输入电阻形成分压器，即$\dfrac{U_i}{U_s} = \dfrac{r_i}{R_s + r_i}$，显然，

输入电阻 r_i 越大,放大器从信号源取得的电流越小,U_i 越接近 U_s,因此输入电阻 r_i 越大越好。

放大器对负载而言,相当于一个信号源,根据等效电源定理,放大器的输出特性可等效为一个电压源,其内阻即为放大器的输出电阻,用 r_o 表示。对于负载而言,放大器的输出电阻 r_o 越小,负载电阻的变化对输出电压 U_o 的影响越小,放大器带负载能力越强,因而总希望 r_o 越小越好。

如仪器使用传感器作非电量测量,对于一个压力传感器而言,其输入阻抗 Z 为被测的输入变量 X_1 和另一固有变量 X_2 的比值,即 $Z = X_1/X_2$,其功率 P 为

$$P = X_1 X_2 = \frac{X_1^2}{Z} = Z X_2^2$$

由于生物物体能提供的能量有限,为了减小功率 P,应尽可能地提高输入阻抗 Z,从而使被测参数不发生畸变。应用体表电极的仪器时,要考虑到体电阻、电极-皮肤接触电阻、皮肤分泌液电阻、皮肤分泌液和角质层下低阻阻值的电容、引线电阻和放大器保护电阻以及电极极化电位等的影响。

一般信号输入回路的阻抗主要取决于电极-皮肤接触电阻。接触电阻因人而异,与汗腺的分泌情况及皮肤的清洁程度等有关,一般在 $2 \sim 150 \text{k}\Omega$。因此生物电放大器的输入电阻应比它大 100 倍以上才能满足要求,一般为 $1 \text{M}\Omega$、$5.1 \text{M}\Omega$ 或 $10 \text{M}\Omega$。若用微电极测量细胞内电位,微电极阻抗高达数十兆欧至 $200 \text{M}\Omega$,因此要求微电极放大器的输入阻抗应在 $10^9 \Omega$ 以上才能满足要求。

4. 灵敏度

仪器的灵敏度(Sensitivity)是指输出变化量与引起它变化的输入变化量之比。当输入为单位输入量时,输出量的大小即为灵敏度的量值。所以,灵敏度与被测参数的绝对水平无关,当输入变化一定时,灵敏度越高的仪器对微弱输入信号反应的能力越强。考虑到医学仪器的记录特点,灵敏度的计量单位分别表示成:生物电位用 $\mu V/cm$、mV/cm 或 V/cm;压力用 $mmHg/$刻度(注意:$mmHg$ 为非法定计量单位,法定单位是 Pa,$1mmHg = 133.322Pa$);心率计数用每分钟心搏数/刻度;心率间隔用 $\mu s/cm$、ms/cm 或 s/cm。

仪器的输出跟随输入变化的程度,即输出响应的波形与输入信号相同,而幅度跟随输入量同样倍数变化时称为线性。在线性系统(仪器)中,灵敏度对所有输入的绝对电平都是相同的,并可以应用叠加原理。

实际的医学仪器不可能是一个理想的线性系统,有时为了满足一定的需要常引入非线性环节,在具体仪器中经常会遇到这种情况。

5. 频率响应

频率响应(Frequency Response)是指仪器保持线性输出时允许其输入频率变化的范围,它是衡量系统增益随频率变化的一个尺度。放大生物电信号时,总希望仪器能对信号中的一切频率成分快速均匀放大,而实际上做不到。仪器的频率响应受放大器和记录器频率响应的限制,一般要求在通频带内应有平坦的响应。

6. 信噪比

除被测信号之外的任何干扰都可称为噪声。这些噪声有来自仪器外部的,也有电路本身所固有的。外部噪声主要来自电磁场的干扰,内部噪声主要来自电子元器件的热噪声、散粒

噪声和 $1/f$ 噪声。

仪器中的噪声是和信号是相对存在的，在具体讨论放大电路放大微弱信号的能力时，常用信噪比（Signal to Noise Ratio）来描述在弱信号工作时的情况。信噪比定义为信号功率 P_S 与噪声功率 P_N 之比，即

$$\frac{S}{N} = \frac{P_S}{P_N}$$

检测生物信号的仪器，要求有较高的信噪比，为了便于对信噪比进行定量比较，常以输入端短路时的内部噪声作为衡量信噪比的指标，即

$$U_{Ni} = \frac{U_{No}}{A_u}$$

式中　U_{Ni}——输入端短路时的内部噪声电压；

　　　U_{No}——输出端噪声电压；

　　　A_u——电压增益。

U_{Ni} 常用对数形式来表示（单位为 dB）

$$U_{Ni} = 20\lg \frac{U_{No}}{A_u}$$

由于放大器不仅放大信号源带来的噪声，也放大自身的固有噪声，这样输出端的信噪比就会小于输入端的信噪比。

7. 零点漂移

仪器的输入量在恒定不变（或无输入信号）时，输出量偏离原来起始值而上下漂动、缓慢变化的现象称为零点漂移（Zero Drift）。这是由于环境温度及湿度的变化、滞后现象、振动、冲击和不希望的对外力的敏感性、制造上的误差等原因造成的，其中温度影响尤为突出。

8. 共模抑制比

共模抑制比（Common Mode Rejection Ratio，CMRR）是衡量心电、脑电、肌电等生物电放大器放大差模信号和抑制共模信号能力的一个重要指标，用下式表示：

$$CMRR = \frac{A_d}{A_c}$$

式中　A_d——差模增益；

　　　A_c——共模增益。

共模抑制比主要由电路的对称程度决定，也是克服温度漂移的重要因素。在医学仪器中，人们经常将共模抑制比分为两部分考虑，即输入回路的共模抑制比和差分放大电路的共模抑制比。各种提高共模抑制比的方法，将在述及具体仪器时做详细介绍。

医学仪器的主要技术特性有以上 8 项。还有一些特性，对某些仪器是重要的，如时间常数、阻尼等，这些将结合具体仪器讨论。

另外，若将医学仪器视为一个连续的线性系统，而传输的信号又是时间的函数，则可用微分方程来描述其输入和输出间的关系，即用传递函数来表示。这样，又可将医学仪器以其传递函数的形式是零阶、一阶、二阶的，来定性为零阶仪器、一阶仪器、二阶仪器。在遇到这种情况时，知道是在讨论医学仪器的动态特性就可以了。

1.4.2 医学仪器的特殊性

用医学仪器做生物检测一般分为标本化验检查和活体检测两大类。生物系统不同于物理系统，在检测过程中，它不能停止运转，也不能拆去某些部分。因此，人体检测的特殊性和生物信号的特殊性构成了医学仪器的特殊性。

1. 噪声特性

从人体拾取的生物信号不仅幅度微小，而且频率也低。因此，对各种噪声及漂移特性的限制和要求就十分严格。常见的交流感应噪声和电磁感应噪声危害较大，必须尽量采取各种抑制措施，使噪声影响减至最小。一般来说，限制噪声比放大信号更有意义。

2. 个体差异与系统性

人体个体差异相当大，用医学仪器做检测时，应从适应人体的差异性出发，对检测数据随时间变化的情况，要有相应的记录手段。人体又是一个复杂的系统，测定人体某部分的机能状态时，必须考虑与之相关因素的影响，要选择适当的检测方法，消除相互影响，保持人体的系统性相对稳定。

3. 生理机能的自然性

在检测时，应防止仪器（探头）因接触而造成被测对象生理机能的变化，因为只有保证人体机能处于自然状态下，所测得的信息才是可靠的、准确的。当把传感器置于血管内测量血流信息时，若传感器体积较大，就会使血管中流阻变大，这样测得的血流信号就不准确、不可靠。同样，若进行长时间的测量，就必须充分考虑生物体的节律、内环境稳定性、适应性和新陈代谢过程的影响；若在麻醉状态下测量，还需要注意麻醉剂深浅度对生理机能的影响。

为了防止人体机能的人为改变，可对人体作无损测量。一般是进行体表的间接测量或从体外输入载波信号，从体内对信号进行调制来取得信息。所以，无损测量可以较好地保持人体生理机能的自然性。

4. 接触界面的多样性

为了能测得人体的生物信号，必须使传感器（或电极）与被测对象间有一个合适的、接触良好的接触界面。但是，往往因传感器的实际尺寸较大，被测对象的部位太小而不能形成合适的界面；或者因人体出汗而引起皮肤与导引电极之间的接触不良。接触不良、接触面积不好等构成接触界面的多样性对检测非常不利，于是人们想出各种办法来保证仪器与人体有一个合适稳定的接触界面。

5. 操作与安全性

在医学仪器的临床应用中，操作者为医生或医辅人员，因此要求医学仪器的操作必须简单、方便、适用和可靠。

另外，医学仪器的检测对象是人体，应确保电气安全、辐射安全、热安全和机械安全，使得操作者和受检者均处于绝对安全的条件下。有时因误操作而危害检测对象也是不允许的，所以安全性与操作有内在关系。

1.4.3 典型医学参数

医学仪器主要用于检测各种医学参数，在使用和维修医学仪器时，很有必要了解一些典型的医学和生理学参数，见表1-1。这些参数是正确选择传感器的基础，应当根据信号特性来选择传感器。

表1-1　典型医学和生理学参数

典型参数	幅度范围	频率范围/Hz	使用传感器（电极）类型
心电（ECG）	0.01～5mV	0.05～100	表面电极
脑电（EEG）	2～200μV	0.1～100	帽状、表面或针状电极
肌电（EMG）	0.02～5mV	5～2000	表面电极
胃电（EGG）	0.01～1mV	0～1	表面电极
心音（PCG）		0.05～2000	心音传感器
血流（主动脉）	1～300mL/s	0～20	电磁超声血流计
输出量	4～25L/min	0～20	染料稀释法
心阻抗	15～500Ω	0～60	表面电极、针电极
体温	32～40℃	0～0.1	温度传感器

1.4.4　医学仪器的分类

医学仪器发展非常迅速，各种新的医学仪器不断出现。因此，对医学仪器的分类比较复杂，目前还难以统一，存在着从不同角度对医学仪器进行分类的问题。

1. 基本分类方法

根据检测的生理参数来对医学仪器分类，其优点是能够对任一参数的各种测试方法进行比较；根据转换原理的不同进行分类，有利于对各种传感器（电极）进行比较，推广应用；根据生理系统中的应用来分类，根据临床的专业进行分类及根据用途分类，均各有方便之处。

2. 医学仪器按用途分类

根据仪器在医学、医疗中的用途进行分类，简单明了，对医务人员和仪器管理人员均比较方便。

医学仪器按用途可分为两大类，诊断用仪器和理疗用仪器，诊断用仪器分为以下几种：

1）生物电诊断与监护仪器。如心电图机、脑电图机、肌电图机等。

2）生理功能诊断与监护仪器。如血压计、血流图仪、呼吸机及检测脉搏、听力、肺功能参数的仪器等。

3）人体组织成分的电子分析检验仪器。如血球计数器、生化分析仪、血液气体分析仪等。

4）人体组织结构形态的影像诊断仪器。如超声仪器、X线计算机层析（断层）摄影、核磁共振计算机断层摄影（NMR-CT）及电子内窥镜等。

理疗用仪器主要包括下述几种仪器：

1）电疗机。包括静电治疗机，低、中、高频治疗机。

2）光疗机。包括红外线治疗机、紫外线治疗机、激光治疗机等。

3）磁疗机。包括旋磁治疗机、中频交变治疗机等。

4）超声波治疗机。包括超声雾化吸入器、超声波治疗机等。

本书主要介绍生物电和生理功能的诊断与监护仪器，通常称为医用电子仪器。

1.5 生物医学仪器的设计原则与步骤

1.5.1 医学电子仪器的设计原则

医学电子仪器的基本设计思想包括：

1. 采用自顶向下（Top-Down）的设计方法

该方法的主体思想是从总体到局部，再到细节。先考虑整体目标，明确任务，把整体分解成一个个子任务，并考虑子任务之间的关系。这样就把较大的、复杂的、难解决的问题分解成若干个小的、简单的、易解决的问题。

另外，在某些场合也可采取自底向上的设计方法。为了完成某个仪器设计任务，可以采用现有的电路、模块或元器件，综合成一个满足要求的系统。这种系统虽然未必是最简单、最优化的方案，但只要能完成测量任务，仍不失为快速、高效解决问题的方法。

2. 模块设计原则

在硬件设计中，为了加快设计速度、节省研制费用，尽量采用现有元器件和功能模块；为简化线路、降低成本、提高可靠性，尽量使用大规模集成电路或可编程硬件。另外，对输入/输出接口的设计要充分重视，因为它是仪器系统设计中最重要的部分。在硬件配置上，仪器应提供尽可能多的外设接口和驱动能力，以充分利用仪器的功能，如扩展为多参数的综合分析系统、一机多床位监护系统等。

随着现代微电子技术的发展，单片机的主频和存储容量都有了很大提高，对程序运行效率的要求已经不再是第一要求，现在主流的编程语言是 C 语言。在 CPU 时间允许的情况下，尽量硬件软化，用程序直接模拟各种硬件电路，提高硬件的通用性及软件设计的灵活性。考虑到仪器生产的批量一般不是很大和使用者多是非计算机专业技术人员，所以仪器的操作必须简便。监护的实时性是监护系统的重要指标之一，异常病情的发现和及时的报警直接关系到抢救的时间，它应高于监护参数计算的准确性。这是智能监护仪软件设计所必须考虑的。

3. 软硬件折中

微计算机是医学电子仪器的核心，它既控制整个检测过程，又进行各种数据处理。医学仪器中有些功能靠硬件实现，有些功能利用软件或硬件都可完成。硬件和软件都有各自的特点。软件可完成许多复杂的运算，修改方便，但执行速度比硬件慢。硬件是各种元器件的物理实体，通过物理效应实现测量，硬件的成本高，组装起来不易改动。

为了降低硬件成本，可以将硬件的功能用软件实现，即所谓"硬件软化"。如滤波器的实现，通常使用硬件滤波，通过储能元件来实现各种类型的滤波电路，现在滤波器也可以使用软件滤波，通过计算来滤除特定的噪声，这样就节省了硬件设备。但这样做增加了程序编制的工作量，同时增加了计算机的负担。

近年来随着半导体技术的发展，各种高性能器件问世，出现了"软件硬化"的趋势，即将软件实现的功能用硬件实现。其中最典型是数字信号处理芯片（DSP），过去进行快速傅里叶变换（FFT）都用程序实现，现在利用 DSP 进行 FFT 运算，可以大大减轻软件的工作量，提高信号处理速度。DSP 在信号处理、测量中得到广泛的应用。

另外，"硬件是不可改变的"这一传统观念已被打破。近年来可编程逻辑器件飞速发展，并得到广泛应用。这种器件可以通过编程，对器件内的门电路或逻辑单元进行组合，实现各种不同功能，而且它还可以反复编程进行修改，现场调试，集成度越来越高，功能越来越强，如 CPLD、FPGA 等器件。其中 FPGA 受到半导体器件厂商和广大电子设计师的重视，应用越来越广泛。

能实现"硬化"的软件毕竟是软件中的一部分，大量运算、控制任务还需要用程序实现。在设计医学电子仪器时，很重要的问题就是软硬件折中。软件和硬件各有千秋，多使用硬件可以提高仪器的工作速度，减轻软件负担，但结构较复杂；使用软件代替部分硬件会简化仪器结构，降低硬件成本，同时也增加软件开发的成本。在大批量投产时，软件的易复制性可以降低成本，但软件运行速度慢，实时性不如硬件。在工作速度允许的情况下，还是应该尽量充分发挥计算机的功能，多利用软件。在设计时必须根据具体问题，分配软件和硬件的任务，决定系统中哪些功能由硬件实现，哪些功能由软件实现，确定软件和硬件的关系。软硬件的配置应该从仪器的功能、成本、研制周期和费用等多方面综合考虑。

传感器驱动电路、传感器拾取信号电路、前置放大电路、前级滤波电路、中间级放大电路、A-D 转换电路等电路是模拟信号的处理通路，只能用硬件电路实现；信号转换成数字量之后的处理电路可以用硬件电路实现也可以用软件电路实现；后面的滤波电路可以用模拟电路实现也可以用数字滤波实现；仪器中的控制系统用软件或硬件都可实现，现在以单片机的软件控制为主要方式；信号的显示、打印等功能用软件实现，但需要配备对应的驱动器。

1.5.2 仪器的设计步骤

在设计仪器之前，应该阅读相关资料，了解本类仪器的现状和已有方法的优缺点，熟悉设计的任务和仪器的功能、指标、成本诸因素的限制条件。在经过调研和准备之后，再开始设计。在充分考虑基本设计原则的基础上，一般应按下列步骤进行设计：

1. 需求分析，确定设计任务

分析市场需求状况，根据市场需求情况确定仪器要完成的功能。

2. 设计任务分析，制订设计任务书

接到设计任务后，首先要认真、仔细地阅读任务书，要认真研究被测信号的特点、准确度要求、量程、成本规划、完成的时间与验收方式，逐一分析后，制订详细的任务书，作为研制的基本文件。

3. 调查研究，熟悉现有资料

在对设计任务心中有数后，应对国内外同类产品的技术资料进行分析，采用各种手段（如网上查询、科技情报检索、工厂企业调研、请教有经验的技术人员）熟悉现有资料，哪怕是一种外观照片对设计都会有启发。

4. 总体方案设计

总体方案设计是非常重要的一步，对研究的成败有着举足轻重的作用。总体方案要求具有先进性、创新性、合理性和可行性。在方案设计时首先要根据构建的生物系统模型确定原理方案，它决定了医学仪器的工作原理，在充分分析所要设计的仪器需要完成的功能的基础上（即对生理、病理、生化、解剖的相关知识分析），根据物理化学数学和生物医学的基本理论，或对实验所获得数据的统计分析，构建设计目标的数学模型（或物理模型，或描述模型），并提出应达到的技术参数指标。必要时要对仪器所包含的机、光、电各部分进行数学建模，然后确定系统的主要参数，进行精度设计和总体结构设计，绘制总体装配图和进行外观造型设计。总体设计后，最好邀请各方面的专家，组织一次方案评审会，集思广益，保证质量。

5. 技术设计

技术设计是在总体设计基础上，对机、光、电、计算机各部分进行具体的设计，如部件设计、零件设计、硬件电路设计、光学设计、软件设计、技术经济评价和编写设计说明书、准确度设计及计算等。

首先是划分软、硬件。由于许多功能用硬件和软件均可实现，所以设计者有划分和权衡使用硬件或软件的问题。多用硬件可以使软件的研制时间减少，并且软件系统运行速度快，但是电路复杂，所用元器件多，从而成本高、可靠性也受到影响。多用软件可以少用元器件，提高可靠性，但是系统运行速度慢，程序长而复杂，软件研制费用也较高。作为医用仪器，对可靠性和监护、诊断的实时性要求较高，所以通常采用软硬兼顾的原则。尽量少用硬件或是硬件软化保证可靠性；选用速度较高的时钟和一定数量器件的逻辑电路来获得较高的速度。具体设计时，拟出不同的硬件进行比较，然后随时调整软硬件的比例，以得到合理的方案。

其次进行硬件设计。硬件设计的任务是解决接口问题及设计完成输入/输出功能所必需的微机系统和硬件。方案确定之后就可按照所选字长、准确度、中断逻辑、存储容量、系统工作速度和总线等初步选定微处理器；按功能流程图、执行时间、数据量的多少及程序的长短，来选择单片机需要集成的 ROM 及 RAM 的大小，或是否需要外扩 RAM 芯片，从而选定具体的单片机型号。外扩 RAM 芯片主要存储实时数据用于计算分析，常用容量一般选用 64KB、128KB、256KB、512KB，外扩 RAM 由于需要地址和数据总线的连接，对单片机引脚数量要求较多。再按存储容量及微处理器的字长、速度设计存储器系统，然后设计系统的接口，按处理对象和接口工作方式选择接口芯片，设计 I/O 接口电路。接着就可以进行分部连接和分部调试。最后自编硬件调试程序，在调试工具的帮助下，采集信号、存储数据、送显示记录等，进行硬件的总体调试。如果有错误，就设法排除或者修改设计。

软件设计应与硬件设计同时进行，在明确软件的任务、目标和达到这一目标的手段之后，细化公式和算法，按仪器系统的工作过程和时间关系拟定流程图。一般在同类型 CPU 调试工具（开发系统）帮助下进行软件的动态调试直至正确为止。

最后进行综合调试。这是仪器研制中最重要而又较困难的一步。将程序调入开发系统，用开发系统仿真仪器系统的工作，以识别和排除硬件软件故障，使仪器系统能正确运行。其步骤为：将部件、程序分段逐块进行，并分块排除故障，定性观察总体功能，排除硬件和软件两方面的故障，测试仪器系统性能，判断能否符合设计要求，修改设计反复调试，直到满意为止。

6. 样机试制

样机试制包括产品机械加工、硬件电路制作、软件调试、整机装调，然后进行产品自检测试（由研制人员进行），并详细做好记录。将检测结果与设计任务书给定的技术指标进行比对，对达不到要求的进行改进。然后做出经济评价和技术资料总结。

7. 动物试验研究

一般地，样机（至少两台）制作完成后，在进入临床试验前应进行充分的动物试验。动物试验的目的有两个方面：①检验样机的安全性（包括样机本身的技术指标、电气安全、可靠性和操作性能等）；②有效性检验（包括临床疗效、生理参数测量的准确性等），并将实验结果返回到设计阶段。

8. 临床试验

这是上一步的延伸，在完成前面的工作后，仪器设计工作本身可以认为已基本完成，临床试验主要是对仪器的有效性作进一步的检验。为保证仪器的绝对安全，在进行临床试验前，生产（设计）单位应根据相关的国家标准和行业标准先拟定该产品的产品标准，并提交政府相关主管部门（我国的主管部门是食品药品监督管理总局）进行审定、备案，在此基础上由政府主管部门认可并授权的第三方检测中心按照产品标准对样机进行安全性的全面检测，达到标准后出具该产品的检测报告，之后方可进行临床试验。对临床试验所获得的数据，应选用适当的统计方法进行统计分析，最后由接受试验的医院出具该产品的临床试验报告。

9. 进行注册与认证

在得到该产品的检测报告和临床报告后，即可向政府管理部门（国家食品药品监督管理局及其下属机构）提交仪器认证与注册的有关申请，经审查符合国家相关产品的认证及注册的相关规定后，就可以授予该产品"中华人民共和国医疗器械注册证"和"医疗器械产品生产制造认可表"。至此该产品的全部设计工作宣告完成，即可投入生产，进行销售。

完成以上步骤后，建立并完善文档，保存完备的设计文档。图1-6所示为生物医学仪器的研制过程。

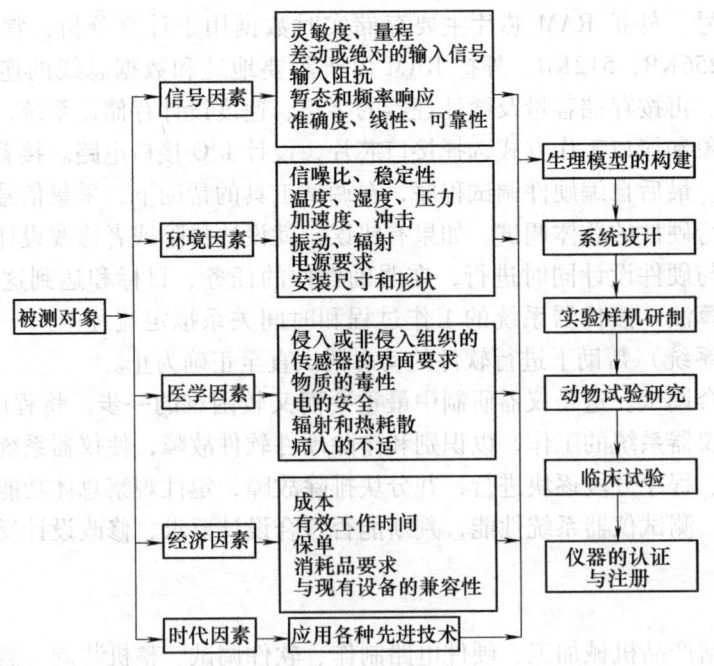

图1-6 生物医学仪器的设计流程

常用电子元器件

2.1 电阻器

2.1.1 电阻器的参数

电阻器（电位器）、电容器和电感器（变压器）是电子产品中应用最广泛的电路阻抗元件。电阻器按照工艺可以分为碳膜电阻器和金属膜电阻器；按照功率可以分为小功率电阻器和大功率电阻器，其中大功率电阻通常是金属电阻，实际上应该是在金属外面加一个金属（铝材料）散热器，所以可以有10W以上的功率；按安装方式可分为插件电阻器、贴片电阻器。电阻器的电气性能指标通常有标称阻值，允许偏差与额定功率等。

1. 标称阻值

标称在电阻器上的电阻值称为标称阻值。标称阻值是根据国家制定的相关标准进行标注的，不是生产者任意标定的，不是所有电阻值的电阻器都存在。

在电阻器、电容器、电感器的生产上，为了满足技术和经济上的合理性，采用E数列作为元件生产系列化规格，即按公式：$a_n = (\sqrt[E]{10})^{n-1}$（$n = 1, 2, 3, \cdots\cdots$），E取不同的值，计算形成数值系列。当E取6、12、24、……时，分别称为E6、E12、E24……标称系列。所谓E6、E12、E24系列，就是在数字1~10内，该系列有6、12、24个取值。阻抗元件的制造就是按这样一个标准序列生产的，所以阻抗元件上的标示值称为标称值。阻抗元件的标称值为标称系列值再乘以10^n倍，n为正整数或负整数。常用E6、E12、E24系列见表2-1。

表2-1 阻抗元件标称系列

E6			1.0				1.5				2.2		
E12		1.0			1.2		1.5		1.8		2.2		2.7
E24	1.0	1.1	1.2	1.3	1.5	1.6	1.8	2.0	2.2	2.4	2.7	3.0
E6			3.3				4.7					6.8		
E12		3.3		3.9		4.7		5.6		6.8		8.2	
E24	3.3	3.6	3.9	4.3	4.7	5.1	5.6	6.2	6.8	7.5	8.2	9.1

2. 允许偏差

电阻器的实际阻值对于标称值的最大允许误差范围称为允许偏差，允许偏差的字母代号有B、C、D、F、J、K、M。每个阻抗元件都是按标准系列生产，有一个标称阻值。阻抗元件被制造出后，它的实际值不一定就是标称值，存在一定的误差，此误差是被允许的，所以也称为允许偏差。不同标称系列的允许偏差也不同，数值分布越疏，允许偏差也就越大。阻抗元件的允许偏差大小用允许偏差等级表示，如 E6、E12、E24、E48、E96、E192 系列的允许偏差等级分别为 ±20%、±10%、±5%、±2%、±1%、±0.5%。

允许偏差也用字母代号表示，表 2-2 给出常用字母代号与阻抗元件的允许偏差等级之间的关系。

表 2-2 允许偏差的表示方法

允许偏差（%）	±0.1	±0.25	±0.5	±1	±5	±10	±20
字母代号	B	C	D	F	J	K	M
分类	精密元件				一般元件		

3. 额定功率

指在规定的环境温度下，假设周围空气不流通，在长期连续工作而不损坏或基本不改变电阻器性能的情况下，电阻器上允许的消耗功率。常见的额定功率有 1/16W、1/8W、1/4W、1/2W、1W、2W、5W、10W，通常 1/8W 电阻器已经完全可以满足使用。

2.1.2 阻抗元件标称值和允许偏差的标志法

电阻器、电容器、电感器的标称值和允许偏差等参数都用一定的表示方法标志在元件上。

（1）直标法　直标法就是用文字符号和阿拉伯数字在阻抗元件表面直接标出型号、标称值、允许偏差（用百分数表示）、生产日期等参数。直标法可用单位代替小数点，如 0.27Ω 可标为 Ω27，4.7kΩ 则标为 4k7。直标法适用于体积较大的元件。

（2）数码法　用 3 位数字表示元件的标称值。从左至右，前两位表示有效数位，第 3 位表示 10^n（$n=0\sim8$）。当 $n=9$ 时为特例，表示 10^{-1}，例如，电容器上用数码法标志 479，则表示其电容量为 4.7pF。片状电阻器多用数码法标示，如 512 表示 5.1kΩ，而标志是 0 或 000 的电阻器，表示是跳线，阻值为 0Ω。用数码法标志的电阻值单位为欧，电容量单位为 pF，电感量一般不用数码法标志。数码法用字母标志元件的允许偏差等级。

（3）文字符号法　文字符号法是将电阻器和电容器的标称值和允许偏差用数字和文字符号按一定规律组合标志在电阻体和电容体上。例如：6R2J 表示该电阻器的标称值为 6.2Ω，允许偏差为 ±5%；3k6K 表示该电阻值为 3.6kΩ，允许偏差为 ±10%。电容器的示例：2n2J 表示该电容器标称值为 2.2nF，即 2200pF，允许偏差为 ±5%；47nK 表示电容器容量为 47nF 或 0.047μF，允许偏差为 ±10%。

（4）色标法　色标法是用不同颜色的色环或色点在元件表面标志标称值和允许偏差。各种颜色表示数字和允许偏差的意义见表 2-3。色标法的计量单位分别是：电阻值的单位为 Ω，电容量的单位为 pF，电感量的单位为 μH。

表 2-3 颜色表示数字和允许偏差的意义

颜色　　意义	黑	棕	红	橙	黄	绿	蓝	紫	灰	白	金	银	无色
有效数字	0	1	2	3	4	5	6	7	8	9			
倍乘（数量级）	10^0	10^1	10^2	10^3	10^4	10^5	10^6	10^7	10^8	10^9	10^{-1}	10^{-2}	
允许偏差（%）		±1	±2			±0.5	±0.25	±0.1		+50/−20	±5	±10	±20

电阻器、电容器、电感器随其形状不同分别用色环或色点在元件上进行标示。如普通电阻器用4色环（点）表示，第1、2环（点）表示两位有效数字，第3环（点）表示倍乘 10^n，n 为色环所表示的值，第4环（点）表示允许偏差。精密电阻器用5条色环（点）表示标称阻值和允许偏差，第1、2、3环（点）表示有效数字，第4环（点）表示倍乘 10^n，第5环（点）表示允许偏差。

2.1.3 电阻器的杂散参数和选用方法

由于在理论学习中都认为电子元件的特性是理想的，所以人们经常犯下的错误是假设电容器、电阻器和电感器在所有的频率、所有电压和所有电流上都分别呈现为同样的电抗特性，下面给出这些元件由于分布参数的影响而引起的性能变化。

电阻器的特性与其实际结构有关，大多数电阻器不是由碳之类的电阻性颗粒制成，就是由某些连续电阻丝制成。在颗粒结构中，颗粒之间存在小电容，因此在高频上，这种电容可以把电阻元件旁路，表现为一个漏电电容器。随着频率的升高，引线的电感值变得起主要作用。在高压（数百伏）下，普通碳质电阻器的电阻值将随电压而改变。这是由于碳颗粒之间产生微电弧而再次对某些电阻分流所引起的。

金属丝电阻器有许多不同的制作方法，它们可以由电阻丝绕制，也可以采用炭淀积、金属膜蚀刻等方法生产。绕制电阻器需要在骨架上绕很多匝电阻丝，所以这种电阻器会产生电感，即使在低频上，其电感量也不小。某些绕制电阻器被设计成具有尽可能低的电感，这由采用双线并绕，再将两绕组接起来使其感应场相抵消来实现，从而扩展了这种电阻器能够工作的频率极限。两个绕组之间不可能得到完全的耦合，因此会出现一些漏感，这些漏感最终将限制电阻器可以使用的最高频率。

选用普通电阻的方法。首先应当选择电阻值和允许偏差值，原则是所用电阻器的标称阻值与所需电阻器阻值的差值越小越好。对于电阻允许偏差范围，RC 电路需要电阻器的允许偏差尽量小，一般可选5%以内；退耦电路、反馈电路、滤波电路、负载电路对允许偏差的要求不太高，可选允许偏差值为10%~20%的电阻器。其次要注意电阻器的极限参数，如额定电压、额定功率。一般来说所选电阻器的额定功率应大于实际承受功率的两倍以上才能保证电阻器在电路中长期工作的可靠性。最后，要首选通用型电阻器。通用型电阻器种类较多、规格齐全、生产批量大，且阻值范围、外观形状、体积大小都有挑选的余地。

电阻器应针对不同电路的特点进行选择。高频电路中电阻器的分布参数越小越好，应选用金属膜电阻器、金属氧化膜电阻器等高频电阻器。对于功率放大电路、偏置电路、取样电路来说，电路对稳定性要求比较高，应选温度系数小的电阻器。

除了阻值固定的电阻器外，常用的电阻器还有电位器和排电阻器。模拟电路中有一些不确定的因素，需要调节才能达到最理想的效果时，或者有些设备本身就需要输出一个可变的参数，就需要采用电位器以便调节。排电阻器是把相同阻值的电阻器封装起来，以减少焊接的点数和简化电路板结构，主要用于单片机输出端口的上拉电阻，比较常用的就是阻值为 5.1kΩ 和 10kΩ 的9脚的电阻排。例如，sip9就是8个电阻器封装在一起，这8个电阻器有一端连在一起，称为公共端，在排电阻器上用一个小白点表示。

2.2 电感器的结构与特点

2.2.1 电感器的作用

电感器主要分为磁心电感器和空心电感器两种,磁心电感器的电感量大,常用在滤波电路,空心电感器的电感量较小,常用于高频电路。电感器的特性是通直流、阻交流,频率越高,线圈阻抗越大。所谓通直流就是指在直流电路中,电感器的作用就相当于一根导线,不起任何作用;阻交流是指在交流电路中,电感器会有阻抗 $X_L = j\omega L$,电感量 L 越大,频率 f 越高,感抗就越大。电感器的基本作用包括滤波、振荡、延迟、陷波等。

电感器在电路中经常和电容器一起工作,构成 LC 滤波器、LC 振荡器等。电容器具有"阻直流,通交流"的特性(将在后文进行介绍),而电感器则有"通直流,阻交流"的功能。如果让伴有许多干扰信号的直流电通过 LC 滤波电路,那么,交流干扰信号将被电容变成热能消耗掉。变得比较"纯净"的直流电流通过电感器时,其中的交流干扰信号也被变成磁感和热能,频率较高的最容易被电感器阻抗,这就可以抑制较高频率的干扰信号。在电路板电源部分的电感器一般是由线径非常粗的漆包线环绕在涂有各种颜色的圆形磁心上,而且附近一般有几个高大的滤波铝电解电容器,这二者组成的就是 LC 滤波电路。另外,电路板还大量采用"蛇行线 + 贴片钽电容器"来组成 LC 电路,因为蛇行线在电路板上来回折行,也可以看做一个小电感器。

2.2.2 小型固定电感器

小型固定电感器通常是用漆包线在磁心上直接绕制而成,是医学电子仪器中最常用的电感器,主要用在滤波、振荡、陷波、延迟等电路中,它有密封式和非密封式两种封装形式,这两种形式又都有立式和卧式两种外形结构。

(1) 立式密封固定电感器 立式密封固定电感器采用同向型引脚,国产产品有 LG 和 LG2 等系列,其电感量范围为 0.1 ~ 2200μH(直标在外壳上),额定工作电流为 0.05 ~ 1.6A,误差范围为 ±5% ~ ±10%。进口产品有 TDK 系列,其电感量用色点标在电感器表面。

(2) 卧式密封固定电感器 卧式密封固定电感器采用轴向型引脚,国产产品有 LG1、LGA、LGX 等系列。

LG1 系列电感器的电感量范围为 0.1 ~ 22 000μH(直标在外壳上),额定工作电流为 0.05 ~ 1.6A,误差范围为 ±5% ~ ±10%。

LGA 系列电感器采用超小型结构,外形与 1/2W 色环电阻器相似,其电感量范围为 0.22 ~ 100μH(用色环标在外壳上),额定电流为 0.09 ~ 0.4A。

LGX 系列色码电感器也为小型封装结构,其电感量范围为 0.1 ~ 10000μH,额定电流分为 50mA、150mA、300mA 和 1.6A 四种规格。

2.2.3 电感器的杂散参数

电感器由绕在磁心上的多匝导线组成。在电感器设计中,磁心可以是空气、高磁导率磁性材料或其他任何物质。如图2-1所示，所有电感器都有分布电容和串联电阻（图中 L 为电感，R 为由导线电阻损耗、磁滞损耗和磁心中涡流引起的电阻，C_d 为绕组之间的等效分布电容）。

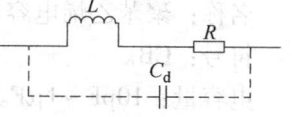

图2-1 电感器的等效电路

随着频率的升高，电感器会发生两个现象：①由于趋肤效应、迟滞和涡流损耗，电阻将增加；②分布电容将决定电感器发生自谐振的频率，在高于这个自谐振的频率上，电感器表现为电容性。

当用磁性材料做磁心时，电感量也是流过线圈电流的函数，因为磁导率随电流而改变，有时，在磁心中采用空气隙，以加大电感可能达到的线性范围，自然，这会减小任何给定电感器每匝的电感量。

2.3 电容器

2.3.1 电容器的分类和作用

电容器在电路中具有隔断直流电、通过交流电的作用，因此常用于级间耦合、滤波、去耦、旁路及信号调谐。电容器由两个金属极和中间夹有的绝缘材料（介质）构成。绝缘材料的不同，电容器的种类也有所不同。

按结构可分为：固定电容器，可变电容器，微调电容器。

按介质材料可分为：CBB（聚乙烯电容）器，涤纶电容器、瓷片电容器、独石电容器、电解电容器、钽电容器等。

按极性分为：有极性电容器和无极性电容器，最常见到的有极性电容器就是电解电容器。

电容器的参数指标主要包括耐压值和电容量。例如：某电解电容器的参数为 $220\mu/50V$，就是说，这个电解电容器的耐压值为50V，电容量为 $220\mu F$。电容器的电容量跟介质有关。

普通无极性电容器的标称耐压值有：63V、100V、160V、250V、400V、600V、1000V等，有极性电容器的耐压值相对要比无极性电容器的耐压值要低，一般的标称耐压值有：4V、6.3V、10V、16V、25V、35V、50V、63V、80V、100V、220V、400V等。

2.3.2 常用电容器的特点

电容器的种类最多，性质也最复杂，很多情况下要依据不同的使用目的选择不同种类的电容器，选择好电容器的种类和型号是电路中的一个重要方面。电容器的选择有一定的规律可以遵守，但使用好电容器需要很多的实际经验的总结，下面将常见电容器的符号、主要参数、主要特点及应用范围等总结出来，读者可参考学习。

名称：聚酯（涤纶）电容器。

符号：CL。

电容量：$40pF \sim 4\mu F$。

额定电压：$63 \sim 630V$。

主要特点：体积小、电容量大、耐热耐湿、稳定性差。

应用：对稳定性和损耗要求不高的低频电路。

名称：聚苯乙烯电容器。
符号：CB。
电容量：10pF～1μF。
额定电压：100V～30kV。
主要特点：稳定、损耗小、体积较大。
应用：对稳定性和损耗要求较高的电路。
名称：聚丙烯电容器。
符号：CBB。
电容量：1000pF～10μF。
额定电压：63～2000V。
主要特点：无感、高频特性好、体积较小，不适合做大容量，价格比较高，耐热性能较差。
应用：用于稳定性要求较高的电路和高频电路。
名称：高频瓷介电容器。
符号：CC。
电容量：1～6800pF。
额定电压：63～500V。
主要特点：高频损耗小，稳定性好。
应用：高频电路。
名称：低频瓷介电容器。
符号：CT。
电容量：10pF～4.7μF。
额定电压：50～100V。
主要特点：体积小、价格低廉、损耗大、稳定性差。
应用：要求不高的低频电路。
名称：铝电解电容器。
符号：CD。
结构：用铝圆筒做负极，里面装有液体电解质，插入一片弯曲的铝带作为正极。还需要经过直流电压处理，使正极片上形成一层氧化膜做介质。
电容量：0.47～10 000μF。
额定电压：6.3～450V。
主要特点：体积小、电容量大、损耗大、漏电大。
应用：电源滤波，低频耦合，去耦，旁路等。
名称及符号：钽电解电容（CA）、铌电解电容（CN）。
结构：用金属钽或者铌做正极，用稀硫酸等配液做负极，用钽或铌表面生成的氧化膜做介质。
电容量：0.1～1000μF。
额定电压：6.3～125V。
主要特点：损耗、漏电均小于铝电解电容器。

应用：在要求高的电路中代替铝电解电容。

名称：陶瓷介质电容器。

结构：用陶瓷做介质，在陶瓷基体两面喷涂银层，然后烧成银质薄膜做极板。

电容量：0.3~22pF（可变）。

主要特点：损耗较小，体积较小，综合性能很好，可以应用在GHz级别的超高频器件上。

应用：精密的高频振荡回路。

名称：独石（多层瓷介）电容器。

电容量范围：0.5pF~1μF。

特点：电容量大、体积小、可靠性高、电容量稳定，耐高温耐湿性好、温度系数很高等。

应用范围：广泛应用于电子精密仪器。各种小型电子设备作谐振、耦合、滤波、旁路用。

就价格而言，钽电容器、铌电容器最贵，独石电容器、聚丙烯电容器较便宜，瓷片电容器最低。

2.3.3 电容器的杂散参数

和其他任何元件相比，可以利用的电容器也许更多种多样。电容器都能用图2-2所示等效电路近似表示。一个给定电容器的电阻性损耗取决于电容器中的电介质类型、工作频率以及外加电压。许多电介质，如电解电容器中的电介质在高频上有很大的损耗。当电压升高时，电介质可能发生明显变化，最终导致电容器被电压击穿，从而限制了电容器能安全施加的电压数值。由于有引线和连接线，所有电容器都有一定的内电感，这将限制放电率和放电电流。对于高放电率的要求，需制作专门的低电感电容器。

从理论上（即假设电容器为纯电容）说，电容器的电容量越大，阻抗越小，通过的频率也越高。但实际上超过$1\mu F$的电容器大多为电解电容器，有很大的电感成分，所以频率高后反而阻抗会增大。因此工程上常用$0.01~0.1\mu F$的瓷片电容器作为高频电路中的耦合或旁路电容。有时会看到有一个电容量较大电解电容器并联了一个小电容器，这时大电容器通低频，小电容器通高频。

不同电容量的电容器，其截止频率就不同。一般情况下，同材质、同封装的电容器，其电容量越大，截止频率就越低。当需要滤除的信号（或杂波）的频率超过滤波电容器的截止频率后，电容器就相当于一个电感器，根本没有滤波效果。

当频率很高时，电容器不再被当做集总参数看待，寄生参数的影响不可忽略。寄生参数主要包括R_S，（即等效串联电阻ESR）和L_S（即等效串联电感ESL）。电容器的实际等效电路如图2-2a所示，其中C为静电容；R_p为泄漏电阻，也称为绝缘电阻，其值越大（通常在兆欧级以上），漏电越小，性能也就越可靠。因为R_p通常很大（兆欧级以上），所以在实际应用中可以忽略。C_{da}和R_{da}分别为介质吸收电容和介质吸收电阻。介质吸收是一种有滞后性质的内部电荷分布，它使快速放电后处于开路状态的电容器恢复一部分电荷。

ESR和ESL对电容器的高频特性影响最大，所以常用如图2-2b所示的串联RLC简化模型。利用此模型可以计算出谐振频率和等效阻抗：

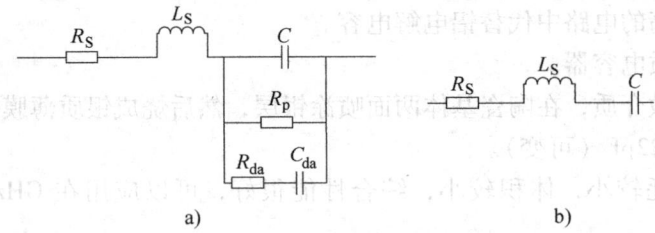

图 2-2 电容器的等效电路及简化模型
a) 电容器实际等效电路 b) 电容器简化模型

$$f_R = \frac{1}{2\pi\sqrt{L_S C}} \tag{2-1}$$

$$|Z_C| = \sqrt{R_S^2 + \left(2\pi f_R L_S - \frac{1}{2\pi f_R C}\right)^2} \tag{2-2}$$

电容器串联 RLC 模型的频域阻抗如图 2-3 所示，电容器在谐振频率以下表现为容性；在谐振频率以上时表现为感性，此时电容器的去耦作用逐渐减弱。同时还发现，电容器的等效阻抗随着频率的增大先减小后增大，等效阻抗最小值为发生在串联谐振频率处的 ESR。

由式（2-2）可得出，电容量大小和 ESL 值的变化都会影响电容器的谐振频率，如图 2-4 所示。由于电容器在谐振点的阻抗最低，所以设计时尽量选用 f_R 和实际工作频率相近的电容器。在工作频率变化范围很大的环境中，可以同时考虑一些 f_R 较小的大电容器与 f_R 较大的小电容器混合使用。

电源去耦电路一般采用的旁路电容，要根据电路的频带选用最佳电容量与品种。特别是在高频电路中，旁路电容可降低电源阻抗，因此必须注意电容器的选用。图 2-5 是陶瓷电容的阻抗与频率特性。理论上，电容阻抗为 $1/(2\pi f C)$，但电容量越大，频率越高，电容的阻抗越低。由于受引线与内部阻抗的影响，超过一定频率时，实际电容的阻抗反而会变高，因此，阻抗最低的点是电容量越小而频率越高，在图 2-5 中，电容量为 10000pF 时，频率为 10MHz；电容量为 1000pF 时，频率为 40MHz。高频时，旁路电容采用小电容量的电容器会比大电容量的效果好。

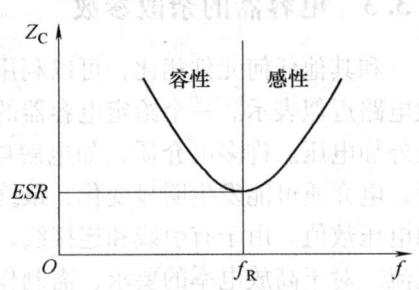

图 2-3 电容器串联 RLC 模型的频域阻抗

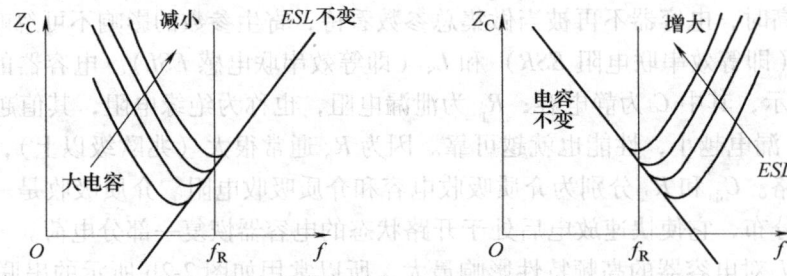

图 2-4 电容量和 ESL 的变化对电容器频率特性的影响

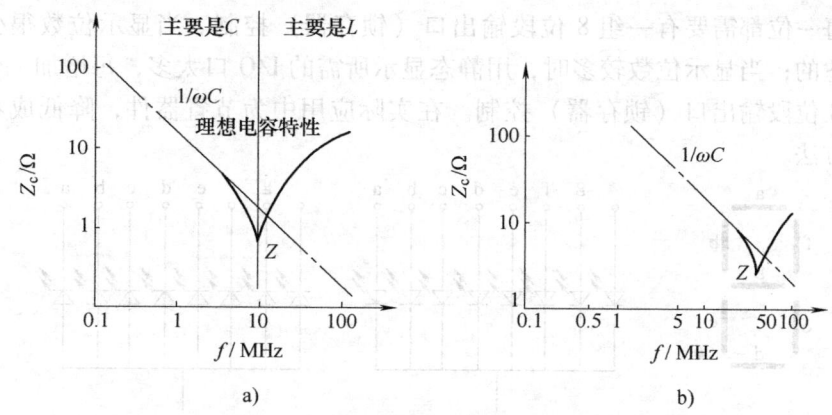

图 2-5　实际电容特性随频率变化的性质
a) 10 000pF　b) 1000pF

2.4　显示、键盘及打印技术

2.4.1　发光二极管显示器

1. 发光二极管

单个发光二极管（LED）常用做指示灯，显示工作状态、通断、报警等。发光二极管可以通过门电路直接驱动点亮。图 2-6 为分别采用高电平和低电平驱动发光二极管的电路，单片机 I/O 口吸入电流的能力一般大于输出电流的能力，用低电平驱动发光二极管的亮度大于用高电平驱动的发光二极管亮度。

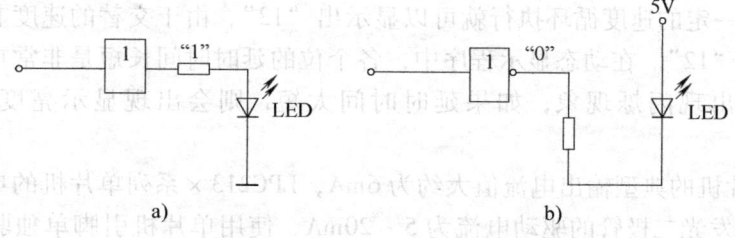

图 2-6　发光二极管的驱动电路
a) 高电平驱动　b) 低电平驱动

2. 7 段 LED 显示器

7 段 LED 显示器是由 7 个发光二极管显示数字 0~9 和一些字母或字符，由 1 个发光二极管显示小数点，具体结构如图 2-7a 所示。这种显示器有两种形式：一种是发光二极管的阴极连在一起的共阴极显示器，如图 2-7b 所示；另一种是阳极连在一起的共阳极显示器，如图 2-7c 所示。7 段 LED 显示器能显示的字符量较少，且字符形状有些失真，但由于其控制简单、适用方便、亮度高、可视性好，故而在数字显示和仪器仪表中得到了广泛应用。

点亮 7 段 LED 显示器的方法有静态和动态两种。所谓静态显示，就是当显示器显示某一个字符时，相应的发光二极管恒定地通过一定的电流，如 7 段显示器的 b、c 通电，则显示数字 1。静态显示时，较小的电流能得到较高的亮度，故可由数字输出口直接驱动，但这种显示方式每一位都需要有一组 8 位段输出口（锁存器）控制。当显示位数很少时，采用此方法是合适的；当显示位数较多时，用静态显示所需的 I/O 口太多，每增加一位就需要额外增加一组 8 位段输出口（锁存器）控制。在实际应用中为节省器件，降低成本，通常采用动态显示方法。

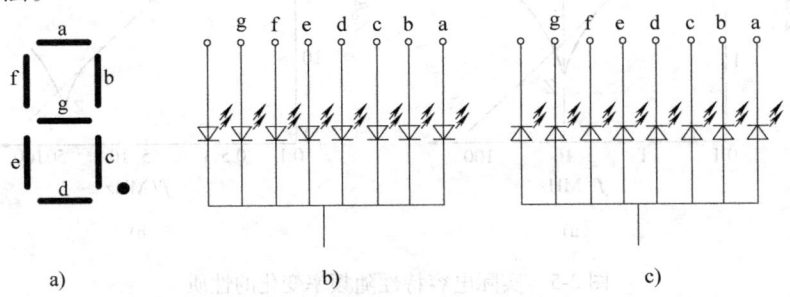

图 2-7　7 段 LED 显示

a）LED 显示器结构　b）共阴极 LED　c）共阳极 LED

所谓动态显示，就是轮流点亮显示器的各段 LED，利用人的视觉暂留效应使人看到多个数码管同时显示。此方法只需一个 8 位段码输出口和相应的位选输出口（显示位数对应相应位选输出），相比静态显示时极大地节约了 I/O 口。由于动态显示是依次接通要显示的每一位 8 段 LED，需要较大的驱动电流，故在输出口之后尚需要加接驱动器。显示器的亮度既同驱动器电流有关，也同点亮时间与间隔时间的比例有关。调整电流和时间参数，可实现亮度较高且较稳定的显示。在编程时，需要输出段选和位选信号，位选信号选中其中一个数码管，然后输出段码，使该数码管显示所需要的内容，延时一段时间后，再选中另一个数码管，再输出对应的段码，高速交替。例如需要显示数字 "12" 时，先输出位选信号，选中第一个数码管，输出 "1" 的段码，延时一段时间后选中第二个数码管，输出 "2" 的段码。把上面的流程以一定的速度循环执行就可以显示出 "12"，由于交替的速度非常快，人眼看到的就是连续的 "12"。在动态显示程序中，各个位的延时时间长短是非常重要的，如果延时时间长，则会出现闪烁现象；如果延时时间太短，则会出现显示亮度暗且有重影的现象。

MSP430 单片机的典型输出电流值大约为 6mA，LPC213× 系列单片机的典型输出电流大约为 4mA，一个发光二极管的驱动电流为 5～20mA，使用单片机引脚单独驱动一段有时是可以实现的，但由于单片机一组引脚的总输出电流有限（肯定远小于典型值乘以端口数），所以使用一组 I/O 口来驱动 LED 显示器是不能实现的。通常可以加入一个数字电路芯片来提供发光二极管的驱动电流，如 6 反相器 74HC04。PIC 系列单片机的任意一条 I/O 引脚都有很强的带负载的能力，至少可提供或灌入 25mA 的电流，在某些场合，这些引脚可作为可控的电源。

将数据和字符转换成相应的 7 段代码，可采用硬件译码和软件译码的方法来实现。为了方便显示器与单片机的接口，可选用能输出 7 段代码的译码/驱动集成电路，例如，7447 BCD-7 段译码驱动器是显示接口电路中常用的一种器件，它能将一个 4 位的二-十进制数字直接转换成相应的 7 段代码信号，并通过内部晶体管直接驱动发光二极管。用硬件译码电路实时性虽好，但电路复杂，成本较高。在智能仪表中通常采用简便易行的软件法进行译码，即利用软件查表将字符转换成 7 段代码，再输出至锁存器。

2.4.2 液晶显示器

随着电子技术的发展，仪器显示的内容越来越丰富，另一方面，便携式仪器的发展又对显示器的低功耗提出了较高的要求，而这两方面正是液晶显示器（Liquid Crystal Display，LCD）的优势所在，因此在医学仪器中使用液晶和 OLED 显示成为了主流。液晶显示相比较于发光二极管显示在技术难度上有所提高，结构和驱动方面也有所不同。

液晶显示器的工作原理与 LED 显示器的静态显示方式相近，可以显示各种数字、字符和图形，显示内容非常丰富，适于人机界面要求比较高的场合。液晶的成像原理可以简单地理解为：外界施加电压使液晶分子偏转，便如闸门般地阻隔背光源发出光线的通透度，进而将光线投射在不同颜色的彩色滤光片中形成图像。

1. TN 型和 STN 型液晶显示器

TN 型液晶显示器是扭曲向列型液晶显示器（Twisted Nematic Liquid crystal display）的简称。这种显示器的液晶组件构造如图 2-8 所示。向列型液晶夹在两片玻璃中间。这种玻璃的表面上先镀有一层透明而导电的薄膜以作电极之用。这种薄膜通常是一种铟（Indium）和锡（Tin）的氧化物（Oxide），简称 ITO。然后再在有 ITO 的玻璃上镀表面配向剂，以使液晶顺着一个特定且平行于玻璃表面的方向排列。图 2-8a 中左边玻璃使液晶排成上、下的方向，右边玻璃则使液晶排成垂直于图面的方向。此组件中液晶的自然状态具有从左到右的扭曲，这也是被称为扭曲型液晶显示器的原因。利用电场可使液晶旋转的原理，在两电极上加上电压则会使得液晶偏振化方向转向与电场方向平行。因为液态晶体的折射率随液晶的方向而改变，其结果是光经过 TN 型液晶盒以后其偏振性会发生变化。选择适当的厚度使光的偏振化方向刚好改变，就可利用两个平行偏振片使得光完全不能通过（见图 2-9）。

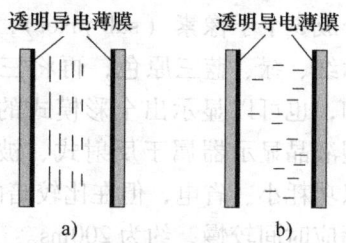

图 2-8 TN 型液晶显示器的液晶组件构造

a) 不加电压 b) 加电压

若外加足够大的电压 U 使得液晶方向转成与电场方向平行，光的偏振性就不会改变，因此光可顺利通过第 2 个偏光器。于是，我们可利用电的开关控制光的明暗，这样会导致透光时为白、不透光时为黑，字符就可以显示在屏幕上了。

STN（Super Twisted Nematic）型液晶显示器，又称为超扭曲向列型液晶显示器。20 世纪 80 年代初，人们发现，传统的 TN 型显示器件，只要将其液晶分子的扭曲角加大，即可以改善其驱动特性。TN 型的液晶显示器的显示屏幕做得越大，其屏幕对比度就会越差，不过藉由 STN 的改良技术，则可以弥补对比度不足的情况。STN 型液晶显示器的显示原理与 TN 型相类似，不同的是 TN 型液晶显示器的液晶分子是将入射光旋转 90°，而 STN 型是将入射光旋转 180°~270°。

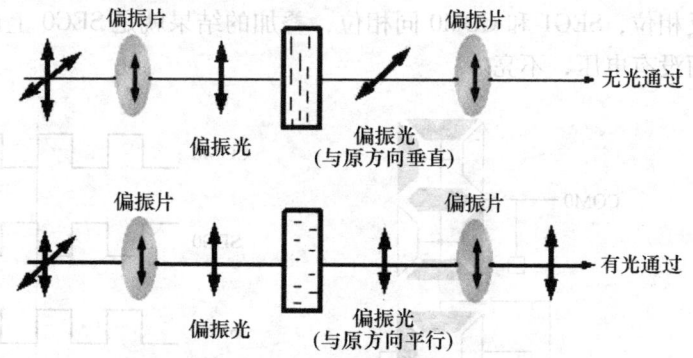

图 2-9 TN 型液晶显示器的工作原理

除了能够显示常规的数字外，一般液晶显示器还可以显示特殊的符号或字母，如信号强度、电池电量等，这些功能一般需要请厂家定做，将所要显示的字符、汉字和其他符号固化在指定的位置。现在常用的液晶显示器是 STN 型，一般情况下，只要是笔段式数字显示所用的液晶显示器大都是 STN 型器件，如图 2-10 所示。

单纯的 TN 型液晶显示器本身只有明暗两种情形（或称黑白），并没有办法做到色彩的变化。而 STN 型液晶显示器由于液晶材料的关系，以及光线的干涉现象，显示的色调都以淡绿色与橘色为主，基本上都属于有色模式。而且如果在传统单色 STN 型液晶显示器加上一彩色滤光片，并将单色显示矩阵的任一像素（pixel）分成 3 个子像素（sub-pixel），分别通过彩色滤光片显示红、绿、蓝三原色，再将三原色按不同比例进行调和，也可以显示出全彩模式的色彩（俗称伪彩）。STN 型液晶显示器属于反射式、被动矩阵式 LCD 器件，所以功耗小、省电，但在比较暗的环境中清晰度较差，且反应时间较慢，约为 200ms。

图 2-10　STN 型液晶显示器

液晶显示器有一个特点：在液晶两极间加直流电压会使液晶分子老化得较快，所以一般使用交流电压来驱动液晶。以一个典型的数字"2"为例来说明控制方式，加在液晶上的驱动电压如图 2-11 所示。类似数码管的共阴（阳）方式，段码液晶也有一个公共端，称为 COMx，每一段都有一个驱动段称为 SEGx。图 2-11 中 8 段的公共端都连在一起。需要点亮的段，SEG 和 COM 的波形相位相反，这样就会产生交流电压；不需要点亮的段，SEG 和 COM 的波形相位相同，总的压差就是 0 了；COM 端始终都有固定频率的交流波形。1 个 COM 和 8 个 SEG 可以控制 8 段。如图 2-11 所示的结构，为了显示数字"2"，数字段码的 SEG0 需要亮，SEG1 不亮，为了实现这个目标，参看图 2-11 中的电压波形，SEG0 和 COM0 反相位，SEG1 和 COM0 同相位，叠加的结果就是 SEG0 上面有交流电压，被点亮，SEG1 上面没有电压，不亮。

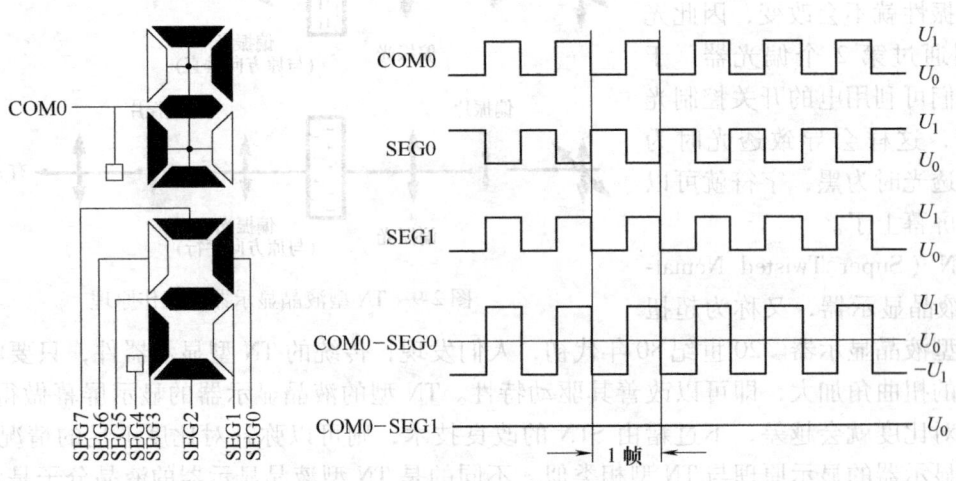

图 2-11　交流电压驱动液晶显示器

在实际应用中，由于液晶显示器驱动比较复杂，不适合用单片机产生驱动波形，所以市场上有很多专用的控制器或者有的单片机本身集成控制器。单片机通过某种数据总线（SPI/UART/并口等）把要显示的数据写入到控制器的寄存器中，控制器会自动地从寄存器中读取数值，然后在 COM 和 SEG 脚上输出相应的波形，在实际使用中要做的工作仅仅是把要显示的数据写入到控制器的寄存器中。

段码式 STN 型液晶显示器的控制方式与 TN 型完全一致，需要液晶显示器的引脚和控制器的引脚按照 STN 屏的 COM 和 SEG 配置来连接，用户端只需要将要显示的数据写入控制器即可。一般段码式液晶显示器不自带控制器，需要根据液晶显示器的类型另外配置。另一种常用方式是单片机内部集成有段码式液晶显示器的控制器，如 MSP430F4××。而图形点阵式 STN 型液晶显示器大部分都有一个驱动控制器以 COG（Chip On Glass，将驱动芯片固定于玻璃上）或 COB（Chip On Board，通过绑定将 IC 裸片固定于印制电路板上）的形式与 STN 屏绑定到一起，液晶显示器上的每个点与驱动控制器中的显示缓存 RAM 一一对应，MCU 通过某种数据总线与该驱动控制器进行通信，从而实现该显示器的显示，显示控制方式与下面介绍的 TFT 液晶显示器相同。

多个字符的显示也像数码管的驱动一样，为了节省单片机 I/O 口，设置了很多个 COM 线，以 MSP430 F413（内置段式液晶驱动器）为例，液晶驱动有 4 种驱动方法，分别为静态驱动，2MUX 驱动、3MUX 驱动、4MUX 驱动。表 2-4 的前半部分为不同驱动方式下的性能特点，后半部分为常见的 64 段液晶模块不同驱动连接方式下的引脚和驱动段数的举例。例如要控制 64 段液晶，可以有如表 2-4 所示的几种连接方法。很显然使用第 4 种方式比较节省资源，所以一般设计中选择第 4 种方式，即 4 个 COM 端。

表 2-4　多个 COM 方案驱动 64 段液晶

方法	公共级引脚数	每引脚驱动液晶段数	需要引脚总数	段数	COM	SEG	占用引脚数
静态	1	1	1 + 需要驱动的段数	64	1	64	65
2MUX	2	2	2 + 需要驱动的段数	64	2	32	34
3MUX	3	3	3 + 需要驱动的段数	64	4	16	20
4MUX	4	4	4 + 需要驱动的段数	64	8	8	16

因为大部分 TN 型器件都是段码式数字显示，所以其硬件连接电路非常简单，只需要将屏的 SEG 端与 COM 端分别与其控制器的对应端一一连接即可。以应用单片机 MSP430F413（内置段式液晶驱动器）驱动一款 TN 液晶显示器为例，其硬件连接如图 2-12 所示，单片机中有专门用于液晶驱动的引脚（标志为 Sn 和 COMn），把相应的引脚与液晶显示器相连即可完成硬件连接，非常简单。

根据图 2-12 中 LCD_1 可知共有 24 个段需要驱动，由于 LCD_1 与 MCU 通过 COM0、COM1 相连接采用 2MUX 驱动，所以要点亮 24 个段只需要 12 个 GPIO 口作为数据接口，S0～S11

每一个 I/O 口控制两个段，例如 S0 口输出高电平，当 COM0 作为驱动端时段 1 亮，当 COM1 作为驱动端时段 24 亮。

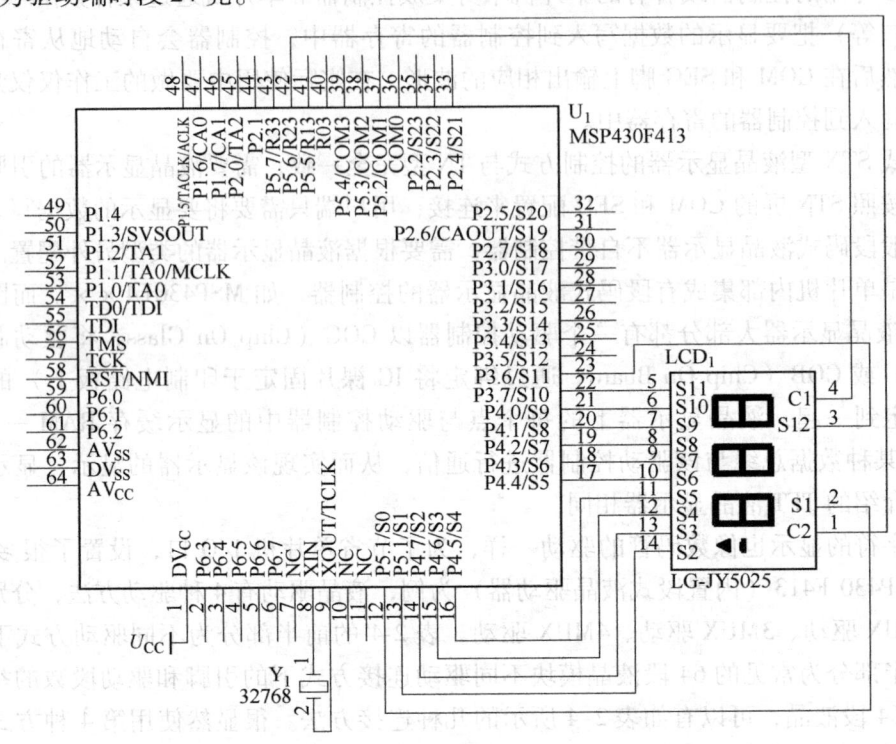

图 2-12　段码式液晶显示器与单片机的电路连接

2. TFT 液晶显示器

TFT（Thin Film Transistor）即薄膜场效应晶体管。TFT 液晶显示器属于有源矩阵液晶显示器中的一种，它可以"主动地"对屏幕上的各个独立的像素进行控制，这样可以大大提高反应时间。一般 TFT 的反应时间比较快，约 80ms，而且可视角度大，一般可达到 130°左右，主要应用于高端产品。所谓薄膜场效应晶体管，是指液晶显示器上的每一液晶像素点都是由集成在其后的薄膜晶体管来驱动，从而可以做到高速度、高亮度、高对比度显示屏幕信息。TFT 液晶显示器在技术上采用了"主动式矩阵"的方式来驱动，方法是利用薄膜技术所做成的电晶体电极，利用扫描的方法"主动地"控制任意一个显示点的开与关，光源照射时先通过下偏光板向上透出，借助液晶分子传导光线，通过遮光和透光来达到显示的目的。

TFT 液晶显示器是薄膜晶体管型液晶显示器，也就是"真彩"。TFT 液晶显示器为每个像素都设有一个半导体开关，每个像素都可以通过点脉冲直接控制，因而每个节点都相对独立，并可以连续控制，不仅提高了显示屏的反应速度，同时可以精确控制显示色阶，所以 TFT 液晶显示器的色彩更真实。TFT 液晶显示器的特点是亮度好、对比度高、层次感强、颜色鲜艳，但也存在着比较耗电和成本较高的不足。

STN 点阵中，每个位即可表示一个像素点，而 TFT 点阵中，每个像素点则最多可以由 18 位（R0~R5，G0~G5，B0~B5）来表示，这样，当我们要显示一个彩色图片时，其取模后的数组所占内存要远比显示相同大小图片的 STN 大得多。新一代的彩屏中很多都支持

65536色显示，有的甚至支持16万色显示，这样TFT色彩丰富的特点就非常明显了。

因市面上常用的便携点阵式液晶显示器，大部分都将显示器的驱动器控制器（以下称驱动IC）绑定到了显示显示器上，驱动IC的引脚已经通过液晶显示器的FPC（柔性电路板，显示器与外界的连接接口）引了出来，要驱动一片液晶显示器，我们要做的工作就是将显示器上的驱动IC与我们的MCU连接起来。以应用MSP430F247单片机驱动一款1.77in TFT液晶显示器为例，其硬件连接电路如图2-13所示。

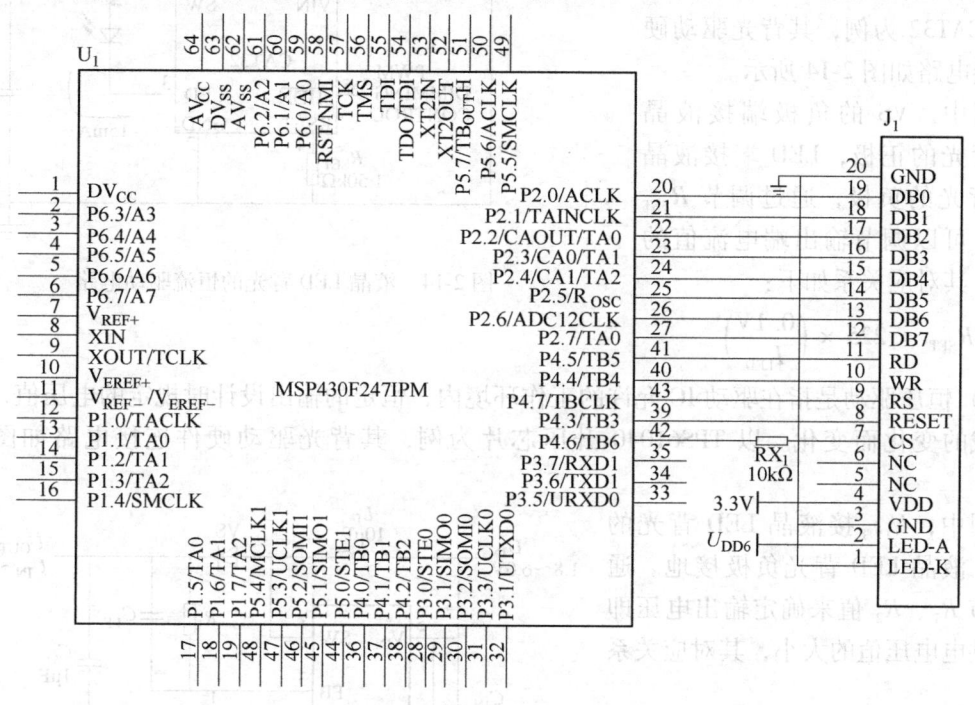

图2-13　TFT液晶显示器与单片机的典型硬件连接电路

此类显示器与MCU的连接主要分3大部分：信号线、电源线以及背光连接。在液晶显示器的规格书中，都有各引脚的详细定义，做硬件连接时可以参考规格书中的典型电路连接。图2-13中信号线为显示器的第7~19引脚；电源线为引脚VDD、GND；背光连接为LED-A（正极）、LED-K（负极）。因TFT液晶显示器与部分STN液晶显示器需要背光源，要想通过驱动液晶分子的转动从而使其显示一定的内容，必须依靠被动光源，液晶本身不发光，目前市场上主流的背光技术包括冷阴极荧光灯（Cold Cathode Fluorescent Lamp，CCFL）和发光二极管（LED）两类。

CCFL的工作原理是当高电压加在灯管两端后，灯管内少数电子高速撞击电极后产生二次电子发射，开始放电，管内的水银或者惰性气体受电子撞击后被激发，辐射出253.7nm的紫外光，产生的紫外光激发涂在管内壁上的荧光粉而产生可见光。CCFL的特点是成本低廉，缺点是功耗较大，还需逆变电路驱动，而且工作温度较窄，为0~60℃之间。

目前LED背光采用发光二极管作为背光光源，已经基本取代了传统CCFL的技术。发光二极管由数层很薄的掺杂半导体材料制成，一层带有过量的电子，另一层则缺乏电子而形成带正电的空穴，工作时电流通过，电子和空穴相互结合，多余的能量则以光辐射的形式被释放出来。使用不同的半导体材料可以获得不同发光特性的发光二极管。目前已经投入商业应用的发光二极管可以提供红、绿、蓝、青、橙、琥珀、白等颜色。医学仪器中使用的液晶显示器主要是白色 LED 背光。该类背光的驱动方式分恒流驱动和恒压驱动两种。

1) 恒流驱动是指在驱动 IC 允许的工作环境内，恒定的输出设计时规定的电流值，不会以负载的变化而变化。以一款恒流驱动 IC CAT32 为例，其背光驱动硬件连接电路如图 2-14 所示。

图中，VS 的负极端接液晶 LED 背光的正极，LED 端接液晶 LED 背光的负极，通过调节 R_{SET} 的值，可以调节输出端电流值的大小。其对应关系如下：

$$R_{SET} = 225 \times \left(\frac{0.1V}{I_{LED}}\right)$$

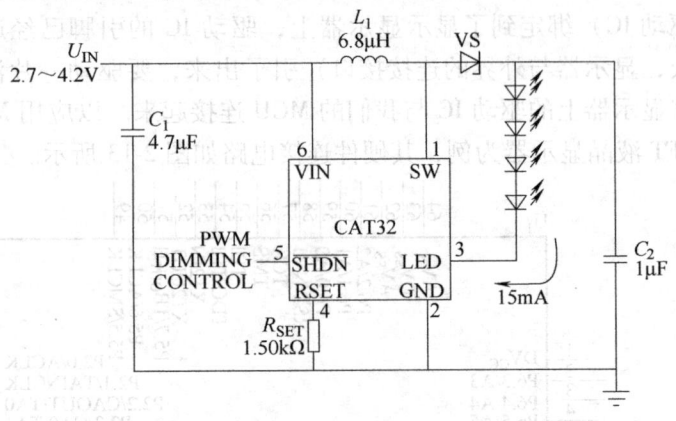

图 2-14 液晶 LED 背光的恒流驱动电路

2) 恒压驱动是指在驱动 IC 允许的工作环境内，恒定的输出设计时规定的电压值，不会以负载的变化而变化。以 TPS61040 升压芯片为例，其背光驱动硬件连接电路如图 2-15 所示。

图中，U_{OUT} 接液晶 LED 背光的正极，液晶 LED 背光负极接地。通过调节 R_1、R_2 值来确定输出电压即背光供电电压值的大小，其对应关系如下：

$$U_{OUT} = 1.233 \times \left(1 + \frac{R_1}{R_2}\right)U_{IN}$$

通常人们认为 LED 电压确定了，其电流也就是固定的了，所以采用恒压和恒流是一样的。实际上，LED

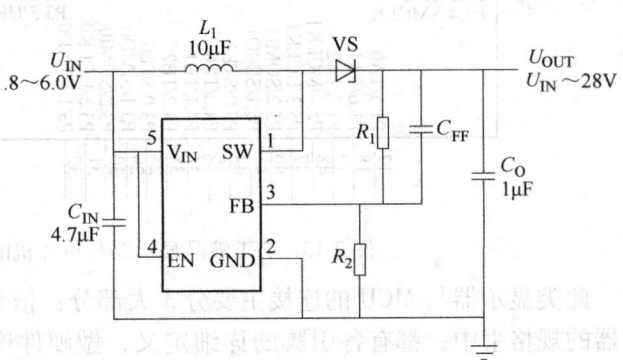

图 2-15 液晶 LED 背光的恒压驱动电路

的伏安特性并不是固定的，而是随温度而变化的，所以其电流是随温度而变化的。电流值的大小直接决定背光的亮度。同时由于 LED 伏安特性的离散性，不但不同厂家生产的同样功率的 LED 伏安特性不一样，就是同一厂家生产的同一型号的 LED 其伏安特性也是不同的。很明显，假如用恒压方式驱动背光，流过不同显示器的 LED 电流是不一样的，每个显示器的亮度也就不一样。所以为了保持显示器背光亮度的一致性，背光驱动最好应用恒流驱动。

2.4.3 有机发光显示器

OLED（Organic Light Emitting Display）即有机发光显示器，OLED 显示技术与传统的 LCD 显示方式不同，无需背光灯，采用非常薄的有机材料涂层和玻璃基板，当有电流通过时，这些有机材料就会发光，如图 2-16 所示。

与目前广泛应用的主流 LCD 相比，OLED 具有多方面优点：首先，OLED 可以自身发光，并且只有需要点亮的单元才会通电，而 LCD 则需要灯管或 LED 作为背光源，所以 OLED 比 LCD 亮度更高，对比度更大，色彩效果更加丰富，同时由于不需要大量灯管作为背光源，因此 OLED 电压更低，更加节能；其次，OLED 的组成为固态结构，没有液体物质，从而抗振性能更好，不怕摔；响应时间是 LCD 的 1/1000，显示运动画面绝对不会有拖影的现象；并且它几乎没有

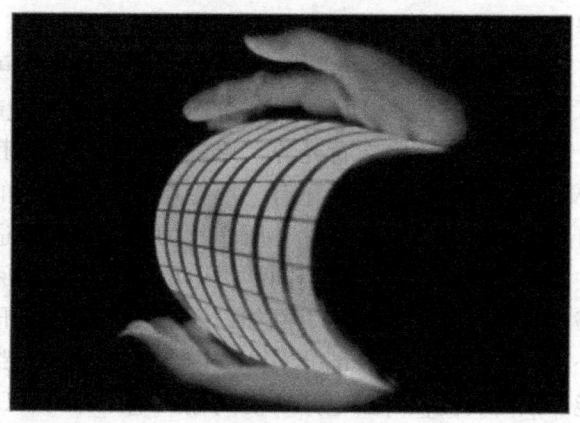

图 2-16 OLED

可视角度的问题，即使在很大的视角下观看，画面仍然不失真。但 OLED 显示技术还存在着使用寿命短、屏幕大型化难等缺陷。

OLED 的驱动方式分为被动式驱动（无源驱动）和主动式驱动（有源驱动）。无源驱动中，常用的是在 OLED 上，将像素的两个电极做成矩阵型结构，即水平一组显示像素的同一性质的电极是共用的，纵向一组显示像素的相同性质的另一电极是共用的。如果像素可分为 N 行和 M 列，就可有 N 个行电极和 M 个列电极。行和列分别对应发光像素的两个电极。在实际电路驱动的过程中，要逐行点亮或者要逐列点亮像素，通常采用逐行扫描的方式。此结构与 STN 点阵式驱动相类似。实现方式是：循环地给每行电极施加脉冲，同时所有列电极给出该行像素的驱动电流脉冲，从而实现一行所有像素的显示。该行不在同一行或同一列的像素就加上反向电压使其不显示，以避免"交叉效应"，这种扫描是逐行顺序进行的，扫描所有行所需的时间叫做帧周期。

在一帧中每一行的选择时间是均等的。假设一帧的扫描行数为 N，扫描一帧的时间为 1，那么一行所占有的选择时间为一帧时间的 $1/N$，该值被称为占空比系数。在同等电流下，扫描行数增多将使占空比下降，从而引起有机电致发光像素上的电流注入在一帧中的有效下降，降低了显示质量。因此随着显示像素的增多，为了保证显示质量，就需要适度地提高驱动电流或采用双屏电极机构以提高占空比系数。

有源驱动的每个像素配备具有开关功能的低温多晶硅薄膜晶体管（Low Temperature Poly-Si Thin Film Transistor, LTP-Si TFT），而且每个像素配备一个电荷存储电容，外围驱动电路和显示阵列系统集成在同一玻璃基板上。此结构与 TFT 类似，但是 TFT 结构无法用于 OLED。这是因为 LCD 采用电压驱动，而 OLED 却依赖电流驱动，其亮度与电流量成正比，因此除了进行 ON/OFF 切换动作的选址 TFT 之外，还需要能让足够电流通过的导通阻抗较低的小型驱动 TFT。

有源驱动属于静态驱动方式，具有存储效应，可进行 100% 负载驱动，这种驱动不受扫描电极数的限制，可以对各像素独立进行选择性调节。有源驱动无占空比问题，驱动不受扫描电极数的限制，易于实现高亮度和高分辨率。有源驱动由于可以对亮度的红色和蓝色像素独立进行灰度调节驱动，这更有利于实现 OLED 彩色化。有源矩阵的驱动电路藏于显示屏内，更易于实现集成度和小型化。另外由于解决了外围驱动电路与屏的连接问题，这在一定

程度上提高了成品率和可靠性。

OLED摒弃了传统LCD的缺点，每个像素都可自行发光，不管在什么角度什么光线下都可以显示比传统LCD更加清晰的画面，而且环境越暗屏幕越亮。

因OLED不需要背光源，可以自发光，所以其硬件外围电路省去了背光驱动电路。硬件要求需要8根数据线，还有一些控制端口，普通的单片机端口即可满足要求。由于OLED的自发光特性，就需要一片升压芯片为其提供一个适当的电压值来满足其自发光需求。必须要注意的是不同的电源有不同的供电要求，要仔细阅读显示器规格书，其取值范围完全由规格书中的数据要求来确定。例如，OLED的驱动电压需要通过升压电路获得，通常驱动电压由外部升压电路产生，部分OLED内部集成升压电路，也可以通过配置寄存器打开内部升压功能，只需要提供升压电路所需的输入电压即可，OLED内部通过升压电路产生14.5V的驱动电压，基本供电电压由芯片的逻辑电压决定（如VCC通常选为3.3V）。

以应用MSP430F149单片机驱动一款1.3in（指屏的对角线长度，1in等于2.54cm，通常屏的长宽比为4:3）被动式发光OLED为例，其硬件连接电路如图2-17所示，比较LCD和OLED与单片机的连接图可以看出二者连接方式基本相同，控制程序的编写也是一样的，也就是说，点阵式驱动方式对于不同的显示器类型是没有区别的。

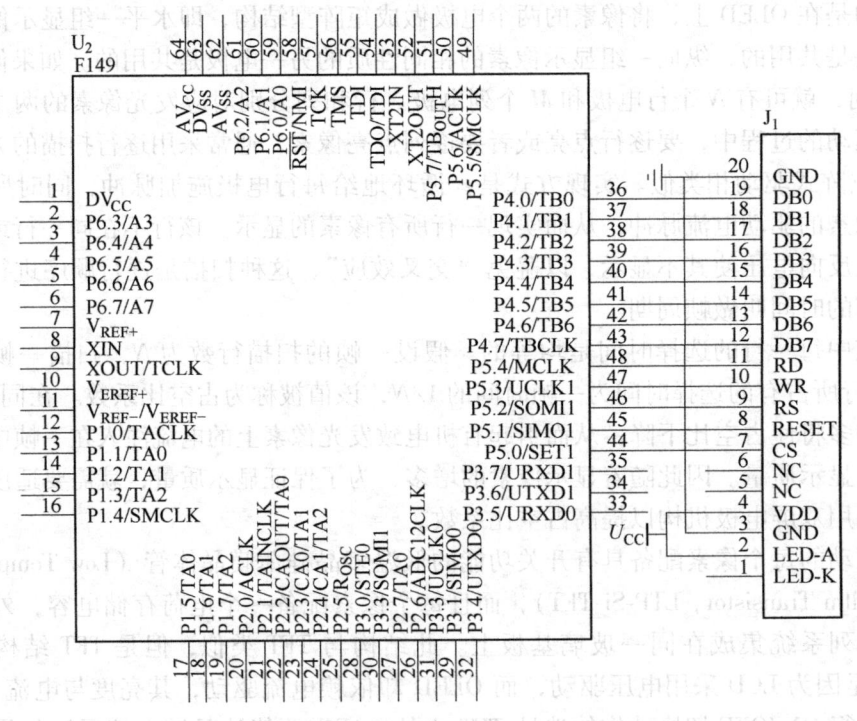

图2-17 OLED显示屏与单片机的典型连接

2.4.4 显示器的控制

进行显示器设计时，首先要根据设计需求选择显示器的种类，例如设计要求显示菜单图形界面则需采用图形点阵式LCD，设计要求显示字符则采用字符型LCD。其次要根据选用的LCD选择驱动控制器，比如段码式LCD需要选择合适的驱动芯片；或使用该LCD自带的驱动控制器,比如 TFT 显示器与 OLED 一般都以 COG 或 COB 的形式与显示器绑定在一起。最后根据显示器驱动控制器的接口要求与显示器的接口要求选择与 MCU 的接口方式,主要任务是显示器的控制/驱动和外界的接口设计。

现在有的单片机型号内部集成 LCD 控制器,一种是段码式 LCD 的控制器,集成段码式控制器的单片机以 MSP430 为典型,主要是比较简单的显示,单片机中有相应的引脚,把 LCD 的 COM 端和 SEG 端对应连接就可以控制。另一种是点阵式 LCD 的控制器,一般集成在资源较充裕的嵌入式处理器中。处理器本身就运行图形操作系统的话,往往都会自带有 LCD 的控制器,而操作系统也带有完整的图形界面接口。

实际上现在市面上的 LCD 种类非常多,但真正意义上对设计者来说有用的,也就是 LCD 模块当中的驱动控制器型号以及驱动控制器与玻璃的连接方法(也就是生产 LCD 模块时驱动控制器与玻璃引脚的连接,以及一些驱动控制器封装好的特性等)。对于 LCD 模块,了解清楚驱动控制 IC 当中的显存与 LCD 玻璃上的点的对应关系是非常重要的,这是编写 LCD 驱动程序的基础。LCD 模块中,用户程序对 LCD 模块的显示控制,就是通过设置 LCD 模块内部的驱动控制器当中的寄存器进行的,最常用的有 LCD 的显示开/关、显存操作地址(行与列地址)的设置等。这些寄存器一般都在 LCD 模块的驱动控制器文档中有详细介绍,所以在编写驱动程序时,需要有一份驱动控制器的文档。

通常 MCU 与点阵 LCD 的连接方式有以下几种:MCU 模式、RGB 模式、SPI 模式、VSYNC 模式。目前 MCU 与 OLED 的连接方式有:MCU 模式、SPI 模式。

1) MCU 模式:目前最常用的连接方式,分别需要数据总线和地址总线,占用较多 I/O 口,传输速度快。MCU 模式根据总线的控制方式(存取的控制)进一步分为 8080 系统与 6800 系统。8080 是通过"读使能(RE)"和"写使能(WE)"两条控制线进行读写操作,6800 是通过"总使能(E)"和"读写选择(W/R)"两条控制线进行。数据位传输有 8 位、9 位、16 位和 18 位,MCU 模式控制线主要包括片选信号 CS、读信号 RD、写信号 WR 或读写信号 RW、数据命令区分信号 RS,还有 REST 信号和允许信号 E。MCU 模式的优点是无需时钟和同步信号,缺点是需要耗费 GRAM(用于存储图形的 RAM),受显示内存影响,这种驱动方式下的显示尺寸不能很大。

2) SPI 模式:一般采用较少,连线为 CS、SLK、SDI、SDO,连线少,但是软件控制比较复杂,传输数据速率比并行总线要慢。

3) RGB 模式:大屏采用较多的模式,数据位传输也有 6 位、16 位和 18 位之分,控制线一般有:VSYNC、HSYNC、DOTCLK、VLD、ENABLE,其余为数据线,缺点是操作复杂。

4) VSYNC 模式:该模式是在 MCU 模式下增加了一根 VSYNC(帧同步)信号线,应用于运动画面的更新,对 CPU 的 RAM 要求较高。

2.4.5 常用键盘类型

键盘是一种开关(按键)的集合,操作者通过键盘输入数据或命令,实现简单的人机对话。键盘接口必须解决以下一些问题:确定是否有键按下,按了哪一个键,如何消除抖动以及不同按键同时按下的处理等,这些均可以由硬件或软件来完成。

目前常用的按键有 3 种:机械触点式按键、导电橡胶式按键和无触点静电电容按键。机械触点式按键是利用金属的弹性使按键复位,具有手感明显、接触可靠的特点。常见的按键都是机械触点式的,只是外形有了很大变化,通常仪器面板上的薄膜面板也都是机械式的。导电橡胶按键则是利用橡胶的弹性来复位,体积小、装配方便,最常见的使用领域是遥控器。无触点静电电容按键是近年来得到迅速发展的一种新型按键,使用类似电容式开关的原理,通过按键时改变电极间的距离引起电容器电容量改变从而驱动编码器产生键值。无触点静电电容按键特点是无磨损且密封性较好,这种按键在高端消费电子领域应用较广泛,现在常见的触摸屏就属此类。

按照键码识别的方法分类,键盘可分为编码式和非编码式两种。对于非编码式键盘,目前大多采用行扫描法来识别按键,主要靠软件来实现,不但程序复杂,而且实时性差,占用CPU时间,效率低。同时,非编码式键盘同普通按键一样,存在明显的抖动,应采取可靠的去抖措施。采用编码键盘可以克服这些缺点,当某个键被按下时,将产生一个代码,通过查阅内部 ROM 表,可以确定被按下的键。同时,编码键盘具有消除抖动和串键的功能,可确保正确识别按键。

触摸屏是一种新型的输入/输出设备,它实际上是在液晶屏的表面贴了一层膜,从而把显示与输入集成在一起。它的应用彻底改变了计算机的应用界面,大大简化了计算机的操作模式,使用者事先不必接受专业训练,仅需以手指触摸计算机显示屏上的图符或文字就能实现对主机操作,方便快捷地查询想要的信息,简单直观地实现人与复杂机器的交流。

触摸屏涉及的技术特性包括透明性能、绝对坐标系统、检测与定位等。触摸屏分为电阻式触摸屏、红外线式触摸屏、电容式触摸屏和声表面波式触摸屏。电阻式触摸屏是市场中最为常见的触摸屏技术,尽管它不是非常耐用,而且透射性也不好,但是它的价格低,而且对手指及笔触比较敏感,所以最近几年仍然是出货量最高的触摸屏。

电阻式触摸屏包含上、下叠合的两个透明层,四线和八线触摸屏由两层具有相同表面电阻的透明阻性材料组成,五线和七线触摸屏由一个阻性层和一个导电层组成,通常还要用一种弹性材料来将两层隔开。当触摸屏表面受到的压力(如通过笔尖或手指进行按压)足够大时,顶层与底层之间会产生接触。所有的电阻式触摸屏都采用分压器原理来产生代表 X 坐标和 Y 坐标的电压。分压器是通过将两个电阻进行串联来实现的。上面的电阻(R_1)连接正参考电压(U_{ref}),下面的电阻(R_2)接地。两个电阻连接点处的电压 U_{mea} 测量值与 R_2 的阻值成正比,如图 2-18 所示。

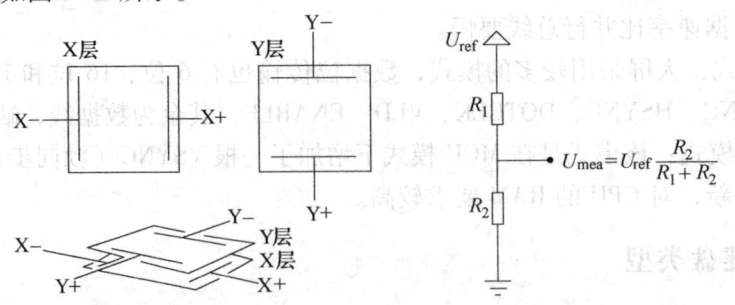

图 2-18 电阻式触摸屏的电压提取原理

为了在电阻式触摸屏上的特定方向测量一个坐标,需要对一个阻性层进行偏置:将它的一边接 U_{ref},另一边接地。同时,将未偏置的那一层连接到一个 ADC 的高阻抗输入端。当触摸屏上的压力足够大,使两层之间发生接触时,电阻性表面被分隔为两个电阻。它们的阻值与触摸点到偏置边缘的距离成正比。触摸点与接地边之间的电阻相当于分压器中下面的那个电阻。因此，在未偏置层上测得的电压与触摸点到接地边之间的距离成正比。

获取到的电压值还要转换成屏幕点坐标才能用于按键识别，如图 2-19 所示。若想采集 Y 轴上的坐标点，需要将 Y＋连接 U_{CC}，Y－连接 GND，X＋用来读取 Y 轴上的电阻采样点。同样，若想采集 X 轴的触摸点，需要将 X＋接通 U_{CC}，X－接通 GND，通过 Y＋来读取 X 轴上的触摸点。通过上述方法读出来的坐标点 (x, y) 是触摸点的 X 轴 Y 轴上的真实电阻分压值，称为物理坐标。该物理坐标必须转化成与 LCD 对应的坐标 (X, Y)，此时需要编写 LCD 坐标定位子程序来实现转化。最后实现对应 LCD 的界面响应即完成触摸屏的程序设计。

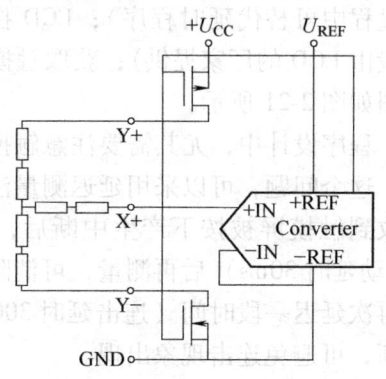

图 2-19 触摸点坐标获取原理

ADS7846 是 TI 公司生产的一种四线式触摸屏控制器，目前广泛应用于电阻式触摸屏输入系统中。ADS7846 数字转换器在一个 12 位逐次逼近式比较寄存器（SAR）ADC 架构上集成了用于驱动触摸屏的低通阻抗开关。这些器件的最大功耗小于 1.8mW。它们还带有 10～12kV 的模拟输入 ESD 保护，增强了抗 ESD 能力，以避免关键的内部系统元件损坏。ADS7846 使用 2.2～5.25V 的单电源工作。ADS7846 串行接口的一次完整操作需要 24 个 DCLK，前 8 个脉冲接收 8 位的命令，并在第 6 个脉冲开始进入转换阶段，输出 12 位采样值，转换结束后进入空闲阶段。直到 24 个 DCLK 结束，CS 置高电平，一次测量结束。ADS7846 芯片应用电路的连接如图 2-20 所示。

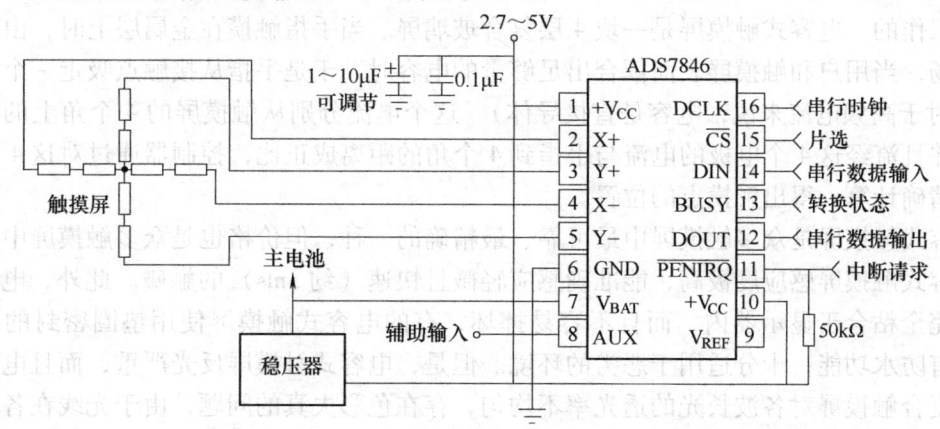

图 2-20 ADS7846 触摸屏芯片的电路的连接

触摸屏的 4 个引脚 X＋、Y＋、X－、Y－分别连接 ADS7846 的 4 个引脚 X＋、Y＋、X－、Y－，用于对触摸屏按下时所对应坐标电阻值的采样。ADS7846 的 DCLK、$\overline{CS}$、DIN、DOUT 连接到所应用单片机的四线 SPI 口，用于控制和读取触摸屏的坐标值；BUSY 连接到单片机的普通 I/O 口，用于输出忙检测。$\overline{PENIRQ}$ 连接到单片机外部中断引脚，当触摸屏按下时，$\overline{PENIRQ}$ 会由高电平变为低电平，松开后会变为高电平来引发中断，进行单片机中断服务。

触摸屏程序设计主要包括以下一些步骤：初始化 MCU 的相关 GPIO 口；初始化 SPI 寄存器、可编程定时器中断和笔中断（定时器用于定时判断是否为触摸屏抖动，在实际程序编写过程中可替代延时程序）；LCD 控制器的初始化配置（LCD 驱动 IC 的一些初始化配置，一般由 LCD 的厂家提供）；获取触摸点程序；LCD 坐标定位子程序；LCD 显示程序，具体流程图如图 2-21 所示。

程序设计中，尤其需要注意触摸抖动和连击问题。这个问题，可以采用延迟测量法来解决，即在接收到触摸屏被按下产生中断后，延迟一段时间（抖动延时 30ms）后再测量，可消除抖动；测量完后再次延迟一段时间（连击延时 300ms）后打开笔中断，可避免连击现象出现。

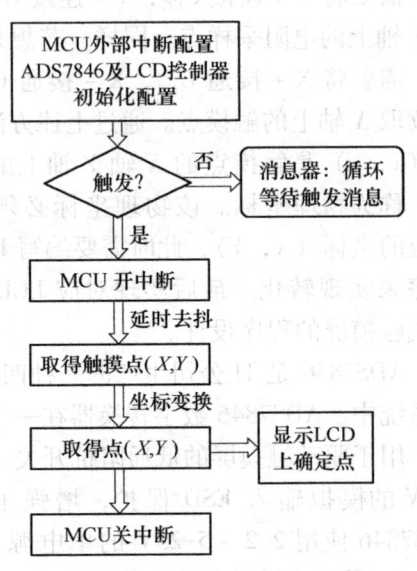

图 2-21 触摸屏通常的流程图

实际的使用中，触摸屏内部包含的智能芯片，实际就是一个小单片机，这个智能芯片完成上面所述的所有工作，直到通过 SPI 接口输出坐标点数据，所以实际使用时要做的就是连接好单片机与触摸屏的 SPI 接口，读出数据，完成相应的任务即可。实际上，这种连接方式是现在常用的智能部件（如 LCD）的通用连接方式，即两个智能芯片（单片机和智能部件自带的单片机）实现通信，中间只有数据的传输，剩下的具体工作由智能芯片完成。

电容式触摸屏在原理上把人体当做一个电容元件的一个电极使用，是利用人体的电流感应进行工作的。电容式触摸屏是一块 4 层复合玻璃屏。当手指触摸在金属层上时，由于人体存在电场，当用户和触摸屏表面耦合出足够量的电容时，于是手指从接触点吸走一个很小的电流（对于高频电流来说，电容是直接导体）。这个电流分别从触摸屏的 4 个角上的电极中流出，并且流经这 4 个电极的电流与手指到 4 个角的距离成正比，控制器通过对这 4 个电流比例的精确计算，得出触摸点的位置。

电容式触摸屏是众多触摸屏中最可靠、最精确的一种，但价格也是众多触摸屏中最昂贵的。电容式触摸屏感应度极高，能准确感应轻微且快速（约 3ms）的触碰。此外，电容式触摸屏可完全粘合于显示器内，而且不容易摔坏，有的电容式触摸屏使用垫圈密封的接合方式，具有防水功能，十分适用于恶劣的环境。但是，电容式触摸屏反光严重，而且电容技术的 4 层复合触摸屏对各波长光的透光率不均匀，存在色彩失真的问题，由于光线在各层间的反射，还易造成图像字符的模糊。电容式触摸屏的另一个缺点是戴手套触摸时没有反应，这是因为增加了更为绝缘的介质。

2.4.6 常用打印形式

打印机是测控仪器的常用设备之一。目前仪器中采用的打印机主要有微型点阵式打印机、普通点阵式打印机、热敏打印机、喷墨式打印机、激光式打印机等。微型点阵式打印机主要用于基于单片机的仪器系统，可打印简单的数字、字符或小型简略图形，但打印速度慢，噪声大，且驱动电路复杂，占用 CPU 时间，效率低。由于可采用的微型打印机种类不同，通信信号的形式和要求也不一样，因此驱动电路也各不相同。而普通点阵式打印机、喷墨式打印机和激光式打印机一般与微型计算机相连接，采用通用打印机接口总线，并可直接利用计算机附带的打印机驱动程序进行信号联络后控制打印，安装和打印均很方便，打印功能也大大增强。热敏打印机简化掉了打印头驱动电动机，将打印头和打印头驱动电动机组合成一体，打印一行点图的功能交给由热敏元件排列成的线阵来完成。热敏打印机由3部分组成：热敏头（发热体及其驱动电路），走纸步进电动机及其驱动电路，微机控制接口。

热敏打印机主要由主控器件、步进电动机驱动模块、热敏打印头过热保护模块、热敏打印头缺纸检测模块和供电模块等部分组成。其中，步进电动机驱动模块负责控制打印纸走纸及走纸速度；热敏打印头过热保护模块防止热敏打印头因温度过高而损坏；热敏打印头缺纸检测模块完成热敏打印头是否有纸的检测；供电模块给控制电路及热敏打印头供电。

1. 热敏打印机的工作原理

FTP-628热敏打印头的框图如图2-22所示。该热敏打印头的点结构为384点/行，水平方向点密度为8点/mm，垂直方向行间距为8点/mm，有效打印宽度为48mm，打印速度最大为60mm/s。

接通热敏打印机电源（12V）后，供电模块输出5V电压，用于所有控制电路，还输出用于热敏打印头加热印字的7.2V电压，将其与VH端相连。在时钟CLK的配合下，打印数据经数据输入脚DI移入热敏打印头内部的移位寄存器中。当CPU将一行384位数据全部移入移位寄存器后，CPU将热敏打印头内部锁存端LAT置为低电平，移位寄存器的数据被锁存到锁存器；然后CPU将热敏头加热控制信号STB置为高电平，此时根据384点输入的数据是1或0决定发热元件是否发热，由此在热敏纸上产生要打印的点行。

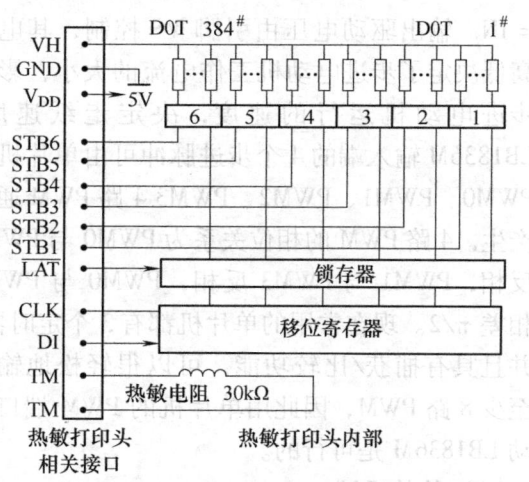

图2-22　FTP-628热敏打印头的框图

2. 数据加载

数据加载即将内存缓冲区的数据输出到热敏打印头的移位寄存器中，然后进行打印。通常单片机都带有串行外围接口（SPI），所以将SPI用于数据加载。使用SPI加载数据，不但电路比硬件方式数据移位简单，而且较I/O口模拟串行数据传输的时序移位速度更快，从而整体提高了打印机性能。

如图2-23所示，将主控器件设为主机，热敏打印头内部移位寄存器设为从机。主控器件MC9S12D64将打印的数据存入SPI数据寄存器。当数据寄存器写入数据后，数据开始传输。数据通过串行时钟线的同步信号循环移位8位，移入热敏打印头内部的移位寄存器中，实现了数据的加载。

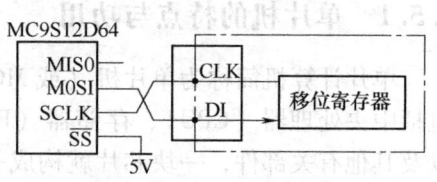

图2-23　SPI实现数据加载

3. 步进电动机驱动模块

步进电动机是将输入的电脉冲信号转换成角位移或直线位移的电动机。FTP-628 热敏打印头中使用的是二相四拍步进电动机控制打印纸走纸及走纸速度。LB1836M 是低饱和、双通道双向电动机驱动器件，常用于微型打印机、照相机等便携设备。图 2-24 给出步进电动机的驱动电路。引脚 IN1、IN2、IN3 和 IN4 是步进脉冲的输入端。OUT1、OUT2、OUT3、OUT4 为步进脉冲的输出端，分别与热敏打印头中电动机对应的 A、NA、B、NB 相连接。OUT [1:4] 与 IN [1:4] 的逻辑关系为 OUT = IN。输出驱动电压由引脚 VS 控制，其电压高低决定了步进电动机工作电流的大小，影响步进电动机运行的速度，决定走纸速度。LB1836M 输入端的 4 个步进脉冲可由单片机的 PWM0、PWM1、PWM2、PWM3 4 路 PWM 通道产生。4 路 PWM 的相位关系为 PWM0 与 PWM2 反相，PWM1 与 PWM3 反相，PWM0 与 PWM1 相差 π/2。现在常用的单片机都有 3 个定时器，并且具有捕获/比较功能，可以很轻松地输出至少 8 路 PWM，因此用单片机的 PWM 端口驱动 LB1836M 是可行的。

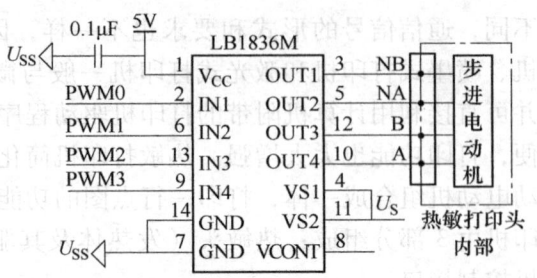

图 2-24 步进电动机的驱动电路

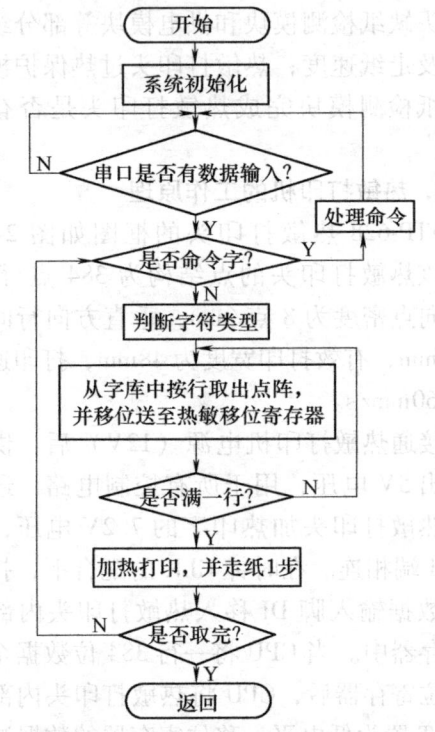

图 2-25 打印主程序流程图

4. 软件设计

当接收到数据时，首先要判断是命令字还是字符数据。如果是命令字，则打印机按照命令动作；如果是字符数据，则进入打印状态。进入打印状态后，寻找要打印字符的首地址，按照该字符的规范，从字库中取出打印点阵放入 SPI 数据寄存器，并传输到热敏打印头的移位寄存器，按行打印、走纸，具体打印流程如图 2-25 所示。

2.5 微处理器

2.5.1 单片机的特点与功用

单片计算机简称为单片机（或 MCU），它是指在一块芯片上集成了计算机的基本部件，包括中央处理器（CPU）、存储器（RAM/ROM）、输入/输出接口（I/O）、计数器/定时器以及其他有关部件，一块芯片就构成一台计算机。单片机一般具有以下特点：

（1）可靠性高 单片机本身是按照工业环境要求设计的，其工业抗干扰能力优于一般的通用 CPU，且程序指令、系统常数均固化在 ROM 中，不易破坏；硬件集成度高，使系统整体可靠性大大提高。

（2）易扩展　单片机内具有计算机正常运行所必需的部件，芯片外部有许多供扩展用的总线及并行、串行 I/O 引脚，很容易构成各种规模的计算机应用系统。

（3）控制功能强　为满足各种输入输出装置的控制要求，单片机的指令系统均有极为丰富的条件分支转移指令、I/O 端口的逻辑操作以及位处理功能。

（4）存储器容量不大　受集成度限制，一般水平的单片机集成 ROM 为几十 KB，RAM 有十几 KB，经扩展后两类存储器均能达到上兆字节。

（5）体积小　由于单片机的高集成度，使得整个仪器电路系统的体积有可能大幅度缩小，并可以形成便携式仪器，携带和使用非常方便，特别适用于小型仪器和便携式仪器。

现代医学电子仪器几乎都是以单片机为核心的医学仪器。在选用单片机时，首先明确是监护控制，还是数据处理（生理参数计算、信号设计），或是二者兼顾。另外，所选单片机应能满足仪器系统的性能要求，且只需少量的外围电路。选择单片机存储器容量时，一般要留有 50%的裕量。

仪器设计之前，深入了解各种单片机的主要特性，以便择优选用。各种单片机都有数据处理和端口控制两个主要用途，在仪器的设计中这两个用途或者侧重一个，或者兼而有之。单片机的字长定义为并行数据总线的位数。字越长，处理算术值的范围就越宽，处理结果的准确度就越高。不过与之配套的存储器、数据总线、接口、以及连接器的位数也跟着变宽。这样需用的支持硬件多，成本和可靠性等都会受到影响。根据现在的技术发展现状，32 位单片机已经成为了医学电子仪器的主流芯片。

处理速度是单片机执行应用程序的速率，它与时钟频率、指令周期长短和指令系统有关。时钟越高，仪器工作越快，越能满足仪器实时性的要求。不过在提高时钟频率时，各种定时操作应在给定时间内完成，所用芯片间的时序需要核算，电路的分布电容也必须考虑，否则就不能随便提高时钟频率。执行一条指令所需的周期数越少，处理速度越高，不同的单片机，由于其寻址方式和指令的复杂程度不同，指令周期数也不一样。在选择单片机及其指令功能时，应注意它所处理的问题，若单片机主要用于控制，可侧重其 I/O 指令，如主要用于数据处理，应注重数据操作指令。在便携式医疗仪器中，单片机的功耗是应考虑的一个主要特性，通常选用 CMOS 工艺的单片机，可是 CMOS 工艺的单片机的负载驱动能力比较差，通常它只能驱动一个 TTL 负载，因此需要再加驱动器，现在的单片机的引脚驱动能力基本为几毫安，如 6mA 左右，或者达到 10mA。

2.5.2　常用单片机类型及特点

自单片机诞生以来的 40 年中，单片机已有 70 多个系列的近 500 个型号。国际上较有名、影响较大的公司及他们的产品如下所述。

（1）MCS-51 系列单片机　MCS-51 是指由 Intel 公司生产的一系列单片机的总称，在市场上占有量为 50%以上。这一系列单片机包括了许多品种，如 8031、8051、8751、8951 等，其中 8051 是最早最典型的产品，该系列其他单片机都是在 8051 的基础上进行功能的增、减、改变而来的。此后，Intel 公司将 MCS-51 的核心技术授权给了很多其他的公司（Atmel、Philips、LG 等），所以有很多公司生产以 8051 为核心的兼容单片机，其中 89C51 就是这几年在我国非常流行的单片机,它是由美国 Atmel 公司开发生产的。

(2) PIC 系列单片机　PIC 单片机是 Mcirochip 公司推出的具有精简指令集（RISC）的单片机。采用 RISC 结构的单片机数据线和指令线分离,即所谓哈佛（Harvard）结构。这使得取指令和取数据可同时进行,且由于一般指令线宽于数据线,使其指令较同类 CISC 单片机指令包含更多的处理信息,执行效率更高,速度也更快。同时,这种单片机指令多为单字节,程序存储器的空间利用率大大提高,有利于实现超小型化。PIC 单片机具有多种规格和型号,可满足不同场合的需要,自带看门狗定时器、睡眠和低功耗模式。

(3) AVR 系列单片机　AVR 系列单片机是 Atmel 公司 1997 年推出的精简指令集（RISC）单片机系列。该系列的程序存储器是在片内的 Flash 存储器,可以重复修改上千次,EEPROM 可擦写 10 万次,芯片支持在线编程。这对新产品开发、产品升级都是很方便的。单片机的指令基本上都是单个晶体振荡周期的,能够到 1MIPS/MHz 的性能,即"一百万条指令每秒/兆赫"的运算速度。该系列单片机针对应用 C 语言编程做了优化。这一系列单片机的许多型号都是在宽电压下工作的,同时有各种睡眠模式,有利于降低系统功耗,再加上内部的振荡器、看门狗、上电复位、A-D 输入、PWM 输出等功能,它又被称为"零外设"的单片机,具有片上系统（System On Chip, SOC）的雏形。因此,AVR 系列单片机很好地把价格、性能和灵活性结合在一起,适合于很多领域的应用,包括锂电池充电器、冰箱控制和门禁系统等,表现出卓越的性能。

(4) MPS430 系列单片机　MSP430 系列是 TI（Texas Instruments）公司推出的 16 位的、具有精简指令集的、超低功耗的混合型单片机,在 1996 年问世。由于它具有极低的功耗、丰富的片内外设和方便灵活的开发手段,已成为众多单片机系列中一颗耀眼的新星。

MPS430 作为一种新型的单片机,采用了 TI 公司最新的低功耗技术,使其在众多的单片机中独树一帜。MPS430 工作在 1.8～3.6V 电压下,有正常工作模式（AM）和 4 种低功耗工作模式（LPM1、LPM2、LPM3、LPM4）。在电源电压为 3V 时,5 种模式的工作电流分别为 $340\mu A$（AM）、$70\mu A$（LPM1）、$17\mu A$（LPM）、$2\mu A$（LPM）、$0.1\mu A$（LPM）,并且可以方便地在各种工作模式之间切换。MPS430 的超低功耗使其在电池供电的便携式仪器设备的应用中表现出非常优良的特性,也是便携式医学电子仪器的首选芯片。

MPS430 也具有非常高的集成度,单片集成了多通道 12 位的 A-D 转换、片内精密比较器、多个具有 PWM 功能的定时器、片内 UART、看门狗定时器、片内数控振荡器（DCO）、大量的 I/O 端口以及大容量的片内存储器,可以满足绝大多数的应用要求。MPS430 的这种高集成度使应用人员不必在接口、外接 I/O 及存储器上花太多的精力,而可以方便地设计真正意义上的单片机系统。MPS430 的片内存储器有 ROM（C 型）、OTP（P 型）、EPROM（E 型）、Flash Memory（F 型）4 种型号,MPS430 系列由于具有 Flash 存储器,在系统设计、开发调试及实际应用上都变现出较明显的优势。

(5) ARM 简述　ARM 公司是一家知识产权的供应商,它与一般的半导体公司最大的不同就是不制造芯片且不向终端用户出售芯片,而是通过转让设计方案,由合作伙伴生产出各具特色的芯片。ARM 公司利用这种双赢的伙伴关系迅速成为了全球性 RISC 微处理器标准的缔造者。

目前,总共有超过 100 家公司与 ARM 公司签订了技术使用许可协议,其中包括 Intel、IBM、NEC、LG、SONY、NXP 和 NS 这样的大公司。至于软件系统的合伙人,则包括 Microsoft、升阳和 MRI 等一系列知名公司。

ARM 架构是 ARM 公司面向市场设计的第一款低成本 RISC 微处理器。它具有极高的性价比、代码密度，以及出色的实时中断响应和极低的功耗，并且占用硅片的面积极少，从而使它成为嵌入式系统的理想选择。

常用的 ARM 处理器系列，应用得比较多的是 ARM7 系列、ARM9 系列、ARM10 系列、ARM11 系列，Intel 的 XScale 系列和 MPCore 系列，还有市场最新推出的 Cortex-M3 系列。例如，采用 ARM7 系列内核的恩智浦（NXP）公司的 LPC213×系列单片机以及采用 Cortex-M3 内核的意法半导体的 STM32 单片机以其高处理速度及高性价比，广泛用于工业控制、医疗电子、消费电子等领域。

目前市面上的 MCU 非常多，从功能从资源角度来看的话，大概可分为以下几类：

1）小资源 MCU。类似于传统 51 的 89S51 单片机、PIC 系列中的小资源单片机等，通常它们的资源都很少，片内的 ROM 少于或等于 4KB，RAM 少于或等于 2KB，速度较慢，MIPS 数通常在 1M MIPS 左右。

2）中资源 MCU。这类 MCU 的涵盖面非常广，在实际的产品设计中应用非常多，如一些增强型的 51 单片机、中资源的 AVR 单片机、16 位的 MSP430 系列的中等资源单片机、凌阳的 SPCE061A、PIC 系列中的中等资源单片机等，甚至包含 ARM7 核心的 LPC 系列 MCU，如 LPC21××系列等。一般来说指的是片内的 ROM 资源在 8KB 以上，RAM 在 4KB 以上，MCU 的运行速度较快，片内资源丰富，应用面非常广。而作为新锐 STM32 是一个非常强劲的 MCU，推荐大家使用。本书的设计思想就是以中资源规模的单片机为基础设计的 MCU，因为它们有足够的片内资源和运行的速度，很适合做医学电子仪器的控制核心。

3）运行操作系统的大资源 MCU。这类的 MCU 其实大部分指 ARM7 和 ARM9 核心或与这些核心同等级的处理器了，通常都会在设计中跑操作系统，也就是现在常说的 32 位嵌入式处理器。

2.6 常用器件的主要供应商

（1）单片机生产厂商

1）恩智浦（NXP）：原荷兰菲利普（Philips）半导体事业部，2006 年从 Philips 剥离并成立独立半导体公司，主要单片机有 8 位/16 位传统 MCU、ARM7、ARM9、Cortex-M0、Cortex-M3、Cortex-M4 等。

2）德州仪器（TI）：位于美国，2010 年全球半导体生产商排名第 3，主要的 MCU 类型为 16 位 MSP430 系列、Cortex-M3、Cortex-R4、Cortex-A8、ARM9、DSP 等。

3）意法半导体（SGS-Thomson，ST）：总部位于瑞士日内瓦，世界最大的半导体公司之一，单片机机型丰富，有 8 位、16 位中低端机型，32 位的 ARM7、ARM9、Cortex-M3。

4）三星（Samsung）：位于韩国，有低端的 4/8 位单片机，一般用在专用市场上，其 ARM7、ARM9 在消费类电子上应用较多，如 S3C44B0、S3C2410/2440 等。在高端领域中，三星半导体推出用于高清电视、视频处理的基于 ARM11、Cortex-A8、Cortex-A9 内核的高速处理器。

5）爱特梅尔（Atmel）：位于美国，基于 51 内核的 AT89C51/52、8051 在电子行业中有广泛的应用，很多教材都以 AT89C52 为基础。Atmel 公司于 1997 年开发了 AVR 单片机，使性能有了大幅提升，目前，AVR 单片机覆盖 8 位、16 位、32 位。

6）微芯（Microchip）：位于美国，据权威公司统计，其 8 位单片机全球出货量居第一位。为适应市场，微芯同样推出 16 位、32 位的高性能微处理器。

7）飞思卡尔（Freescale）：位于美国，早期为摩托罗拉（Motorola）半导体部门，2006年拆分。处理器产品覆盖 8 位、16 位、32 位处理器，高性能网络处理器，高性能多媒体处理器，高性能工业控制处理器等。其业务增长迅速，已成为全球最大的半导体公司之一。

8）新唐（Nuvoton）：位于中国台湾，原为华邦电子（Winbond）的逻辑事业群，分割后专注于 Cortex-M0 处理器的研发和推广。

（2）存储器　Hynix、Samsung、华邦、ST。

（3）可编程芯片（FPGA、CPLD、DSP）　TI、Microchip、AD。

（4）模拟器件　AD、TI、Maxim。

（5）通用元器件　风华高科、ROHM、村田制作所、Alps、JST。

（6）运算放大器　德州仪器（TI）、模拟器件公司（ADI）。

（7）数字逻辑器件（逻辑门，触发器，总线驱动器，接口芯片）　ASIC（网络芯片、USB、电源管理、IVDS、音频芯片、视频芯片）、Relteck、Intersil、Cypress、Sipex、Linear、Exar。

（8）显示器件和芯片　液晶面板的生产厂商主要有夏普、三星、LG、飞利浦、友达光电、奇美电子、京东方等。

2.7　常用芯片资料的阅读方法

只要善用搜索引擎，常用芯片的资料很容易在网络上找到。这些资料通常是 pdf 格式的文件，所以还需要一个 pdf 的阅读器。实际上，不同的芯片种类与厂家，其芯片资料也多种多样，不过通常无论是模拟器件还是数字器件，一般都会在资料的开篇单独介绍芯片的特性与芯片的应用，首先需要通过了解这两部分看此芯片是否可以使用。之后包括该芯片的工作条件以及该工作条件下的参数性能，通常以表格的形式来体现，不容易放在表格里的参数特性被用图表来表示。芯片资料中还有该芯片的引脚分布以及引脚定义，以便工程师来设计原理图。通常芯片资料最后会有芯片的封装结构图，用于 PCB 设计人员制作芯片的封装。

以上是大部分芯片资料的共性描述，不同类型的芯片会在此基础上增加相关的描述。例如，模拟类电源类芯片通常会给出典型电路以供设计者参考；数字控制类芯片通常会给出逻辑控制图；与 MCU 相连接完成特殊功能的芯片（如温度传感器、实时时钟、Flash、外置 AD 等），芯片资料内会给出该芯片与 MCU 的接口方式以及相应的时序图，需要对内部寄存器配置的还会给出寄存器功能与地址。

第 3 章 医学仪器常用电路

传感器将被测参数转换为电信号后，需要对信号进行必要且适当的处理，得到便于传输的电信号形式，以便与显示装置、控制计算机、记录仪等结合组成检测系统，或者为 A-D 转换接口提供合适的信号范围来组成数字检测系统。本章介绍在医学仪器中常用的电路，由于医学信号主要是低频信号，在这个频段内放大器有很好的性能指标，因此主要介绍以运算放大器为主要功能器件的常用电路。

3.1 运算放大器的类型和技术参数

目前广泛应用的电压型集成运算放大器是一种高放大倍数的直接耦合放大器。不同类型的运算放大器组成近百种运算放大器系列，其中一部分是通用的，称为通用型运算放大器；另一部分为特殊应用提供优化特性，称为专用型运算放大器。通用型运算放大器的各项性能指标都比一般的分立元器件直接耦合放大电路有所改善，大致能够满足中等准确度的要求，一般情况下无需调零即可使用。专用型运算放大器为了适应特殊应用场合而具有优化特性。根据专用型运算放大器的性能指标，运算放大器可分为：低噪声型运算放大器、精密型运算放大器、高速型运算放大器、低偏置电流型运算放大器、低漂移型运算放大器、低功耗/微功耗型运算放大器等。现在说明几种不同类型的专用型运算放大器及其应用技术。

3.1.1 运算放大器的类型

1. 通用型运算放大器

通用型运算放大器就是以通用为目的而设计的。这类器件的主要特点是价格低廉、产品量大、应用面广，其性能指标适合于一般性使用。例如，μA741（单运算放大器）、LM358（双运算放大器）、LM324（四运算放大器）及以场效应晶体管为输入级的 LF356 都属于此种。它们是目前应用最为广泛的集成运算放大器。

LM324 系列器件为价格便宜的、带有差动输入的四运算放大器。它的内部包含 4 组形式完全相同的运算放大器，除电源共用外，4 组运算放大器相互独立。与单电源应用场合的标准运算放大器相比，四运算放大器有一些显著优点：①可以工作在 3.0～32V 的电源下；②共模输入范围包括负电源，因而消除了在许多应用场合中采用外部偏置元件的必要性；③输出电压范围也包含负电源电压。由于 LM324 四运算放大电路具有电源电压范围宽、静态功耗小、可单电源使用、价格低廉等优点，因此被广泛应用在各种电路中。LM324 即可单电源也可双电源工作（GND/VEE 可接地也可接负电源）。

LM358 内部包括有两个独立的、高增益、内部频率补偿的运算放大器，适合于电源电压范围很宽的单电源使用，也适用于双电源工作模式，在推荐的工作条件下，电源电流与电源电压无关。它的使用范围包括传感放大器、直流增益模块和其他所有可用单电源供电的使用运算放大器的场合。LM358 的封装形式有塑封 8 引脚双列直插式和贴片式。LM358 的失调电压小一些，这点比 LM324 好，在要求不高的情况下，可以用 LM324 通用型运算放大器代替 LM358。

2. 高阻型运算放大器

这类集成运算放大器的特点是差模输入阻抗非常高，输入偏置电流非常小，一般 $R_{id} >$ $(10^9 \sim 10^{12})$ Ω。实现这些指标的主要措施是利用场效应晶体管输入阻抗高的特点，用场效应晶体管组成运算放大器的差分输入级。用场效应晶体管作输入级，不仅输入阻抗高，输入偏置电流低，而且具有高速、宽带和低噪声等优点，但输入失调电压较大，常见的集成器件有 LF356、LF355、LF347（四运算放大器）等。

3. 低漂移型运算放大器

在精密仪器、弱信号检测等自动控制仪表中，总是希望运算放大器的失调电压要小且不随温度的变化而变化。低漂移型运算放大器就是为此而设计的。目前常用的高准确度、低漂移运算放大器有 OP–07、OP–27、AD508 及由 MOSFET 组成的斩波稳零型低漂移器件 ICL7650 等。

4. 高速型运算放大器

在快速 A-D 和 D-A 转换器、视频放大器中，要求集成运算放大器的转换速率一定要高，单位增益带宽积 BWG 一定要足够大，如通用型集成运算放大器是不适用于高速应用的场合的。高速型运算放大器的主要特点是具有高的转换速率和宽的频率响应。常见的运算放大器有 LM318，其转换速率 SR 为 $50 \sim 70V/\mu s$，$BWG > 20MHz$。

5. 低功耗型运算放大器

由于电子电路集成化的最大优点是能使复杂电路小型轻便，所以随着便携式仪器应用范围的扩大，必须使用低电源电压供电、低功率消耗的运算放大器。常用的运算放大器有 TL–022C、TL–060C 等，其工作电压为 $\pm 2 \sim \pm 18V$，消耗电流为 $50 \sim 250mA$。目前有的产品功耗已达微瓦级，例如 ICL7600 的供电电源为 1.5V，功耗为 $10\mu W$，可采用单节电池供电。

6. 高压大功率型运算放大器

运算放大器的输出电压主要受供电电源的限制。在普通的运算放大器中，输出电压的最大值一般仅几十伏，输出电流仅几十毫安。若要提高输出电压或增大输出电流，则集成运算放大器外部必须要加辅助电路。高压大电流集成运算放大器外部不需附加任何电路，即可输出高电压和大电流。例如，D41 集成运算放大器的电源电压可达 $\pm 150V$，$\mu A791$ 集成运算放大器的输出电流可达 1A。

3.1.2　运算放大器的参数

要了解运算放大器的参数，首先要先了解运算放大器的内部结构和它的等效电路。运算放大器的等效电路如图 3-1 所示，可以等效成一个电压控制电压源模型。大多数放大器的输入端都是由图 3-2 所示的长尾对组成，VT_1 和 VT_2 是一对特性完全相同的晶体管，并有一块公共散热片保持两个管子的温度相同。在理想电路中，VT_1 和 VT_2 的 U_{be} 及 I_{ceo} 随温度的变化将完全相同，两者刚好相互抵消，从而使输出电压 U_{out} 只与输入电压 U_{in} 有关。

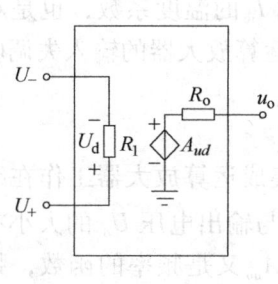
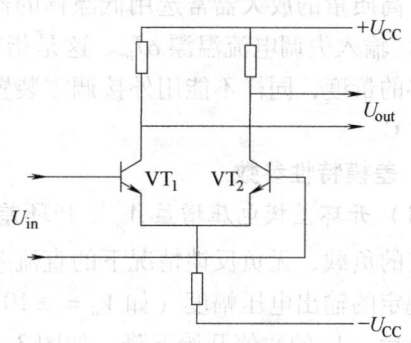

图 3-1　非理想运算放大器的等效电路

图 3-2　运算放大器输入端的长尾对电路

评价集成运算放大器好坏的参数很多，它们是描述一个实际运算放大器与理想放大器件接近程度的数据，这里仅介绍其中主要的几种。

1. 输入参数

(1) 输入失调电压 U_{io}　一个理想的集成运算放大器，当输入电压为零时，输出电压也应为零（不加调零装置）。但实际上它的差分输入级很难做到完全对称，通常在输入电压为零时，存在一定的输出电压。在室温（25℃）及标准电源电压下，输入电压为零时，为了使集成运算放大器的输出电压为零，在输入端加的补偿电压叫做失调电压 U_{io}。实际上失调电压指输入电压 $U_i = 0$ 时，输出电压 U_o 折合到输入端的电压的负值。U_{io} 的大小反映了运算放大器中电路的对称程度和电位配合情况。U_{io} 值越大，说明电路的对称程度越差，一般约为 ±(1~10) mV，典型值为 2mV。

(2) 输入偏置电流 I_{ib}　图 3-3 所示双极结型晶体管（BJT）集成运算放大器的两个输入端是差分对管的基极，因此两个输入端总需要一定的输入电流 I_{BN} 和 I_{BP}，输入偏置电流是指集成运算放大器输出电压为零时两个输入端静态电流的平均值。输入偏置电流的大小，在电路外接电阻确定之后，主要取决于运算放大器差分输入级 BJT 的性能，当它的基极电流太小时，将引起偏置电流增加。从使用角度来看，偏置电流越小，由信号源内阻变化引起的输出电压变化也越小，故它是重要的技术指标，一般为 10nA~1mA。

(3) 输入失调电流 I_{io}　在 BJT 集成运算放大器中，输入失调电流 I_{io} 是指当输出电压为零时流入放大器两输入端的静态基极电流之差，由于信号源内阻的存在，I_{io} 会产生一输入电压，破坏放大器的平衡，使放大器输出电压不为零。所以，希望 I_{io} 越小越好，它反映了输入级有效差分对管的不对称程度，一般为 1nA~0.1mA。

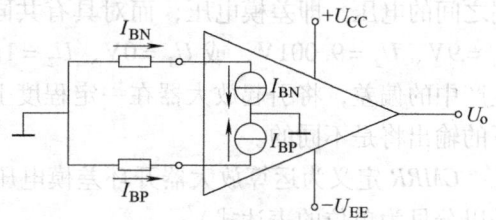

图 3-3　放大器的输入结构

(4) 温度漂移　放大器的温度漂移是漂移的主要来源，而它又是由输入失调电压和输入失调电流随温度的漂移所引起的，故常用下面方式表示：

1) 输入失调电压温漂 αU_{io}。这是指在规定温度范围内 U_{io} 的温度系数，也是衡量电路温漂的重要指标。单位为 μV/℃，一般为 0.3~30μV/℃。αU_{io} 不能用外接调零装置的办法来补偿，高质量的放大器常选用低漂移的器件来组成。

2）输入失调电流温漂 αI_{io}。这是指在规定温度范围内 I_{io} 的温度系数，也是对放大器电路漂移的量度，同样不能用外接调零装置来补偿。高质量运算放大器的输入失调电流温漂几个 pA/℃。

2. 差模特性参数

（1）开环差模电压增益 A_{uo}　开环差模电压增益是指集成运算放大器工作在线性区，接入规定的负载，无负反馈情况下的直流差模电压增益。A_{uo} 与输出电压 U_o 的大小有关，通常是在规定的输出电压幅度（如 $V_o = \pm 10V$）下测得的值。A_{uo} 又是频率的函数，频率高于某一数值后，A_{uo} 的数值开始下降，如图 3-4 所示。

（2）最大差模输入电压 U_{idmax}　最大差模输入电压指的是集成运算放大器的反相和同相输入端所能承受的最大电压值。超过这个电压值，运算放大器输入级某一侧的 BJT 将出现发射结的反向击穿，而使运算放大器的性能显著恶化，甚至可能造成永久性损坏。利用平面工艺制成的 NPN 管的最大差模输入电压约为 ±5V，而横向 BJT 可达 ±30V 以上。

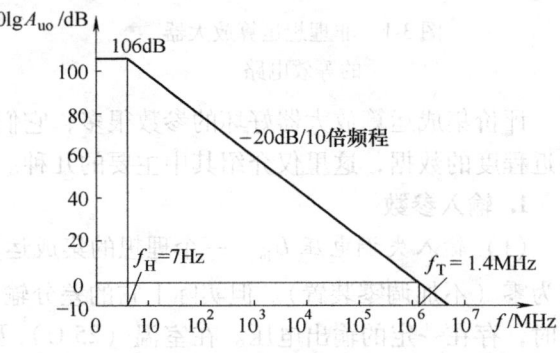

图 3-4　741 型运算放大器 A_{uo} 的频率响应

（3）差模输入电阻 r_{id}　r_{id} 是在室温下，开环运算放大器两输入端之间的差模输入信号的动态电阻。双极型晶体管输入级的 r_{id} 在几十千欧至几兆欧范围内；场效应晶体管差动输入级的 r_{id} 可达 $10^8 \Omega$ 以上。

3. 共模特性参数

（1）最大共模输入电压 U_{icmax}　U_{icmax} 是指运算放大器所能承受的最大共模输入电压。超过 U_{icmax} 值，它的共模抑制比将显著下降。一般指运算放大器在作电压跟随器时，使输出电压产生 1% 跟随误差的共模输入电压幅值，高质量的运算放大器可达 ±13V。

（2）共模输入电阻 r_{ic}　r_{ic} 是指室温下，每个输入端到地的共模动态电阻。

（3）共模抑制比 CMRR　一个理想的直流放大器只能放大"＋"输入端和"－"输入端之间的电压，即差模电压，而对具有共同模式的电压即共模电压就应毫无反应。例如，当 $U_1 = 9V$、$U_2 = 9.001V$，或 $U_1 = 0V$、$U_2 = 1mV$ 时，它们的输出电压将是相同的，实际上由于生产中的偏差，将引起放大器在一定程度上对 9V 的共模电压有所响应，放大器在两种情况下的输出将是不同的。

CMRR 定义为运算放大器开环差模电压放大倍数与其共模电压放大倍数之比，即（后者是以分贝为单位的表达式）

$$CMRR = \left|\frac{A_d}{A_c}\right| \quad \text{或} \quad CMRR = 20\lg\left|\frac{A_d}{A_c}\right|$$

CMRR 的典型值为 80dB 以上。

4. 大信号动态参数

（1）转换速率 SR　转换速率是指放大电路在闭环状态下，输入为大信号（如阶跃信号）时，放大电路输出电压对时间的最大变化速率，即集成运算放大器的频率响应和瞬态响应在大信号时与小信号时有很大的差别。在大信号输入时，特别是大的阶跃信号加入时，运算放大器将工作在非线性区域，通常它的输入级会产生瞬时饱和或截止现象。从频率范围来看，这将使大信号频带宽度总要比小信号时为窄；而从瞬态响应来看，将使放大电路的输出电压不能即时地跟随阶跃输入电压变化。输出电压变化如图3-5所示，这就提出了转换速率的问题。由于转换速率与闭环电压增益有关，因此，一般规定用集成运算放大器在单位电压增益、单位时间内输出电压的变化值来标定转换速率。

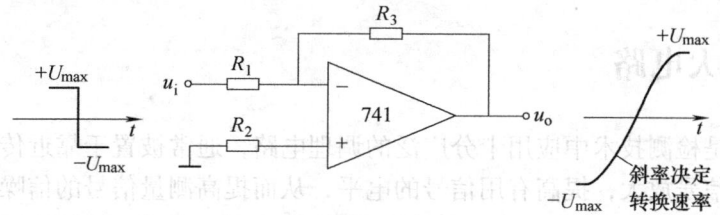

图3-5 转换速率示意图

转换速率的大小与许多因素有关，其中主要与运算放大器所加的补偿电容，运算放大器本身各级 BJT 的极间电容、杂散电容，以及放大电路提供的充电电流等因素有关。在输入大信号的瞬变过程中，输出电压只有在电路的电容被充电后才随输入电压作线性变化，通常要求运算放大器的 SR 大于信号变化斜率的绝对值。SR 是在大信号和高频信号工作时的一项重要指标，目前一般运算放大器在 1V/ms 以下。

（2）全功率带宽 f_{pp}　f_{pp} 是指在正弦输入且运算放大器接成电压跟随器组态时，在额定输出电流 I_{om} 及规定失真条件下的额定输出电压 U_{om} 所对应的带宽。

（3）单位增益带宽（BWG）f_T　f_T 指开环电压增益 A_{uo} 在频率响应曲线上下降到 $A_{uo}=1$ 时的频率，即 A_{uo} 为 0dB 时的信号频率。它是集成运算放大器的重要参数。

精密型运算放大器通常用于低电平传感器输入缓冲级，它们很少应用于高增益设置的情况。有时我们很容易被运算放大器参数引入歧途，如 OP07，其实有用的参数是其低输入偏置电压（U_{io}，30μV），而不是它的增益带宽（其带宽仅为 600kHz，转换速率仅为 300mV/s）。该运算放大器不适用于驱动传声器或视频显示屏，而只适用于对低电平、变化缓慢的传感器信号进行些许放大。

3.1.3 集成电路的元器件特性

集成电路（IC）上晶体管偏置电路的设计方法通常与分立元器件电路不同，这是因为容限、匹配和元件的相对成本相差很多。由于 IC 上所有元器件同时置于一个晶片上，因此它们之间匹配得会比较好。其上的所有元器件的物理特性彼此非常接近，而且封装相同，所以元器件之间温度特性上的差异比分立元器件要小得多。最后，由于用特定工艺制作晶片的成本是固定的，所以晶片上每个独立元器件的成本与它所占用的面积成正比。晶体管和电阻在尺寸上变化不大，但是一般来讲，晶体管比电阻小得多，而电阻比电容小得多。所以在 IC 设计过程中，要尽可能地避免使用电容和电阻。

另一个需要考虑的因素是特定生产过程中生产的元器件质量。多数集成电路中的电阻不如分立电阻质量好，受到温度影响的程度要大于分立电阻，并且取值与电压有关（即电阻值随施加的电压改变），而分立元件不存在电压相关的问题（尽管其上的功率损耗会改变电阻温度，也会使阻值发生变化）。IC 中的电阻通常存在相当多的寄生电容，而这在分立电阻中也不会出现。类似情况也适用于集成电容，其电容量也经常是与电压相关的，并且比分立电容具有更多的寄生元件。除了射频之外，特别是在硅上，集成电感很少使用，其原因部分在于电感下面的导电基质允许大的逆电流流动，这使得电感的特性削弱。另外，三维线圈和磁心的缺乏使得电感特性受到限制。上述原因使得 IC 设计中常用晶体管代替电阻，并且尽可能避免使用电感和电阻。

3.2 信号放大电路

信号放大器是检测技术中应用十分广泛的调理电路，通常被置于靠近传感器或转换器的位置，将微弱的信号放大，提高有用信号的电平，从而提高测量信号的信噪比。另外，通过采用放大电路并调整放大器的增益，更好地匹配模拟-数字转换器（ADC）的输入电压范围，满足需要的分辨力。常用的放大电路有同相放大器、反相放大器、差动放大器和隔离放大器等，它们大多由集成运算放大器构成。

对放大电路的基本要求：①输入阻抗应与传感器输出阻抗相匹配；②一定的放大倍数和稳定的增益；③低噪声；④低的输入失调电压和输入失调电流以及低的漂移；⑤足够的带宽和转换速率；⑥高共模输入范围和高共模抑制比；⑦可调的闭环增益；⑧线性好、准确度高；⑨成本低。当然，这些要求不可能全部满足。

3.2.1 反相放大电路

反相放大电路的基本形式如图 3-6 所示。其输入阻抗等于 R_1，闭环增益为

$$K_f = \frac{u_o}{u_i} = -\frac{R_2}{R_1} \tag{3-1}$$

这是一个有趣的结论，因为公式中没有出现放大器的增益，而这个电路的增益只取决于 R_1 和 R_2。实际上，如果放大器的增益很高而闭环增益相对较低，这个结论是正确的。完整的表达式是：

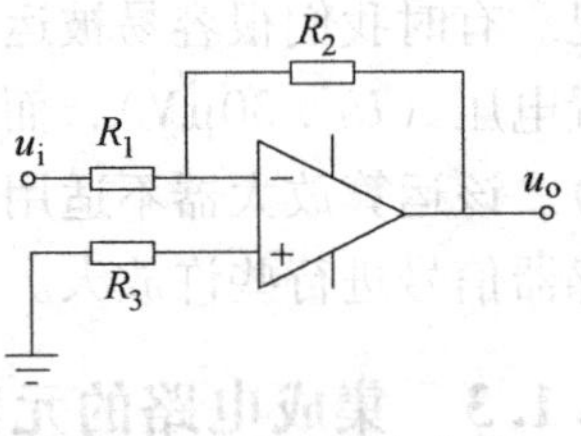

$$\frac{u_o}{u_i} = -\frac{R_2}{R_1 + (R_1 + R_2)/A} \tag{3-2}$$

图 3-6 反相放大电路

式中 A——放大器的增益（典型值为 20 000）。

从实用的角度看，式中 $(R_1 + R_2)/A$ 一项是可以忽略的。

以上的分析中，忽略了基极偏置电流，一般为几百纳安数量级，并会引起失调。这个失调通常很小，当使放大器的两个输入端对地阻抗相等时，可把这个失调降到最小，即

$$R_3 = \frac{R_1 R_2}{R_1 + R_2} \tag{3-3}$$

R_3 称为匹配电阻。由放大器的失调电压和输入失调电流引起的任何剩余失调，在需要时可用调零电位器加以消除。

反相放大器的优点是性能稳定，缺点是输入阻抗比较低，但一般能够满足大多数场合的要求，因而在电路中应用较多。由于电阻的最大取值不能超过 10MΩ，在提高反相放大器的

输入阻抗与提高电路的增益之间存在一定矛盾。

反相放大器的特点：

1）引入深度电压并联负反馈，输出电压与运算放大器的开环放大倍数无关，与输入电压和反馈系数有关。

2）共模输入电压为0，对运算放大器的共模抑制比要求低。

3）由于电压负反馈的作用，输出电阻小，可认为是0，因此带负载能力强。

4）由于并联负反馈的作用，输入电阻小，$r_i = R_1$，因此对输入电流有一定要求。

5）平衡电阻 $R_p = R_1 // R_2$，使输入端对地的静态电阻相等，保证静态时输入级的对称性。

6）为了保证一定的输入电阻，当放大倍数大时，需增大 R_2，而大电阻的精度差，因此在放大倍数大时，此结构的反相放大器不再适用。

如果需要一个增益比较低，输入电压约在100mV以上的放大器，它的设计过程是比较简单的，可从备用的元件中选用阻值合适的 R_1、R_2 和 R_3，按照粗略的经验可选 R_1 为 10kΩ，从而确定 R_2 和 R_3。

对于输入电压较低和有较高增益的反相放大器，就要考虑得稍微仔细些，可按下列步骤进行：

1）U_{io} 不是特别重要的，因为它可以被消除，而温度引起的 U_{io} 的变化往往是最危险的。要在预想得到的温度范围内（拿不准时用30℃）计算出输入失调电压的温度系数 $αU_{io}$，如果不再选用更好的放大器，则 $αU_{io}$ 与要输入的信号之比应至少小于1/10。

2）验算基极偏置电流产生的失调（$I_{ib}R_1$）是否比输入信号更小，如不能满足，可减小 R_1 或选用更好的放大器，只有在失调比较小时，才能用调零电位器加以消除。

3）确定 R_1 后再利用所给出的公式计算 R_2，并验算温度变化引起的失调电流 $αI_{io}$，等效失调为 $αI_{io}R_2$，若大于要求时，可选更好的放大器或减小 R_1 重新开始验算。

4）用匹配公式计算 R_3。

上述分析是假设低阻信号源加于 R_1，如果不是这样，R_1 应该用 $R_1 + R_s$ 代替，其中 R_s 为信号源内阻，否则就需要用一个具有高输入阻抗的缓冲级。

3.2.2 同相放大器

同相放大电路的基本结构如图3-7a所示，其闭环增益为

$$A_f = 1 + \frac{R_2}{R_1} \quad (3-4)$$

同相放大电路的输入阻抗 Z_i' 为

$$Z_i = \frac{AZ_i'}{1 + R_2/R_1} + R_3 \quad (3-5)$$

式中　Z_i'——运算放大器的开环输入阻抗；

　　　A——运算放大器的开环增益。

与反相放大器相比，同相放大器具有高输入阻抗，但也有易受干扰和精度低的不足。运算放大器不论是作为同相放大器还是反相放大器，电路都是采用电压负反馈的形式，电路的闭环输出阻抗都非常小，其值接近于0。

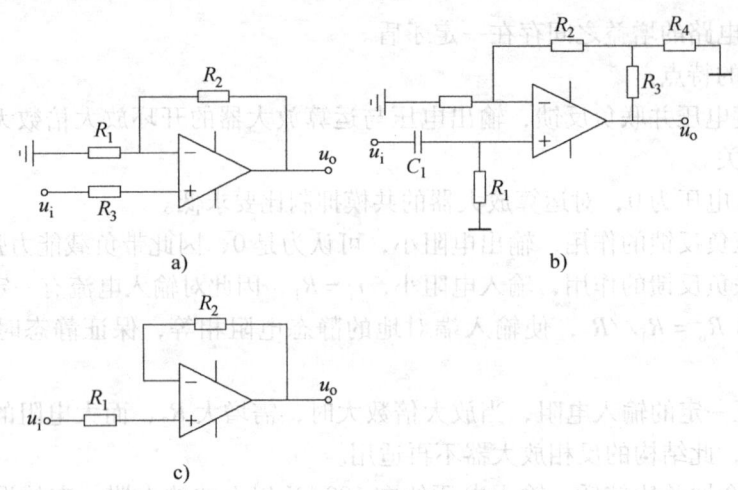

图 3-7 同相放大电路
a) 基本形式 b) 变形 c) 跟随放大电路

同相放大器的特点：
1) 由于电压负反馈的作用，输出电阻小。
2) 由于串联负反馈的作用，输入电阻大。
3) 共模输入电压为 u_i，因此对运算放大器的共模抑制比要求高。

在电路中，同相放大除了常用于前置放大外，还经常用于阻抗变换或隔离。图 3-7b 所示为一低频交流放大电路。为了得到较低的低端截止频率和避免使用过大的电容，电路中 R_1 选用比较大的阻值。为了避免放大器的输入阻抗对高通滤波器的截止频率的影响，电路采用了同相放大器的形式。为了消除运算放大器的输入偏置电流的影响，反馈网络采用了 Y 形网络，目的是使运算放大器两输入端的电阻尽可能地相等。为了计算简单和减小元器件的品种，实际电路中常取 $R_1 = R_2$。如果选取 R_2 远大于 R_3、R_4，则流经 R_2 的电流可忽略不计，该同相放大电路的增益可用下式计算：

$$A_f = 1 + \frac{R_3}{R_4} \tag{3-6}$$

图 3-7c 所示为跟随放大电路，它是同相放大电路的一种极端形式，电压增益为 1。图中两个电阻 R_1、R_2 是平衡电阻，其目的是为了消除运算放大器的输入偏置电流的影响，如果运算放大器本身的输入阻抗足够高（输入偏置电流足够小）或对电路输出的零点漂移要求不高时，可以省略这两个电阻。

现在市场上已有很多现成的同相放大器或跟随器芯片，其体积更小、精度更高、价格便宜、可靠性更高，在设计电路时可以选用。如美国 MAXIM 公司出品的 MAX4074、MAX4075、MAX4174、MAX4274 等，美国 TI 公司的 OPA2682、OPA3682 等芯片。这些芯片既可以作为同相放大器，又可以作为反相放大器。设计高输入阻抗的跟随器时，可以考虑使用美国 TI 公司的 OPA128，其输入偏置电流仅有 75fA。

3.2.3 基本差动放大电路

差动放大是把两个输入信号分别输入到运算放大器的同相和反相端，然后在输出端取出两个信号的差模成分,而尽量抑制两个信号的共模成分的电路。采用差动放大电路,有利于抑制共模干扰(提高电路的共模抑制比)和减小温度漂移。图 3-8a 所示为一基本差动放大电路,它由一只通用的运算放大器和 4 只电阻组成。利用电路的线性叠加原理,先计算输入信号 u_{i1} 作用时的电路输出 u_{o1}:

$$u_{o1} = -\frac{R_2}{R_1}u_{i1}$$

再计算输入信号 u_{i2} 作用时电路的输出 u_{o2}:

$$u_{o2} = \left(1 + \frac{R_2}{R_1}\right)\frac{R_4}{R_3 + R_4}u_{i2}$$

于是可得

$$u_o = u_{o1} + u_{o2} = -\frac{R_2}{R_1}u_{i1} + \left(1 + \frac{R_2}{R_1}\right)\frac{R_4}{R_3 + R_4}u_{i2}$$

如果满足 $R_2/R_1 = R_4/R_3$,则上式可改写为

$$u_o = \frac{R_2}{R_1}(u_{i2} - u_{i1}) \tag{3-7}$$

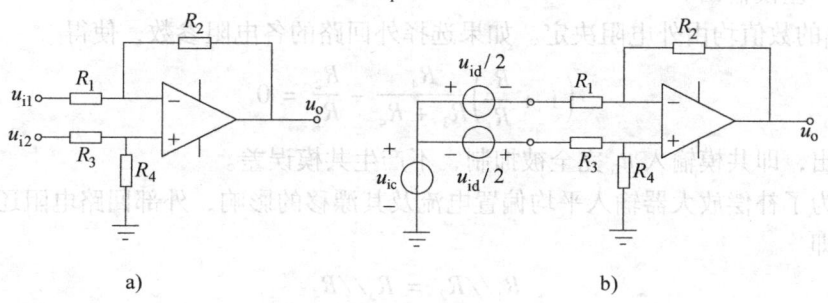

图 3-8 基本差动放大电路
a) 基本电路 b) 等效电路

为了分析电路的共模抑制性能,将图 3-8a 变换为图 3-8b 的形式,图中,u_{ic} 为作用于运算放大器的共模电压,u_{id} 为差模电压,根据变换,式 (3-7) 还可表示成

$$u_o = A_c u_{ic} + A_d u_{id} \tag{3-8}$$

式中 A_c——共模电压增益;
A_d——差模电压增益;
u_{ic}——作用于运算放大器的共模电压;
u_{id}——差模电压。

当 $R_2/R_1 = R_4/R_3$ 时电路的 $CMRR \to \infty$,电路只对差模信号进行放大。

图 3-8b 所示为用线性集成器件构成的差动放大电路,两输入端信号 u_{i1} 和 u_{i2} 由共模电压 u_{ic} 和差模信号 u_{id} 组成,其中

$$u_{ic} = \frac{1}{2}(u_{i1} + u_{i2})$$

$$u_{id} = u_{i1} - u_{i2}$$

因此

$$u_{i1} = u_{ic} + \frac{1}{2}u_{id}$$

$$u_{i2} = u_{ic} - \frac{1}{2}u_{id}$$

应用理想运算放大器的条件，得到输出电压和输入电压之间的关系。由 $u_+ = u_-$，$i_+ = i_- = 0$，R_1 和 R_F 中电流相等，所以

$$\frac{u_{i1} - \dfrac{R_4}{R_3+R_4}u_{i2}}{R_1} = \frac{\dfrac{R_4}{R_3+R_4}u_{i2} - u_o}{R_2}$$

得到

$$\begin{aligned}
u_o &= \left(1+\frac{R_2}{R_1}\right)\frac{R_4}{R_3+R_4}u_{i2} - \frac{R_2}{R_1}u_{i1} \\
&= \left[\left(1+\frac{R_2}{R_1}\right)\frac{R_4}{R_3+R_4} - \frac{R_2}{R_1}\right]u_{ic} - \left[\left(1+\frac{R_2}{R_1}\right)\frac{R_4}{R_3+R_4} + \frac{R_2}{R_1}\right]\frac{u_{id}}{2} \\
&= u_{oc} + u_{od}
\end{aligned} \tag{3-9}$$

式中 u_{oc}——共模输出；
u_{od}——差模输出。

u_{oc} 和 u_{od} 的数值均由外电阻决定。如果选择外回路的各电阻参数，使得

$$\left(1+\frac{R_2}{R_1}\right)\frac{R_4}{R_3+R_4} - \frac{R_2}{R_1} = 0 \tag{3-10}$$

则无共模输出，即共模输入 u_{ic} 完全被抑制，不产生共模误差。

此外，为了补偿放大器输入平均偏置电流及其漂移的影响，外部回路电阻还应满足平衡对称条件，即

$$R_1 // R_2 = R_3 // R_4 \tag{3-11}$$

由式(3-10)和式(3-11)两项要求，得到外回路电阻的匹配条件为

$$R_1 = R_3, R_2 = R_4 \tag{3-12}$$

在满足式(3-12)的电阻匹配条件下，无共模输出。由式(3-9)得到理想闭环差模增益：

$$A_d = \frac{u_o}{u_{id}} = \frac{u_o}{u_{i1} - u_{i2}} = -\frac{R_2}{R_1} \tag{3-13}$$

由于共模增益 $A_{ic} = 0$，所以放大器的 $CMRR = \infty$。

以上是理想情况。实际上，绝对地满足式(3-12)的条件是不可能的。各个外回路电阻必然存在阻值误差，外回路不可能达到完全的对称平衡。在精确匹配电阻后，可以使 u_{oc} 很小，但绝对不是 0，所以放大器的 $CMRR$ 实际上不能达到 ∞。另一方面，共模输入电压加到放大器的正端和负端，由于放大器所用的集成器件本身的共模抑制比是有限的，也会影响整个放大器的共模抑制能力。定义由外回路电阻匹配精度所限定的放大器的共模抑制比为 $CMRR_R$，所用的集成器件本身的共模抑制比为 $CMRR_D$，那么整个放大器的共模抑制比 $CMRR$ 将取决于 $CMRR_R$ 和 $CMRR_D$。

先分析外回路电阻匹配精度形成的共模输出 u_{oc}，由式(3-9)可知，放大器的共模增益为

$$A_{c1} = \frac{u_{oc}}{u_{ic}} = \left(1+\frac{R_2}{R_1}\right)\frac{R_4}{R_3+R_4} - \frac{R_2}{R_1} \tag{3-14}$$

设各电阻的匹配误差分别为

$$R_1 = R_1(1 \pm \delta_1), R_2 = R_2(1 \pm \delta_2), R_3 = R_3(1 \pm \delta_3), R_4 = R_4(1 \pm \delta_4)$$

将上列各式代入式(3-14)，整理后得到

$$A_{c1} = \frac{\pm \delta_1 \mp \delta_2 \mp \delta_3 \pm \delta_4 \pm \delta_1\delta_3 \mp \delta_2\delta_4}{(1 \pm \delta_1)(1 \pm \delta_4) + \frac{R_1}{R_2}(1 \pm \delta_1)(1 \pm \delta_3)}$$

因为各项误差通常均远小于1，所以上式可近似为

$$A_{c1} \approx \frac{\delta_1 + \delta_2 + \delta_3 + \delta_4}{1 + R_1/R_F}$$

设各误差是相等的，即 $\delta_1 = \delta_2 = \delta_3 = \delta_4 = \delta$，根据误差合成理论，总误差应当是分误差的方均根值，得到

$$A_{c1} \approx \frac{2\delta}{1 + 1/A_d} \tag{3-15}$$

这样，由外电路电阻失配限定的放大器的共模抑制比为

$$CMRR_R = \frac{A_d}{A_{c1}} = \frac{1 + A_d}{2\delta} \tag{3-16}$$

式(3-16)表明，由电阻失配所造成的 $CMRR_R$ 与电阻匹配误差 δ 有关，且与放大器的闭环差模增益 A_d 有关。电阻匹配误差越小，闭环增益越大，放大器的共模抑制能力越大。

为了研究器件本身的共模抑制比 $CMRR_D$ 对整个放大器的 $CMRR$ 的影响，需首先推导出由于 $CMRR_D$ 的存在所产生的共模输出电压。

由共模抑制比的定义可知，$CMRR_D$ 即放大器开环差动增益 A'_d 与共模增益 A'_c 之比，即 $CMRR_D = \frac{A'_d}{A'_c}$。共模增益 A'_c 为共模输出电压与共模输入电压之比，即 $A'_c = \frac{u'_{oc}}{u_{ic}}$，而共模输出电压折合到放大器输入端的共模误差电压，即 u_{ic} 为 $u'_{ic} = \frac{u'_{oc}}{A'_d}$。由上述公式可以得到

$$u'_{ic} = \frac{u_{ic}}{CMRR_D}$$

这说明共模输入电压因为转化成差模电压而形成共模干扰电压。而造成这种转化的原因，是放大器的运算放大器件本身的 $CMRR_D \neq \infty$。因此共模输出 u_{oc} 实际上是由 $CMRR_D$ 有限而产生的共模误差电压，折合到输入端，相当于一差模电压 u'_{ic}，它与差动信号一起被放大 A_d 倍。

这样，由于外回路电阻失配和器件本身的 $CMRR_D$ 有限，在放大电路输出端产生的共模误差电压总共为

$$u_{oc} = A_{c1}u_{ic} + \frac{u_{ic}}{CMRR_D}A_d \tag{3-17}$$

其中 A_{c1} 由式(3-14)求得，A_d 由式(3-13)求得。由此放大电路的总共模增益可表述为

$$A_c = \frac{u_{oc}}{u_{ic}} = A_{c1} + \frac{1}{CMRR_D}A_d$$

整个放大电路的总共模抑制比 $CMRR$ 是

$$CMRR = \frac{A_d}{A_c} = \frac{CMRR_D CMRR_R}{CMRR_D + CMRR_R} \tag{3-18}$$

式(3-17)表明，在同时考虑电阻失配和器件本身的 $CMRR_D$ 的影响时，放大器的总的 $CMRR$ 将进一步下降。

例如，差动放大电路所用的 IC 器件的共模抑制比 $CMRR_D = 100\text{dB}$，放大电路闭环差动增益 $A_d = 20$，电阻误差 $\delta = \pm 0.1\%$。因电阻失配造成的放大器的共模抑制比为

$$CMRR_R = \frac{1+A_d}{2\delta} = 10\,500 = 80.4\text{dB}$$

则放大器的总共模抑制比

$$CMRR = \frac{CMRR_D CMRR_R}{CMRR_D + CMRR_R} \approx 9.5 \times 10^3 \approx 80\text{dB}$$

比 IC 器件的共模抑制比小了 20dB。当 $A_d = 1$ 时，放大电路的共模抑制比进而下降为 59.9dB。

理论上，为了提高放大器的 $CMRR$，可以使外电路电阻失配造成的共模误差电压与集成器件本身产生的共模误差电压互相抵消，以使 A_c 趋近于零。但实际上，外回路电阻的阻值随温度、时间而漂移，加之 $CMRR_D$ 的非线性影响，这种补偿方法的效果是很有限的。经过精心的调整，可以获得 $CMRR$ 比 $CMRR_R$ 高一个数量级的改进。

综上所述，差动放大电路的共模抑制能力受到放大电路的闭环增益、外电路电阻匹配精度以及放大器件本身的 $CMRR_D$ 等诸多因素的影响。在设计过程中，为实现一定的 $CMRR$ 值，应根据被放大的信号、所采用的电路结构，予以综合考虑。

差动放大电路是生物电放大前置级设计中通常采用的基本结构，为了提高放大器的共模抑制能力，应掌握限制共模抑制比提高的各种因素的分析方法。

作为生物电放大器前置级，必须具有高输入阻抗，图 3-8 所示的基本差动放大电路的输入电阻能否满足生物电放大器前置级的要求？在符合匹配条件下，由 $u_+ = u_-$ 的理想状态可知，输入阻抗 $r_i = 2R_1$。这样为了提高输入电阻，必须加大 R_1。但是加大 R_1 失调电流及其漂移的影响必将加剧。如果选用具有场效应输入级的运算放大器件来组成放大电路，由于它的失调电流及其漂移会小些，可以采用较大的 R_1，但是这样做的结果，至少会增加输入级的噪声，降低信号质量，甚至还会遇到高阻问题。在低噪声设计中这是不允许的。

例如 $A_d = 20$，为了满足生物电信号高阻抗特性，最低应取 $R_1 = 1\text{M}\Omega$（如体表心电放大器），那么 R_F 应为 20MΩ，这个值已经与印制电路板的绝缘阻抗相当，这样就为放大器的设计带来困难，所以 R_1 的加大是有限的。一般设计中，输入电阻只能限定在 100kΩ 以内。所以，这种基本差动放大电路的输入阻抗不能满足生物电放大器前置级的要求，应在电路结构上加以改造。

3.2.4 高共模抑制比放大电路

来自传感器的信号通常都伴随着很大的共模电压（包括干扰电压）。一般采用差动输入集成运算放大器来抑制它，但是必须要求外接电阻完全平衡对称、运算放大器具有理想特性。否则，放大器将有共模误差输出，其大小既与外接电阻对称精度有关，又与运算放大器本身的共模抑制能力有关。一般运算放大器的共模抑制比可达 80dB，而采用由几个运算放大器组成的测量放大电路，共模抑制比可达 100～120dB。

基本差动放大电路输入电阻不够高的根本原因在于差动输入电压是从放大器同相端和反

相端同时加入的。如果把差动输入信号都从同相端输入，则能大大提高电路的输入阻抗。采用如图 3-9 所示的同相输入结构，输入阻抗可高达 10MΩ。由三运算放大器电路组成的仪用放大器由两级组成：第一级是两个对称的同相放大器对差模信号放大，第二级是由一个差动放大器组成减法电路。A_1、A_2 组成同相并联输入第一级放大，以提高放大器的输入电阻。A_3 为差动放大，作为放大器第二级。

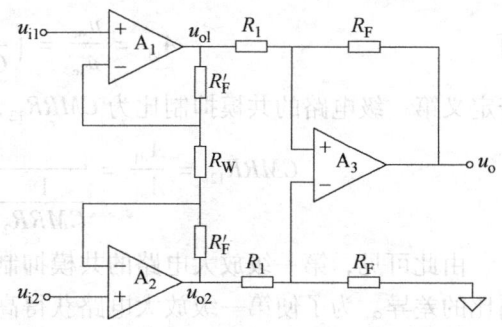

图 3-9 三运算放大器电路图

设差动输入 $u_{id} = u_{i2} - u_{i1}$，第一级输出分别为 u_{o1} 和 u_{o2}，根据 A_1、A_2、A_3 的理想特性，R'_F、R_W 中的电流相等，得到

$$\frac{u_{o2} - u_{i2}}{R'_F} = \frac{u_{i2} - u_{i1}}{R_W} = \frac{u_{i1} - u_{o1}}{R'_F}$$

从而导出

$$u_{o2} = \left(1 + \frac{R'_F}{R_W}\right) u_{i2} - \frac{R'_F}{R_W} u_{i1}$$

$$-u_{o1} = \frac{R'_F}{R_W} u_{i2} - \left(1 + \frac{R'_F}{R_W}\right) u_{i1}$$

以上两式相加，得到第一级放大的输出电压：

$$u'_o = u_{o2} - u_{o1} = \left(1 + \frac{2R'_F}{R_W}\right)(u_{i2} - u_{i1}) \tag{3-19}$$

第一级电压增益：

$$A_{d1} = 1 + \frac{2R'_F}{R_W} \tag{3-20}$$

在第一级电压输出的表示式中，并没有共模电压成分，与基本差动放大电路的输出表达式相比，同相并联的第一级电路并不要求外回路电阻有任何形式的匹配来保证共模抑制能力，因此也就避免了电阻精确匹配的麻烦。实质上，第一级输出回路里不产生共模电流，加在电位器 R_W 上的差动电压决定了整个电路的工作电流均如此，所以电路的共模抑制能力与外回路电阻是否匹配完全无关。与基本差动放大电路相比，这种并联结构的电路能方便地实现增益的调节，这带来使用上的很大方便。第一级电路具有完全对称形式，这种对称结构有利于克服失调、漂移的影响。选择 A_1、A_2 的性能参数，使之彼此精确匹配，就可以充分发挥对称电路误差电压相互抵消的优点。利用电路结构对称、失调互补的原理，就能获得低漂移的基本方法。

进一步的分析可以看到，A_1、A_2 本身各自对共模电压的抑制能力上的差异，将造成第一级电路的 $CMRR_1$ 的降低。设器件 A_1、A_2 的共模抑制比 $CMRR_1$、$CMRR_2$ 均为有限值，则共模输入电压 u_{ic} 使 A_1 在它的输入端存在共模误差电压 $u_{ic}/CMRR_1$，使 A_2 在它的输入端存在共模误差电压 $u_{ic}/CMRR_2$，因而在第一级输出端存在共模误差的输出电压：

$$u_{oc} = \left(\frac{u_{ic}}{CMRR_2} - \frac{u_{ic}}{CMRR_1}\right) A_{d1}$$

而
$$A_{c1} = \frac{u_{oc}}{u_{ic}} = \left(\frac{1}{CMRR_2} - \frac{1}{CMRR_1}\right)A_{d1}$$

若定义第一级电路的共模抑制比为 $CMRR_{12}$，则

$$CMRR_{12} = \frac{A_{d1}}{A_{c1}} = \frac{1}{\dfrac{1}{CMRR_2} - \dfrac{1}{CMRR_1}} = \frac{CMRR_1 CMRR_2}{CMRR_1 - CMRR_2} \qquad (3\text{-}21)$$

由此可见，第一级放大电路的共模抑制能力取决于运算放大器件 A_1 和 A_2 本身的共模抑制比的差异。为了使第一级放大电路获得高共模抑制比，A_1、A_2 器件本身的 $CMRR_1$ 和 $CMRR_2$ 的数值是否高并不重要，重要的是它们的对称性。举两组数为例，设 $CMRR_1$ 和 $CMRR_2$ 分别为 80dB 和 90dB，则第一级放大电路的 $CMRR_{12}$ 只有 83dB。而如果严格挑选 A_1 和 A_2，使其共模抑制比分别为 80dB 和 80.5dB，则第一级放大电路的 $CMRR_{12}$ 可高达 160dB。因此，实现第一级放大电路的高共模抑制比并不难，通常可以达到 100dB 以上。

仅仅使用 A_1、A_2 构成前置级是不足的。因为，不考虑这一级共模电压向差模电压的转化，A_1、A_2 的输出端就存在与输入端相同的共模电压。这样，共模电压在输出端占用了一定的工作范围，致使差动信号的有效工作范围变小。为了割断共模电压在电路中的传递，最简单、最有效的方法是在 A_1、A_2 并联电路的后面接入一级差动放大，构成如图 3-9 所示的两级放大电路，图中两级放大电路的差动增益为

$$A_d = A_{d1}A_{d2} = \left(1 + \frac{2R'_F}{R_W}\right)\frac{R_F}{R_1} \qquad (3\text{-}22)$$

不难预料，两级放大电路的总共模抑制比能力与两级单独时的共模抑制能力相比将下降。两级放大电路的共模抑制比，由两级产生的共模误差决定。用和前面相同的分析方法，首先第一、二级由于各自共模抑制比有限，共同造成了整个放大电路的共模输出电压，应用叠加原理，放大器总的共模输出为

$$u_{oc} = \frac{u_{ic}}{CMRR_{12}}A_{d1} + \frac{u_{ic}}{CMRR_3}A_{d2} \qquad (3\text{-}23)$$

由此得到共模增益

$$A_c = \frac{u_{oc}}{u_{ic}} = A_d\left(\frac{1}{CMRR_{12}} + \frac{1}{CMRR_3} \cdot \frac{1}{A_{d1}}\right) \qquad (3\text{-}24)$$

这样，两级放大电路的总共模抑制比为

$$CMRR = \frac{A_d}{A_c} = \frac{A_{d1} CMRR_{12} CMRR_3}{A_{d1} CMRR_3 + CMRR_{12}} \qquad (3\text{-}25)$$

其中，$CMRR_3$ 仍然由式(3-16)和式(3-17)确定，$CMRR_{12}$ 由式(3-20)确定。

由式(3-24)可见，图 3-9 所示的同相并联差动放大电路构成生物电前置级时，其共模抑制能力取决于：运算放大器件 A_1、A_2 的 $CMRR_1$ 和 $CMRR_2$ 的对称程度，运算放大器件 A_3 的共模抑制比，差动放大级的闭环增益以及 R_F、R_1 电阻的匹配精度，同相并联的第一级差动增益等诸多因素。在严格挑选 A_1 和 A_2 的 $CMRR_1$ 和 $CMRR_2$ 参数时，第一级具有较好的对称性，因而 $CMRR_{12} \gg A_{d1}CMRR_3$，这样式(3-24)近似为

$$CMRR \approx A_{d1} CMRR_3 \qquad (3\text{-}26)$$

即两级放大电路的共模抑制比主要取决于第一级的差动增益和第二级的共模抑制能力。

例 3-1 图 3-10 所示为同相并联结构的 ECG 前置级电路,所用器件的共模抑制比均为 100dB,输入回路中两电极阻抗分别为 20kΩ、23kΩ。放大器输入阻抗实际有 80MΩ。放大器中所用电阻的精度 $\delta = 0.1\%$,其他参数如图所示。求包括电极系统在内的放大电路的总共模抑制比。

解 电极阻抗不平衡,造成共模电压向差模电压的转化,因此共模电压是由输入回路、第一级放大电路、第二级放大电路共同产生的,这是一个 ECG 测量中的实际情况。如果严格挑选所用器件,A_1、A_2 的共模抑制比精密对称,则第一级的共模抑制比 $CMRR_{12}$ 可视为 ∞,它不在输出端产生共模误差。这样,只需计算电极阻抗不平衡引起的共模输出 u'_{oc} 和 A_3 组成的第二级共模抑制比有限产生的共模输出 u''_{oc}。

由电路图不难看出

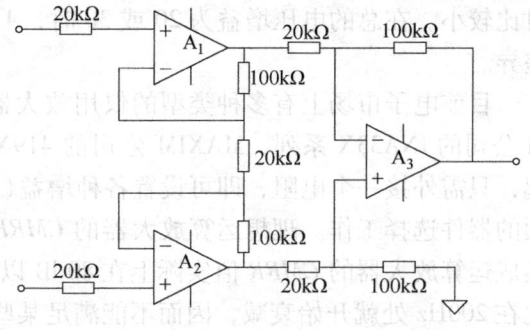

图 3-10 同相并联结构的 ECG 前置级电路

$$u'_{oc} = \frac{\Delta Z_s}{Z_i} u_{ic} A_d, \quad u''_{oc} = \frac{u_{ic}}{CMRR_3} A_{d2}$$

其中,$A_d = A_{d1} A_{d2} = 55$。

$$CMRR_R = \frac{1 + A_{d2}}{4\delta} = \frac{1 + 5}{4 \times 10^{-3}} = 1500$$

$$CMRR_D = 100dB = 10^5$$

$$CMRR_3 = \frac{CMRR_D \cdot CMRR_R}{CMRR_D + CMRR_R} = 1478$$

因此

$$u_{oc} = u'_{oc} + u''_{oc} = \left(\frac{\Delta Z}{Z_i} A_d + \frac{A_{d2}}{CMRR_3}\right) u_{ic}$$

整个电路的共模增益为

$$A_c = \frac{u_{oc}}{u_{ic}} = \frac{\Delta Z}{Z_i} A_d + \frac{A_{d2}}{CMRR_3}$$

总共模抑制比为

$$CMRR = \frac{A_d}{A_c} = \frac{1}{\dfrac{\Delta Z}{Z_i} + \dfrac{1}{A_{d1} CMRR_3}} \approx 10^4 = 80dB$$

由于电极阻抗不平衡造成总共模抑制比下降了 4dB,通过以上对同相并联差动电路共模抑制能力的诸限制因素的分析,得到这种结构电路作为生物电放大器前置级的设计步骤为:

1)器件选择。通过测量,确定共模抑制比严格对称的 A_1、A_2(通常相差不应超过 0.5dB)和高共模抑制比参数的 A_3(通常大于 100dB)。这样进行挑选之后,器件本身将不成为放大电路的共模抑制比的限制因素。

2)在影响共模抑制能力的诸因素中,第二级差动放大电路中电阻的匹配精度是主要的。典型设计中,电阻精度 δ 从 0.2% 提高到 0.1% 时,对于两级差模增益的各种不同分配,总共模抑制比都有6dB的改善。通常用精密电桥选择高精度、高稳定性电阻，先确定R_1、R_2，再由A_{d2}的设计值确定R'_F。最后，通过R'_F的调整，进一步提高精度的匹配。

3）前置级增益以及组成前置级的两级放大电路的增益分配，都影响总的$CMRR$值。在前置级增益确定之后，A_{d1}、A_{d2}相互制约。但是，A_{d1}值取得较高一些是有利于总的共模抑制能力的提高的。而A_{d2}相应减小，虽然会造成$CMRR_R$的下降，但对总的共模抑制比的影响相对比较小。在总的电压增益为20或30时，A_{d1}和A_{d2}的不同分配，总的$CMRR$大约有2dB的差异。

目前电子市场上有多种类型的仪用放大器，如美国AD公司的AD62X系列和AD8221，TI公司的INA33X系列，MAXIM公司的419X系列。这种器件将三运算放大电路集成在一起，只需外接一个电阻，即可设置各种增益(1~100倍)，省去了三运算放大电路设计中繁琐的器件选择工作。理想运算放大器的$CMRR$值(共模抑制比)应该是无穷大的，但大多数集成运算放大器的$CMRR$值实际上在80dB以上。目前市场上所有的仪用放大器的共模抑制比在200Hz处就开始衰减，因而不能满足某些在宽带干扰抑制方面的应用要求。

AD8221具有低漂移和高共模抑制比等优良特性，因而非常适用于要求直流特性比较高的应用领域，是桥式电路信号测量的理想器件，设计时可以将桥路信号直接与AD8221的输入端相连。AD8221可广泛用于高精度数据采集、生物医学信号分析和航空航天仪器系统中。

3.2.5 电桥电路

在生理参数的测量电路中，惠斯顿电桥占有很重要的地位。电阻式、电感式和电容式传感器都用电桥电路把由生理量引起的阻抗变化造成的电桥不平衡状态转换成电压变化，再经放大和处理后，进行显示和记录。图3-11示出了惠斯顿电桥的电路和等效电路，在无输入量时，桥路4臂具有相同的阻抗Z，电桥负载Z_L通常是高输入阻抗放大器的输入阻抗，满足$Z_L \gg Z$。分析时把Z_L看做无穷大是合理且方便的，应用戴维南定理可得等效电路参数，电桥等效输出阻抗为

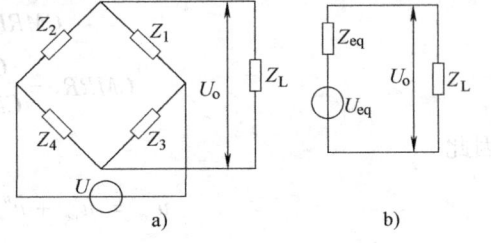

图3-11 惠斯顿电桥电路及等效电路
a) 电路　b) 等效电路

$$Z_{eq} = \frac{Z_1 Z_2}{Z_1 + Z_2} + \frac{Z_3 Z_4}{Z_3 + Z_4} \quad (3-27)$$

电桥等效输出电压为

$$U_{eq} = U\left(\frac{Z_1}{Z_1 + Z_2} - \frac{Z_3}{Z_3 + Z_4}\right) \quad (3-28)$$

式中　U——电桥供电电压。

显然在无输入量的初始状态时，$Z_1/Z_2 = Z_3/Z_4$为电桥的平衡状态，此时有$u_{eq} = 0$。

如果有一个桥臂的阻抗变化了ΔZ，则电桥失衡，输出电压将不为0。如果在一个桥臂上接入电阻传感器，则成为典型的惠斯顿电桥；如果在两个相邻桥臂上各接入一个相同的换能器，而且在输入参量的作用下，它们的阻抗变化总是大小相等，符号相反，如$\Delta R_1 = -\Delta R_2$，则称为"半桥"工作状态。如果用4个相同的电阻变换器接成"全桥"工作方式，应该使对臂阻抗变化相等，邻臂阻抗变化相反。

典型惠斯顿电桥的输出电压为 $U_{eq} = \frac{1}{4}U\left(\frac{\Delta R}{R}\right)$，半桥的系数为 $\frac{1}{2}$，全桥为1。由图3-11可得

$$U_o = \frac{U_{eq}Z_L}{Z_{eq} + Z_L} \quad (3-29)$$

式中 Z_{eq}——电桥的等效输出阻抗。

在满足 $\Delta R/R \ll 1$ 和 $Z_L \gg R$ 两个条件时，式(3-28)表示了负载上的输出电压也正比于桥臂阻抗的相对变化值。

实际电桥电路中，初始电阻值难以做到4臂相等。为了达到初始平衡状态或使仪器实现零输入-零输出状态，可以使用图3-12所示的电桥平衡电路。其中图3-12a是直流电桥平衡电路，图3-12b是交流电桥平衡电路，后者至少应该有两个调节电桥平衡的元件。在电桥平衡电路中，跨接的电位器 RP、RP_1 和 RP_2 的阻值均应大于 10Ω，r 约为 25Ω。调节电位器，可达到电桥的幅度平衡和相角平衡。

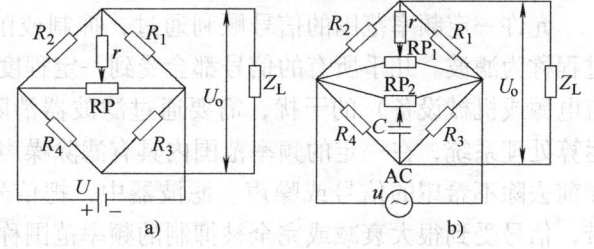

图3-12 电桥平衡电路

全桥和半桥工作的测量电路都具有温度补偿作用。在恒流源工作时补偿作用更完全，同时能相当好地减小非线性误差。对非粘贴型应变式换能器，可通过受感臂串联或并联适当的热敏电阻实现温度补偿。对粘贴型应变片则应考虑结构材料和应变片敏感栅的线膨胀温度系数及电阻温度系数，使之与应变系数相适配。

3.2.6 隔离放大器

隔离放大器可应用于高共模电压环境下的小信号测量。通过使用磁、光或电容等耦合技术，可将信号发生源与测量设备的输入端隔离，除了切断接地回路之外，也阻隔了高电压浪涌以及较高的共模电压，同时保护电子仪器设备和人身安全。隔离放大器按耦合方式的不同，可以分为变压器电磁耦合、电容耦合和光电耦合3种。

采用变压器耦合的隔离放大器有：TI公司的ISO 212、3656；AD公司（Analog Devices公司）的AD202、AD204、AD210、AD215。

采用电容耦合的隔离放大器有：TI公司的ISO102、ISO103、ISO106、ISO107、ISO113、ISO120、ISO121、ISO122、ISO175。

采用光电耦合的隔离放大器有：BB公司的ISO100、ISO130、3650、3652。

使用光电隔离放大器应该注意的问题：

1）放大器前、后级之间不能有任何电的连接，不能共用电源，地线也不能接在一起。

2）光耦合器中的发光二极管的工作电流极限值通常为30mA，因此光电隔离放大器的设计主要是设置光耦合器的工作电流范围。

电磁耦合实现载波调制，具有较高的线性度和隔离性能，其共模抑制比高，技术较成熟，但带宽窄，约为1kHz以下，且体积大、工艺复杂、成本高、应用不方便。光耦合器具有体积小、使用寿命长、工作温度范围宽、抗干扰性能强、无触点且输入与输出在电气上完

全隔离等特点，因而在各种电子设备的隔离电路、负载接口及各种家用电器等电路中得到广泛应用。光耦合器是以光为媒介传输信号的一种电-光-电转换器件。它由发光源和受光器两部分组成，把发光源和受光器组装在同一密闭的壳体内，彼此间用透明绝缘体隔离。发光源的引脚为输入端，受光器的引脚为输出端，常见的发光源为发光二极管，常见的受光器为光敏二极管、光敏晶体管等。光耦合器的种类较多，常见有光敏二极管型、光敏晶体管型、光敏电阻型、光控晶闸管型、光电达林顿型、集成电路型等。

3.3 滤波电路

允许一定频率范围的信号顺利通过，抑制或削弱（即滤除）那些不需要的频率分量的过程称为滤波。几乎所有的信号都会受到一定程度的噪声影响，如50Hz或60Hz（来自于交流电源或机械设备）的干扰，需要通过滤波器消除。滤波器是具有频率选择作用的电路或运算处理系统，在一定的频率范围内具有滤除噪声和分离各种不同信号的功能，或在信号采样前去除不希望的信号或噪声。滤波器中，把信号能够通过的频率范围，称为通频带或通带，信号受到很大衰减或完全被抑制的频率范围称为阻带。通带和阻带之间的分界频率称为截止频率。理想滤波器在通带内的电压增益为常数，在阻带内的电压增益为零，实际滤波器的通带和阻带之间存在一定的过渡带。

3.3.1 滤波器的分类

1）按所处理的信号不同，滤波器分为模拟滤波器和数字滤波器两种。
2）按所通过信号的频段不同，滤波器分为低通、高通、带通和带阻滤波器4种。
低通滤波器：允许信号中的低频或直流分量通过，抑制高频分量的干扰和噪声。
高通滤波器：允许信号中的高频分量通过，抑制低频或直流分量。
带通滤波器：允许一定频段的信号通过，抑制低于或高于该频段的信号、干扰和噪声。
带阻滤波器：抑制一定频段内的信号，允许该频段以外的信号通过。
3）按所采用的元器件不同，滤波器可分为无源和有源滤波器两种。

完全由电阻、电容、电感（R、L、C）构成的滤波器称为无源滤波器，它是利用电容和电感元件的电抗随频率的变化而变化的原理构成的。无源滤波器优点是：电路比较简单，不需要直流电源供电，可靠性高。缺点是：通带内的信号有能量损耗，负载效应比较明显。RC无源滤波器的频率选择特性较差，一般只用作低性能的滤波器。LC无源滤波器具有良好的频率选择特性，并且信号能量损耗小、噪声低、灵敏度低，曾广泛应用于通信及电子测量仪器领域。在低频域使用时电感的体积和重量较大，在低频及超低频范围品质因数低（即频率选择性差），不便于集成化，现在一般医学电子仪器中应用不多。由于电感元件体积笨重而昂贵，并且不易集成，人们自然希望实现无感滤波器。

电感和电容都是不损耗能量的元件，它们能在一个周期的某个部分存储能量，而在这个周期的其余部分释放出来。由电源提供的放大器能做同样的工作，放大器可以从它的供电电源中获取能量，然后将能量注入周期的电路中去以补偿在电阻中损耗掉的能量，它可以产生并释放出比被电阻实际吸收的能量更多的能量。正因为如此才将放大器说成是有源器件，而使用了放大器的滤波器称为有源滤波器。这种滤波器为运算放大器的应用提供了最为丰富的领域之一。

电路中包含运算放大器的滤波器称为有源滤波器。RC 无源滤波器特性不够理想的根本原因是电阻元件对信号功率的消耗,如在电路中引入具有能量放大作用的有源器件,如晶体管、运算放大器等,补偿损失的能量,可使 RC 网络像 LC 网络一样,获得良好的频率选择特性。通常由无源元件(一般用 R 和 C)和有源器件(如集成运算放大器)组成的滤波器称为 RC 有源滤波器。优点主要是:通带内的信号不仅没有能量损耗,而且还可以放大,负载效应不明显,多级相联时相互影响很小,利用简单的级联方法很容易构成高阶滤波器,并且滤波器的体积小、重量轻、不需要磁屏蔽(因为不使用电感元件)。缺点包括:通带范围受有源器件(如集成运算放大器)的带宽限制,而且需要直流电源供电,可靠性不如无源滤波器高,在高压、高频、大功率的场合不适用。

有源滤波器只能在运算放大器正常工作的范围内起作用,最常见的运算放大器限制是随频率而滚降的开环增益,因此一般将有源滤波器应用限制到兆赫以下范围,这包括了音频和仪器仪表的应用范围,而电感由于太笨重而无法与可利用的小型化 IC 相匹敌。超出运算放大器能到达的频率时,电感还是占优势,所以高频滤波器仍然还是用 RLC 元件实现的。在这些滤波器中,由于电感和电容值随工作频率范围的上升而下降,所以电感的尺寸和重量更便于处置。

4)按微分方程或传递函数的阶数不同,滤波器可分为一阶滤波器、二阶滤波器或高阶滤波器等。

3.3.2 滤波器的主要特性指标

1. 特征频率

(1)通带截止频率 f_p。f_p 为通带与过渡带边界点的频率,在该点信号增益下降到一个规定的下限。

(2)阻带截止频率 f_r。f_r 为阻带与过渡带边界点的频率,在该点信号衰耗(增益的倒数)下降到一个规定的下限。

(3)转折频率 f_c。f_c 为信号功率衰减到 1/2(约 3dB)时的频率,在很多情况下,常以 f_c 作为通带或阻带截止频率。

(4)固有频率 f_0。f_0 为电路没有损耗时,滤波器的谐振频率,复杂电路往往有多个固有频率。

2. 增益与衰耗

滤波器在通带内的增益并非常数。

1)对低通滤波器通带增益 A_p 一般指 $\omega=0$ 时的增益;高通滤波器通带增益指 $\omega \to \infty$ 时的增益;带通滤波器通带增益则指中心频率处的增益。

2)对带阻滤波器,应给出阻带衰耗,衰耗定义为增益的倒数。

3)通带增益变化量 ΔA_p 指通带内各点增益的最大变化量,如果 ΔA_p 以 dB 为单位,则指增益 dB 值的变化量。

3. 阻尼系数 α 与品质因数 Q

阻尼系数 α 是表征滤波器对角频率为 ω_0 信号的阻尼作用,是滤波器中表示能量衰耗的一项指标。阻尼系数的倒数 $1/\alpha$ 称为品质因数 Q,是评价带通与带阻滤波器频率选择特性的一个重要指标，$Q = \omega_0/\Delta\omega$。式中的 $\Delta\omega$ 为带通或带阻滤波器的 3dB 带宽，ω_0 为中心频率，在很多情况下中心频率与固有频率相等。

4. 灵敏度

滤波电路由许多元件构成，每个元件参数值的变化都会影响滤波器的性能。滤波器某一性能指标 y 对某一元件参数 x 变化的灵敏度记为 S，定义为：$S = (\mathrm{d}y/y)/(\mathrm{d}x/x)$。

该灵敏度与测量仪器或电路系统灵敏度不是一个概念，该灵敏度越小，标志着电路容错能力越强，稳定性也越高。

5. 群时延函数

当滤波器幅频特性满足设计要求时，为保证输出信号失真度不超过允许范围，对其相频特性 $\varphi(\omega)$ 也应提出一定要求。在滤波器设计中，常用群时延函数 $\mathrm{d}\varphi(\omega)/\mathrm{d}\omega$ 评价信号经滤波后相位失真程度。群时延函数 $\mathrm{d}\varphi(\omega)/\mathrm{d}\omega$ 越接近常数，信号相位失真越小。

理想滤波器要求幅频特性 $A(\omega)$ 在通带内为一常数，在阻带内为零，没有过渡带，还要求群延时函数在通带内为一常量，这实际上是无法实现的。因此工程实践中往往选择适当逼近的方法，实现对理想滤波器的最佳逼近。高阶滤波器的传递函数可以由多个二阶函数（n 为偶数）或一个一阶函数和多个二阶函数（n 为奇数）乘积求得。所以二阶滤波器为基本滤波器。

仪器系统中常用 3 种逼近方法：巴特沃斯逼近法、切比雪夫逼近法、贝塞尔逼近法。巴特沃斯逼近法的基本原则是使幅频特性在通带内最为平坦，并且单调变化。切比雪夫逼近法的基本原则是允许通带内有一定的波动量 ΔA_p。贝塞尔逼近与前两种不同，它主要侧重于相频特性，其基本原则是使通带内相频特性线性度最高，群时延函数最接近于常量，从而使相频特性引起的相位失真最小。

3.3.3　RC 有源滤波电路

RC 滤波器电路简单、抗干扰性强、有较好的低频性能，并且选用的标准阻容元件容易获得，所以在实际电路中最经常用到的滤波器是 RC 滤波器。对于无源 RC 滤波电路来说，输出频率特性受后级电路输入阻抗影响很大，电路的频率性质不稳定。当高、低通两级串联时，应消除两级耦合时的相互影响，因为后一级成为前一级的"负载"，而前一级又是后一级的信号源内阻。实际上两级间常用射极输出器或者用运算放大器进行隔离，所以实际的滤波器常常是有源的。

RC 有源滤波电路具有良好的性能：体积小，品质因数 Q 值可达 1000；有源滤波电路中可加电压串联负反馈，使输入电阻高、输出电阻低，输入/输出之间具有良好的隔离，只需把几个低阶滤波电路串起来就可构成高阶滤波电路，无需考虑级间影响。因此工程上大多采用 RC 有源滤波电路。但是有源滤波电路不适于用在高频、高电压、大电流情况下使用，而且可靠性较差，使用时需外接直流电源。

有源器件是有源滤波电路的核心，其性能对滤波器特性有很大影响。有源滤波电路均采用运算放大器作有源器件，被认为具有无限大的增益，其开环增益在传递函数中没有体现，实际应用时应考虑以下两个方面：①器件特性不理想，如单位增益带宽太窄，开环增益过低或不稳定，这些将会改变其传递函数性质，一般情况下会限制有用信号频率上限；②有源器件会不可避免地引入噪声，降低信噪比，从而限制有用信号幅值下限；③有时还应考虑运算放大器的输出阻抗。所以，有源器件的选择首先应该按照信号带宽范围，选择具有足够单位增益带宽的器件，其次按照信号幅值范围和信噪比要求，选择噪声足够低的器件。

目前受有源器件自身带宽的限制，有源滤波器只能应用于较低的频率范围，但对于多数医用电子仪器来说，已基本能够满足使用要求。随着集成电路制造工艺的进步，这些限制也会不断得到改善。如果特性要求比较高，考虑元件参数误差，可采取如下措施：批量较大可采用定制的精密电阻与电容；批量较小可在装配之前对各元件值进行测试与选配；单件制造时可设置调整环节，装配之后对电路进行测试与调整。

3.3.4 几款常用的滤波器设计软件

1. Filter Solutions

该软件由 Nuhertz 公司出品。Nuhertz 公司是滤波器设计软件的行业领军企业。该软件的功能非常齐全，值得一提的是，Filter Solutions 绘制的曲线可以与 Protel 相媲美，可以选择用 Filter WizPro 设计滤波器，但是使用 Filter Solutions 的曲线，通常是拿来就能用的。

2. Filter Wiz Pro

该软件由 Schematica 公司出品，是一款很适合用来做分立元器件滤波器设计的软件，功能非常齐全，基本能想到的问题都可以通过该软件解决，但是不注册的话对极点数和阻值作了一定的限制。

3. FilterCAD

该软件由 Linear 公司出品，是一款在集成滤波器设计中应用非常广的软件，免费使用，无限制。该软件提供设计向导，可方便快速地设计集成滤波器，具有相频、幅频和群延迟曲线，频率轴可选择线性和对数两种模式。在 Linear Technology 网站可免费下载该软件，读者可自行搜索。

4. FilterLab

该软件由 Microchip 公司出品，免费使用，无限制，缺点是只有相频和幅频曲线。Microchip 网站主页有该软件免费下载，读者可自行下载。

5. FilterPro

该软件由 TI 公司出品，该软件的口碑一直很不错。

6. Webench

该软件 NS 公司的网上滤波器设计软件，使用时根据指导在每步输入参数和要求即可。

3.3.5 有源滤波器集成电路

目前电子市场上已有多种有源滤波器集成电路，例如美国 MAXIM 公司的 MAX274/275、MAX26X 系列（引脚可编程的通用及带通滤波器）；BB 公司的 UAF42 有源滤波器；美国 LTC（linear Technology Corp）公司的 LTC1562 等。以 MAX275 为例，它是美国 MAXIM 公司生产的通用型有源滤波器，内含两个独立的二阶有源滤波电路，可分别同时进行低通和带通滤波，也可通过级联实现 4 阶有源滤波，中心频率/截止频率可达 300kHz。MAX275 不需要时钟电路，能广泛应用于各种精密测试设备、通信设备、医疗仪器和数据采集系统。

3.4 典型电源电路

电子设备都需要供电，其电能来源于发电厂提供的交流电，这些交流电通过电源设备变换为直流电，这种变换称为 AC/DC。但是，有时这种直流电源不符合要求，仍需要变换为纹波更低的直流电源，称为 DC/DC 变换。电源分两种：一种是线性电源，另一种是开关电源。线性电源是指功率调整管工作在线性放大区的直流稳压电源，交流电经工频变压器降压之后，再经过整流、滤波和线性稳压，最后输出一个纹波电压和稳压性能均符合要求的直流电压。典型直流电源的工作原理框图如图 3-13 所示。

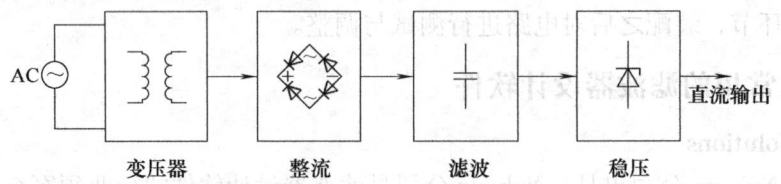

图 3-13 典型直流电源的工作原理框图

线性电源需要工频变压器，将 AC 220V 变换成低压，经过全桥的整流，和大电容的滤波，成为脉动的直流，再经过三端稳压器，输出直流电压。线性电源经过长时间的发展，技术已经很成熟，具有很多优点，如输出纹波电压小、瞬态响应速度快、没有高频干扰、电路简单便于维修等。线性稳压电源的调整元件工作于线性放大区，通过的电流是连续的，功耗很大，变换效率通常只有 35%，需要加体积庞大的散热片，而且还需要同样也是大体积的工频变压器。输出端还需要大的电解电容滤波，注意这时要选用足够大的电容量和耐压值的电解电容。电容量不够，整流输出的电压和输出电压的压差不够，输出电压会有纹波，单片机系统工作会出现异常。

开关电源是指利用功率半导体器件使变压器工作在高频开关状态（饱和导通或截止），利用 L、C 储能并通过 PWM（脉宽调制）控制获得需要的电压的装置。220V 交流电经过整流滤波电路，变成直流电压，再由功率开关管 VT 斩波成高频交流方波，然后经高频变压器 T 降压，得到高频矩形波低电压，最后通过整流滤波后获得所需要的直流输出电压。PWM 控制器能产生频率固定而脉冲宽度可调的驱动信号，控制功率开关管的通、断状态，进而调节输出电压的高低。

开关电源去除了工频变压器，代之以几十千赫兹、几百千赫兹甚至数兆赫兹的高频变压器，由于调整管工作于开关状态，功耗小、效率高（可达 80%～90%）。因此开关稳压电源体积小、重量轻。但由于电路负载、高频元器件价格高，因此成本较高，且输出纹波噪声电压较高，动态响应较差。

开关电源的调整管工作在饱和和截止状态，因而发热量小，而且省掉了大体积的变压器。但开关电源输出的直流上面会叠加较大的纹波（对于 5V 输出的典型值为 50mV），在输出端并接稳压二极管可以改善，另外由于开关管工作时会产生很大的尖峰脉冲干扰，也需要在电路中串联磁珠加以改善。相对而言线性电源就没有以上缺陷，它的纹波可以做的很小（5mV 以下）。对于电源效率和安装体积有要求的地方用开关电源为佳，对于电磁干扰和电源纯净性有要求的地方（如电容漏电检测）多选用线性电源。另外，当电路中需要作隔离的时候现在多用 DC/DC 来对隔离部分供电（DC/DC 从其工作原理上来说就是开关电源）。还有，开关电源中用到的高频变压器可能绕制起来比较麻烦。开关电源的主要优点是体积小、质量轻（体积和质量只有线性电源的 20%～30%）、效率高（一般为 80%～90%，而线性电源只有 30%～40%）、自身抗干扰性强、输出电压范围宽、模块化。开关电源的主要缺点是由于逆变电路中会产生高频电压，对周围设备有一定的干扰，需要良好的屏蔽及接地。

传统的线性稳压器，如78××系列的芯片都要求输入电压要比输出电压高出2~3V以上，否则就不能正常工作。78××系列的芯片做得比较多而好的是NS的LM780××和摩托罗拉公司MC780××等2大系列。78系列是高压差的稳压芯片，现在有低压差的稳压芯片，有LM2930、LM2937、LM2940C、LM2990等4个系列。低压降线性调节器（LDO）稳压器通常使用功率晶体管作为PNP。这种晶体管允许饱和，所以稳压器可以有一个非常低的压降电压，通常为200 mV左右。在选择LDO时，需要考虑的基本问题包括输入电压范围、预期输出电压、负载电流范围以及其封装的功耗能力。目前微芯公司生产的MCP1701系列与安森美公司的NCP1117系列LDO应用较多。高压差芯片的特点是可提供较大的电流，可以达到1~2A，因此一般在电源电路的前端使用高压差芯片，以保证仪器电路能量的供应。低压差芯片的特点正好相反，能提供的电流值不大，最大可到300mA，但电压的稳定性好。

在医学电子电源设计中，采用工频电源供电时通常先通过AC/DC电路得到需要的直流电压，再通过DC/DC隔离应用部分或是降低电源纹波，之后通过LDO输出稳定的电压为模拟电路供电，当整个电路中需要负电压电源时通常通过电荷泵产生负压。

电荷泵也称为开关电容式电压变换器，是一种利用所谓的"快速"或"泵送"电容来储能的DC/DC变换器。它们能使输入电压升高或降低，也可以用于产生负电压。其内部的FET开关阵列以一定方式控制快速电容器的充电和放电，从而使输入电压以一定因数（0.5，2或3）倍增或降低，从而得到所需要的输出电压。电荷泵一般用在DC/DC电源后，翻转负电源，给放大器提供反向电源。常用在模拟电路的运算放大器电源，常用芯片有安森美公司的NCP1729与TI公司的TPS60400等。

仪器中常用的典型电源电路结构如图3-14所示。锂离子电池作为一种可重复充电使用的电池在现代的电子设备中得到了广泛应用，它的标称电压是3.7V，充电终止电压4.2V。锂聚合物电池是其升级版本，比锂离子电池更轻，能量密度更高。这两类可充电的锂电池性能优异，放电平稳，没有记忆效应，且电压与剩余容量基本呈线性关系，电能计量非常方便；根据放电曲线进行修正后，甚至可以对剩余工作时间进行准确的倒计时；自放电小，一次充满后可以较长期储存（2年以上），也适合低功耗系统小电流长期工作。缺点是严禁过充、过放电，一旦充电超过4.2V或者放电低于3.6V，都可能会永久性损坏锂电池或者造成容量下降。锂电池的充电管理使用专门的电源管理芯片，几家大的模拟器件生产厂商都有很多型号的电源管理芯片可供选用。电源管理芯片的功能是保证合适的充电模式，都集成充电、充电状态指示和充电截止等功能于一体，将电池充电分为3个阶段：恒流（Constant Current，CC）阶段、恒压（Constant Voltage，CV）阶段、涓流。刚开始电源管理芯片采用恒流模式对电池进行大电流充电，当电池电压接近电池端调制电压时，充电电流逐渐减小，进入恒压充电模式，电池基本充满时使用很小的电流（涓流，基本维持在几毫安）充电。上面的充电过程都由电源管理芯片自动完成，电源管理芯片采集电池的电量状态，并根据电量状态决定充电模式，完全不用人工的参与，使

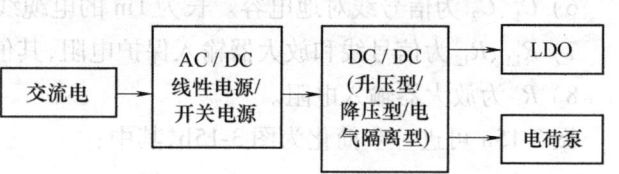

图3-14 医学仪器中常用的电源结构图

用很方便。

干电池的电路结构与图 3-14 的结构类似，只是少了前面的 AC/DC 部分。电池类供电的一个特点是完全没有纹波，这是再好的交流供电也做不到的。

3.5 生物电放大器前置级原理

对人体电信号进行测量时，通常要求在若干个测量点中对任意两点间的电位差做多种组合测量，即对两点间的电位差进行放大，因此生物电放大器前置级通常采用差动电路结构。本节根据生物电信号的特点以及通过生物电极的提取方式，对生物电放大器前置级提出下述性能指标要求。各项要求的实际数值范围，由所测量的参数确定。

3.5.1 高输入阻抗

生物电信号源本身是高内阻的微弱信号源，通过电极提取又呈现出不稳定的高内阻源性质。信号源阻抗不仅因人及生理状态而异，而且在测量时，与电极的安放位置、电极本身的物理状态都有密切关系。源阻抗的不稳定性，将使放大器电压增益不稳定，从而造成难以修正的测量误差。理论上源阻抗是信号频率的函数，电极阻抗也是频率的函数，变化规律都是随频率的增加而下降。若放大器输入阻抗不够高（与源阻抗相比），则会造成信号低频分量的幅度减小，产生失真。电极阻抗还随电极中电流密度的大小而变化。小面积电极（如脑电测量的头皮电极、眼点的接触电极）在信号幅度变化时，电极电流密度变化比较明显，相应电极阻抗会随信号幅度的变化而不同，即低幅度信号的电流密度小，电极阻抗大。在人体运动的情况下，电极和皮肤接触压力有变化，并使人体组织液和导电膏中的离子浓度发生变化，导致电极阻抗产生很大的变化，同时造成电极极化电压的不等。这种变化相对于微弱的生物电信号来说，会在放大器输出端产生极大的干扰。即使不是动态测量，这种变化也是存在的，但影响程度相对较小。

图 3-15 中包括电极系统的信号源和差动放大器输入回路的等效电路。图中各符号定义和数值范围如下：

1) U_s 为生物电压信号。
2) R_{T1}、R_{T2} 为人体电阻，其值为数十欧至数百欧。
3) R_{s1}、R_{s2} 为电极与皮肤接触电阻，其值为数千欧至 $150k\Omega$。它与皮肤的干湿、清洁程度以及皮肤角质层的厚薄有关。
4) E_1、E_2 为电极极化电位，其值为数毫伏至数百毫伏。
5) C_{s1}、C_{s2} 为电极与皮肤之间的分布电容，其值为数皮法至数十皮法。
6) C_1、C_2 为信号线对地电容。长为 1m 的电缆线的对地电容约为数十 pF。
7) R_{L1}、R_{L2} 为信号线和放大器输入保护电阻，其值通常小于 $30k\Omega$。
8) R_i 为放大器输入电阻。

图 3-15a 可进一步简化为图 3-15b，其中：

$$Z_{s1} = R_{T1} + \frac{R_{s1}}{1 + j\omega R_{s1} C_{s1}} + R_{L1} \approx R_{T1} + R_{s1} + R_{L1} \tag{3-30}$$

$$Z_{s2} = R_{T2} + \frac{R_{s2}}{1 + j\omega R_{s2}C_{s2}} + R_{L2} \approx R_{T2} + R_{s2} + R_{L2}$$

粗略估计,与放大器输入端相连接的信号源内阻为 100 kΩ,这样放大器的输入阻抗应至少大于 1MΩ。如果设计的放大器输入阻抗为 10MΩ,信号源内阻与放大器输入阻抗相比为 1/100,则上述各种因素造成的失真和误差均可减小到忽略不计。

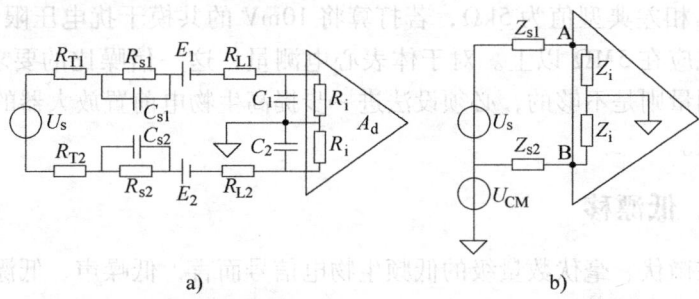

图 3-15 生物电放大器的输入回路

例如放大器差模增益为 A_d,输出电压为 U_o,由图 3-15b 得到

$$U_o = U_s \frac{2Z_i}{Z_{s1} + Z_{s2} + 2Z_i} A_d \tag{3-31}$$

假设 $Z_{s1} = Z_{s2} = Z_s$,且 $Z_s \ll Z_i$,并令 $A'_d = U_o/U_s$,A'_d 表示对生物信号 U_s 的电压增益,则

$$A'_d = A_d \frac{Z_i}{Z_s + Z_i} \tag{3-32}$$

如果 Z_s 的值在 2~150kΩ 范围变化,在 $Z_i = 1$MΩ 时,由式(3-31)得到 A'_d 的不稳定性变动为 $\Delta A'_d/A'_d = 12.8\%$;而在 $Z_i = 5$MΩ 时,A'_d 的不稳定性变动下降为 2.8%。通常要求心电放大器的输入阻抗大于 1MΩ,脑电测量放大器的输入阻抗大于 5MΩ。

3.5.2 高共模抑制比

为了抑制人体所携带的工频干扰以及所测量的参数外的其他生理作用的干扰,需选用差动放大形式,因此 CMRR 值是放大器的主要技术指标。生物电放大器的 CMRR 值一般要求为 60~80dB,高性能放大器的 CMRR 达 100dB,这说明对于 100mV 的共模干扰和 0.1μV 的差模干扰具有相同的输出。

值得注意的是,放大器的实际共模抑制能力受电极系统的影响。通过两个电极提取生物电位时,等效源阻抗和一般不完全相等,其数值大小与人体汗腺分泌情况、皮肤清洁程度有关。各个电极处的皮肤接触电阻是不平衡的,而且因人而异,加之两个电极本身的物理状态不可能完全对称,这样使得与差动放大器两个输入端相连的源阻抗 Z_{s1} 和 Z_{s2} 实际变得十分复杂,其不平衡是绝对的。这种不平衡造成的危害,是共模干扰向差模干扰的转化,放大器本身的共模干扰抑制能力再高也无济于事。但是,提高放大器的输入阻抗,则会减小这种转化。如图 3-15 所示,设 U_{CM} 为共模干扰电压,则放大器输入端 A、B 两点的电压分别为

$$U_A = U_{CM} \frac{Z_i}{Z_i + Z_{s1}}, U_B = U_{CM} \frac{Z_i}{Z_i + Z_{s2}}$$

共模电压转化为差模电压 $U_A - U_B$

$$U_A - U_B = U_{CM} Z_i \left(\frac{1}{Z_i + Z_{s1}} - \frac{1}{Z_i + Z_{s2}} \right) \tag{3-33}$$

通常 $Z_i \gg Z_{s1}(Z_{s2})$，所以

$$U_A - U_B \approx U_{CM} \frac{Z_{s2} - Z_{s1}}{Z_i} \tag{3-34}$$

如果 Z_{s1} 和 Z_{s2} 相差典型值为 $5k\Omega$，若打算将 $10mV$ 的共模干扰电压限制在 $10\mu V$ 以下，则放大器输入阻抗应在 $5M\Omega$ 以上。对于体表心电测量，这一信噪比的要求是能够满足的，但对自发脑电的测量则是不够的，必须设法进一步提高生物电前置放大器的输入阻抗，或降低共模干扰电压值。

3.5.3 低噪声、低漂移

对于幅度仅在微伏、毫伏数量级的低频生物电信号而言，低噪声、低漂移是生物电前置放大器的重要要求。高阻抗源本身就带来相当可观的热噪声，输入信号的质量较差。所以，为了获得一定信噪比的输出信号，人们对放大器的低噪声性能有严格的要求。理想的生物电放大器，能够抑制外界干扰使其减弱到和放大器的固有噪声为同一数量级，这样放大器内部噪声实际上使放大器能够放大的信号具有一个下限。也就是说，放大器的噪声水平成为放大器设计的限制性条件。放大器的低噪声性能主要取决于前置级，正确设计放大器的增益分配，在前置级的噪声系数较小时，可以获得良好的低噪声性能。前置级的低噪声设计，是整个放大器设计的主要任务。除了按照低噪声设计的原则正确进行设计以外，常采用严格的装配工艺，对前置级电路加以特殊的保护。

除了肌电和神经动作电位外，绝大多数的生物电信号都具有十分低的频率成分，可以低到 1Hz 以下。但通常采用的直流放大器的零点漂移现象限制了直流放大器的输入范围，使得微弱的缓变信号无法被放大，尤其在进行较长时间的记录、观察、监护时，基线漂移对测量带来严重的影响，常使测量不能正常进行。因此对放大器的零点漂移的限制措施应认真加以研究。采用差动输入电路形式利用了电路的对称结构并对元器件参数进行严格挑选，所以能有效地抑制放大器的温度变化造成的零点漂移。

为了放大微伏级的直流信号，还用到调制式直流放大器，它把直流信号转变成交流信号，利用交流放大电路各级零点漂移不会逐级放大的基本思路进行设计，能够有效地改善直流放大器的低漂移性能。

在生物电实际测量中，为了能够在一接通电源就进入正常的工作状态，或者在当放大器转换导联时发生瞬时过载的情况下，能够把输出显示的基线迅速归零，还需在前置级设置复零电路，以保证测量连续进行。

3.5.4 设置保护电路

用于生物医学测量的生物电放大器应在前置级设置保护电路，包括人体安全保护电路和放大器输入保护电路。任何出现在放大器输入端的电流或电压，都可能影响生物电位，使人体受到电击。保护电路使通过电流保持在安全水平。在进行人体生物电测量时，应考虑到同时作用于人体的其他医学测量设备或可能存在的某种干扰对放大器的破坏作用。在前置级的输入回路设置保护电路，可以保证放大器的正常工作。另外，应设有快速校准电路，以便及

时地指示出被测信号的幅度。

3.6 噪声特性分析

噪声和干扰是电子仪器的大敌,它混在信号之中,会降低仪器的有效分辨力和灵敏度,使测量结果产生误差。在数字逻辑电路中,如果干扰信号的电平超过逻辑元件的噪声容限电平,则会使逻辑器件产生误动作,导致系统工作紊乱。噪声和干扰是不可避免的,尤其是在人体电信号通常很弱的情况下,如何提高电子仪器的抗干扰能力,保证测量结构的准确,是仪器设计中必须考虑的问题。

3.6.1 噪声与干扰的基本特性

干扰与噪声是两个不同性质的概念。一般来说,把那些来自信号外部、可以用屏蔽或接地的方法加以减弱或消除的影响称为"干扰";而把由于材料或器件内部的原因而产生的污染称为"噪声"。

干扰的特点是来自测试系统外部,因此一般可以通过屏蔽、滤波或电路元器件的合理布局,合理连接电源线和地线,正确布线等措施加以减弱或消除。

噪声是来自元器件内部的一种信号污染源。例如,任何处于绝对零度以上的导电体都会产生热噪声,因电子的随机运动会产生散粒噪声等。这些噪声的形态大多是由一些尖脉冲组成的,其幅度和相位都是随机的,因此常称为随机噪声。随机噪声的产生降低了传感器和仪器的分辨力,它混杂于信号之中,严重时甚至可以把有用信号淹没,给测量工作造成了巨大的困难。统计分析表明,随机噪声是一种前后独立的平稳随机过程,绝大多数随机噪声幅度的概率分布属正态(高斯)分布。

噪声电压或电流是随机的,噪声的随机过程不可能用一个确定的时间函数来描述,但它服从统计规律,可以用统计平均量来描述,能通过表示噪声过程的概率密度而得知噪声电压落在某一范围内的概率。生物医学测量系统中的主要噪声类型有3种:低频噪声、热噪声、散粒噪声。

1. 低频噪声

由于生物信号的频带范围大部分属于低频段和超低频段,所以低频噪声是造成生物信号提取过程中的主要障碍。测试系统中,低频噪声是普遍存在的。凡两种材料之间不完全接触、形成起伏的电导率便产生低频噪声。它发生在两个导体连接的地方,如开关、继电器或晶体管、二极管的不良接触,以及电流流过合成碳质电阻的不连续介质等。各有源器件在制作工艺过程中,材料表面特性及半导体器件中结点中的缺陷等,是低频噪声的主要成因。分立元器件的低频噪声可以通过改善元器件制作工艺得到明显的降低。由于设计上的限制,集成运算放大器件的低频噪声常常远高于分立元器件。低频噪声不仅存在于晶体管、运算放大器件和电阻中,也存在于热敏电阻和光源中。甚至生物体膜电位的起伏过程中也有低频噪声的存在。关于低频噪声的产生机理,至今尚缺乏合适的理论和解释。

低频噪声功率谱密度服从$1/f^a$规律,f为频率,a是取值范围为$0.8 \sim 1.3$的常数,通常取$a=1$。低频噪声的噪声电压随频率的降低而增加。低频噪声的功率谱密度$S(f)$是频率的函数,即

$$S(f) = \frac{K}{f} \tag{3-35}$$

K 为 $f=1\text{Hz}$ 时的谱密度值,是由具体器件决定的常数。由 $f_1 \sim f_2$ 带宽内噪声的平均功率得到相应频段内噪声电压方均值为

$$U_f^2 = \int_{f_1}^{f_2} S(f)\,\mathrm{d}f = \int_{f_1}^{f_2} \frac{K}{f}\mathrm{d}f = K\ln\frac{f_2}{f_1} \tag{3-36}$$

例 3-2 已知某低频噪声过程在 1Hz 上的,谱密度为 $5 \times 10^{-10}\text{V}^2/\text{Hz}$。求 $100 \sim 200\text{Hz}$ 范围内的低频噪声电压方均值 U_f^2。

解 $U_f^2 = K\ln\dfrac{f_2}{f_1} = 5 \times 10^{-10} \times \ln 2\,\text{V}^2 = 3.47 \times 10^{-10}\,\text{V}^2$

同理可知,$200 \sim 400\text{Hz}$ 频段的低频噪声电压方均值也是 $3.47 \times 10^{-10}\text{V}^2$。即低频噪声电压取决于 f_2 和 f_1 的比值,频率比值相同,则低频噪声电压方均值相同。

2. 热噪声

热噪声是由导体中载流子的随机热运动引起的。任何处于绝对零度以上的导体中,电子都在作随机热运动。每个电子携带 $1.6 \times 10^{-19}\text{C}$ 的电荷,因此电子的随机热运动表现出导体中电流的波动。长时间看来,这些波动产生的电流平均值为零,但在每一瞬间并不为零,而是在平均值上、下取值,所以会在导体两端产生压降形成噪声电压。1927 年约翰逊首先在实验中观察到导体中热噪声电压的存在,1928 年奈奎斯特进行了理论分析。热噪声又常常称为约翰逊噪声或奈奎斯特噪声。已经证明,电阻 R 中的热噪声电压方均值为

$$U_f^2 = 4kTR\Delta f \tag{3-37}$$

式中 k——玻尔兹曼常数,$k = 1.38 \times 10^{-23}\text{J/K}$;

T——绝对温度(K);

Δf——测量系统的频带宽度(Hz)。

热噪声的谱密度 $S(f)$ 为

$$S(f) = 4kTR \tag{3-38}$$

可见,热噪声的谱密度与工作频率 f 无关,属于白噪声。

式(3-36)为热噪声的基本计算公式。热噪声电压方均值与绝对温度成正比,温度越高,导体内自由电子的热运动越激烈,噪声电压就越高。降低温度,可以削弱热噪声。在微弱信号的低噪声电子设备中,常利用超低温技术来减小噪声。热噪声电压方均值还与工作频带成正比,与电阻阻值成正比。在保证信号不失真传递的条件下,应尽量减小系统的频带。提取信号的传感器电阻应尽可能小,避免增加额外的串联电阻。即使放大器能够实现完全没有噪声,信号源的内阻仍将产生热噪声。任何一个测量系统的分辨能力最终的限制将是热噪声。

热噪声的机理是普遍的,无源元件除电阻外,电容的介质损耗、电感的涡流损耗均能贡献热噪声,式(3-36)中的 R 不单是直流电阻,说应是复阻抗的实部。有源器件如晶体管中热噪声来源于晶体管的基区电阻,结型场效应晶体管的多数载流子在沟道中随机热运动形成热噪声,热噪声电压均方值都可用式(3-36)计算。

热噪声一般可以利用 $0.4R$ 估算,这里 R 的单位是 $\text{k}\Omega$,电压单位是 nV。例如,$100\text{k}\Omega$ 电阻产生大约 40nV 噪声。

3. 散粒噪声

在半导体器件中，载流子产生与消失的随机性，使得流动着的载流子数目发生波动，时多时少，由此而引起的电流瞬时涨落称为散粒噪声。散粒噪声电流的方均值为

$$I^2 = 2qI_{DC}\Delta f \qquad (3-39)$$

式中　　q——电子电荷，$q = 1.59 \times 10^{-19}\mathrm{C}$；

　　　　I_{DC}——器件的平均直流电流(A)；

　　　　Δf——测量系统的频带宽度。

散粒噪声属于白噪声，其谱密度为 $2qI_{DC}$。散粒噪声与流过半导体 PN 结位垒的电流有关，所以晶体管、二极管中都存在散粒噪声的电流噪声机构。在简单的导体中没有位垒，因此没有散粒噪声。

3.6.2　运算放大电路中的噪声分析

运算放大器的直流参数有输入失调电压、输入偏置电流、输入失调电流、开环放大倍数和倍率电阻，它们是形成零点漂移电压 e 和倍率系数变化 dk 的主要因素。图 3-16 是一个同相放大电路的等效电路。同相输入方式是生物电放大前置级最常采用的输入方式。下面来分析它的等效零点漂移和倍率变化。图中的符号的含义为：e_{io} 表示输入失调电压；I_{b1}、I_{b2} 表示输入偏置电流；R_1、R_2 表示倍率电阻；R 表示输入平衡电阻；R_i 表示放大器等效内阻；U_i 表示放大器的输入；U_o 表示放大器的输出；U_a、U_b 表示节点电压。平衡电阻 $R = R_1 // R_2$。

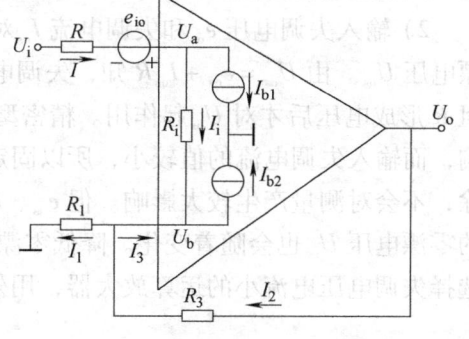

图 3-16　同相输入方式运算放大电路的等效电路

由图 3-16 可知：

$$U_i = IR - e_{io} + I_i R_i + I_1 R_1 \qquad (3-40)$$

由于

$$I = I_i + I_{b1}$$

$$I_i = \frac{U_a - U_b}{R_i} = \frac{U_o}{AR_i}$$

$$I = \frac{U_o}{AR_i} + I_{b1} \qquad (3-41)$$

$$I_1 = \frac{U_b}{R_1} = \frac{1}{R_1}(U_o - I_2 R_2) = \frac{1}{R_1}[U_o - (I_1 + I_3)R_2]$$

$$= \frac{1}{R_1}[U_o - I_1 R_2 - I_{b2} R_2 + I_i R_2]$$

$$I_1\left(1 + \frac{R_2}{R_1}\right) = \frac{U_o}{R_1} - \frac{R_2}{R_1}I_{b2} + \frac{U_o R_2}{AR_i R_1} \qquad (3-42)$$

式中　　A——放大器的开环放大倍数。

将式(3-40)和式(3-41)代入式(3-39)，并考虑到 $I_{io} = I_{b2} - I_{b1}$，$R = \dfrac{R_1 R_2}{R_1 + R_2}$ 和 $I_i R_i = \dfrac{U_o}{A}$

（其中 I_{io} 称为失调电流），得

$$U_i = \frac{R}{R_2}\left(2\frac{R_2}{AR_i} + \frac{R_2}{AR} + 1\right)U_o - RI_{os} - e_{os}$$

令 $U_{os} = I_{os}R + e_{os}$ 和 $\frac{1}{d} = 1 + \frac{R_2}{AR} + \frac{2R_2}{AR_i}$，则

$$U_o = \frac{R_2}{R}d(U_i + U_{os}) = \left(1 + \frac{R_2}{R_1}\right)d(U_i + U_{os}) \quad (3\text{-}43)$$

由式(3-42)可知：

1) 该放大器的放大倍数为 $(1+k)d$，系数 $d = \cfrac{1}{1 + \cfrac{1+k}{A} + \cfrac{2R_2}{AR_i}}$。当放大器的开环放大倍数 $A \gg (1+k)$，$R_i \gg R_2$ 时，系数 $d \to 1$，此时实际运算放大器的放大倍数接近理想运算放大器的放大倍数 $\left(1 + \cfrac{R_2}{R_1}\right)$。由于 A、R_i、R_1、R_2 都随温度的变化而变化，因此实际运算放大器的放大倍数还会随温度的变化而产生温度漂移。

2) 输入失调电压 e_{os} 和失调电流 I_{os} 对放大器输出的影响相当于在输入信号上加了一个零漂电压 U_{os}。由 $U_{os} = e_{os} + I_{os}R$ 知，失调电压 e_{os} 直接影响 U_{os} 的大小。而失调电流 I_{os} 是通过电阻 R 形成电压后才对 U_{os} 起作用。精密型运算放大器会有外部引脚来消除输入失调电压的影响，而输入失调电流的值较小，所以固定的输入失调电压和电流产生的误差电压可以基本消除，不会对测量产生较大影响。但 e_{os}、I_{os}、R_1 和 R_2 都是温度的函数，因此温度变化时等效的零漂电压 U_{os} 也会随着变化。降低零漂电压的方法有两个：一是控制温度变化范围，二是选择失调电压电流小的运算放大器，用外部调节的方法是不能减小零漂电压的。

3.7 抗干扰措施

干扰的来源有很多，性质也不一样。干扰窜入仪器的渠道主要有3个：

1) 空间电磁场。通过电磁波辐射窜入仪器，如雷电、无线电波等。

2) 传输通道。各种干扰通过仪器的输入/输出通道窜入，特别是长输出线受到的干扰更严重。

3) 配电系统。如来自市电的工频干扰，它可以通过电源变压器分布电容和各种电磁路径对电子仪器产生影响。各种开关、晶闸管的启闭，元器件的机械振动等都会对测量过程引起不同程度的干扰。

3.7.1 串模干扰及其抑制

1. 串模干扰

串模干扰是由外界条件引起的、叠加在被测电压上的干扰信号，并通过测量仪器的输入端，与被测信号一起进入测量仪器而引起测量误差。串模干扰主要来自于高压输电线、与信号线平行敷设的输电线和导线中大电流所产生的空间电磁场。特别是空间的工频电磁场在输入回路中产生的工频感应电动势，干扰最大。例如，与输电线平行敷设的信号线，受输电线

的影响,信号线上的电磁感应电压和静电感应电压分别都可达到毫伏级,而来自传感器的有效信号电压的动态范围通常只有几十毫伏,甚至更小。如果测量控制系统的信号线较长,通过电磁和静电耦合所产生的感应电动势有可能大到与该被测有效信号相同的数量级,甚至比后者还大。除了信号线引入的串模干扰外,信号源本身固有的漂移、纹波和噪声以及电源变压器不良屏蔽或稳压滤波效果不良等也会引入串模干扰。

2. 串模干扰的抑制方法

如图 3-17 所示,e 是空间工频磁场 B 引起的感应电动势,e_n 是工频电场引起的漏电电流在被测信号的内阻上产生的附加电压降,它们都是交流干扰信号。在输入回路中,接触电动势和热电动势(U_i)是直流串模干扰的来源。串模干扰的抑制能力用串模抑制比来表示,串模抑制比可以写成 SMRR(单位为 dB):

$$SMRR = 20\lg \frac{E}{\Delta E} \tag{3-44}$$

式中 E——串模干扰信号,在图 3-17 中,$E = e + e_n + U_i$;

ΔE——串模干扰信号 E 引起的绝对误差。

串模干扰一般是叠加在各种不平衡输入信号和输出信号上,或通过供电线路而窜入系统的。由于干扰直接与信号串联,因此只能从干扰的特性和来源入手采取相应措施抑制。串模干扰的抑制可以采用以下几种措施:

(1)采用滤波器 如果串模干扰频率比被测信号频率高,则采用输入低通滤波器抑制高频串模干扰;如果串模干扰频率比被测信号频率低,则采用输入高通滤波器来抑制低频串模干扰;如果串模干扰频率落在被测信号频谱的两侧,则采用带通滤波器较为适宜。常用的低通滤波器有 RC 滤波器、LC 滤波器、双 T 滤波器及有源滤波器等。

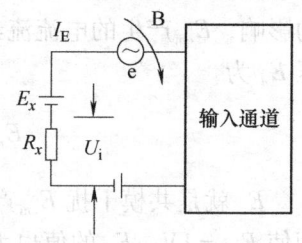

图 3-17 串模干扰叠加原理

RC 滤波器的结构简单、成本低,也不需要调整,但它的串模抑制比不高,一般需 2~3 级串联使用才能达到规定的串模抑制比指标;而且时间常数 RC 较大,RC 过大将影响放大器的动态特性。LC 滤波器的串模抑制比较高,但需要绕制电感线圈,体积大、成本高。

双 T 滤波器对一固定频率的干扰具有很高的抑制比,偏离该频率后抑制比迅速减小。该滤波器主要用于滤除工频干扰,而对高频干扰无能为力,其结构虽然也简单,但调整比较麻烦。

有源滤波器可以获得较理想的频率特性,因作为仪器输入级,有源器件(运算放大器)的共模抑制比一般难以满足要求,其本身带来的噪声也较大。

通常,仪表的输入滤波器都采用 RC 滤波器,在选择电阻和电容参数时除了要满足串模抑制比指标外,还要考虑信号源的内阻抗,兼顾共模抑制比和放大器动态特性的要求,因此常用 2 级阻容低通滤波器作为输入通道的滤波器。

另外,还可以利用数字滤波技术对带有串模干扰的数据进行处理,从而可以较理想的滤掉难以抑制的串模干扰。

(2)选择器件 双积分式 A-D 转换器是对输入信号的平均值进行转换,对周期性干扰具有很强的抑制能力,一般积分周期等于工频周期的整数倍,可以抑制工频信号产生的串模干扰。另外，可以采用高抗扰度逻辑器件，通过提高阈值电平来抑制低噪声的干扰。此外，在速度允许的情况下，也可以人为地附加电容器，吸收高频干扰信号。

（3）对信号进行预处理　如果串模干扰主要来自传输线电磁感应，可以尽早地对被测信号进行前置放大，以提高信噪比，从而减小干扰的影响；或者尽早地完成 A-D 转换，传输抗干扰能力较强的数字信号。

（4）电磁屏蔽　对测量元件或变送器（如热电偶、压力变送器、差压变送器等）进行良好的电磁屏蔽，同时选用带有屏蔽层的双绞线或同轴电缆做信号线，并保证良好接地。这样能很好地抑制干扰。

3.7.2　共模干扰及其抑制

1. 共模干扰

共模干扰就是同时叠加在两条被测信号线上的外界干扰信号，由于被测信号的地和仪器地之间不等电位，两个"地"之间的电位差就成为共模干扰源。

在现场中，被测信号与测量仪器之间常常相距几米，由于地电流等因素的影响，信号接地点和仪器接地点之间的电位差可达几十伏，因此共模干扰对测量的影响很大。

下面考察一下共模干扰对测量的影响，在图 3-18 中，假设数字仪表的低端不接地，即仪表的两个输入端对地均有绝缘阻抗，且 $Z_1 \approx Z_2$。若忽略 r_{cm}（r_{cm} 为大地电阻，数值很小）的影响，E_{cm} 产生的电流流经回路 R_x、r_1、Z_1 和回路 r_2、Z_2，在仪表两输入端之间产生的电压 E_n 为

$$E_n = \left(\frac{R_x + r_1}{Z_2 + R_x + r_1} - \frac{r_2}{Z_1 + r_2} \right) E_{cm} \approx \frac{R_x}{Z_2} E_{cm} \tag{3-45}$$

E_n 就是共模干扰 E_{cm} 产生的误差，若 $E_{cm} = 100\text{V}$，$R_x = 10\text{k}\Omega$，$Z_2 = 10^6\Omega$，则 $E_n = 1\text{V}$，即使 $E_{cm} = 1\text{V}$，E_n 的值也为 10mV。

从上面的分析可知，共模干扰源 E_{cm} 通过信号源内阻 R_x、导线电阻 r_1、r_2 和 r_{cm} 以及绝缘阻抗 Z_1、Z_2，把 E_{cm} 的一部分变换成串模干扰源 E_n 之后，才对测量产生干扰，引起测量误差。共模干扰是现场测试中不可避免的现象，会对测量产生严重影响，因此必须抑制共模干扰。

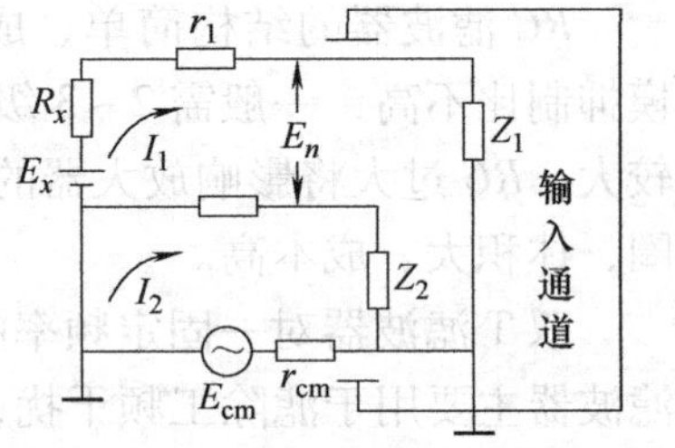

2. 共模干扰的抑制

共模干扰转换成串模干扰之后，才对测量产生干扰，如果降低共模干扰转换成串模干扰的效率，就可以抑制共模干扰引起的误差。衡量仪器对共模干扰的抑制效果用共模抑制比 CMRR（单位为 dB）：

图 3-18　输入回路的共模干扰

$$CMRR = 20\lg \frac{E_{cm}}{E_n} \tag{3-46}$$

式中　E_{cm}——共模干扰电压；

E_n——由共模干扰电压 E_{cm} 转换成的等效串模干扰电压。

抑制共模干扰的方法主要有以下几种：

1）利用双端输入的运算放大器作为输入通道的前置放大器，抑制共模干扰。

2）利用隔离放大器、变压器或光耦合器将信号源和仪器隔离，使两个地之间没有直接

的导通回路。隔离放大器中的光耦合器或变压器用来隔离两个电路。利用隔离放大器对信号源的微小信号进行放大，将信号源和仪器隔离开来，既抑制了共模干扰，又提高了传输信号的信噪比。

3）利用浮地输入双层屏蔽放大器。如图3-19所示，仪器的外层屏蔽 S_1 是仪表的金属外壳，它和内层屏蔽 S_2 之间的绝缘阻抗为 Z_3；仪表的模拟部分电路在内层屏蔽的内部。仪表的高、低输入端为 H 和 L，它们与内屏蔽之间的绝缘阻抗分别 Z_1、Z_2，且 $Z_1 \approx Z_2$。L 端是仪表的模拟地，内层屏蔽也称数字地，仪表的数字电路在内、外屏蔽层之间。内阻为 R_x 的被测信号 E_x 用双芯屏蔽线与仪表相连，其中 1 端接 H，2 端接 L。1 端和 2 端的电阻为 $r_1 \approx r_2$，导线屏蔽层的电阻为 r_3，它的两端分别与被测信号地 A 点及仪表的内屏蔽层 C 点相连，仪表的外屏蔽接大地，如图3-19所示。

采用上述方法连接后，若 $R_x \gg r_3$，则共模干扰源在 A、C 两点之间产生的电压 U_{ac} 为

$$U_{ac} \approx \frac{r_3}{Z_3 + r_3} E_{cm}$$

如果不考虑外层屏蔽，把 U_{ac} 看成是共模干扰，则 U_{ac} 在 H、L 两端引起的干扰 E_n 和图3-18完全相同，可以用式(3-40)计算，即

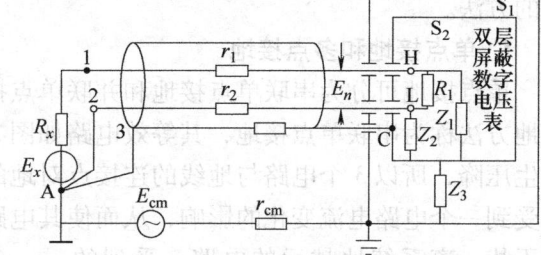

图3-19 双层屏蔽的结构及等效电路

$$E_n \approx \frac{R_x}{Z_1} U_{ac} \tag{3-47}$$

把式(3-47)代入式(3-46)得

$$E_n = \frac{R_x}{Z_1} \frac{r_3}{Z_3} E_{cm} \tag{3-48}$$

从式(3-48)可见，加上外层屏蔽以后，与图3-16相比，共模干扰源衰减了 $\frac{r_3}{Z_3}$ 倍，所以干扰大大降低，也就是降低了 E_{cm} 转换成误差 E_n 的能力。若 $R_x = 10 \text{k}\Omega$，$Z_1 = Z_3 = 10^6 \Omega$，$r_1 = r_2 = r_3 = 1\Omega$，可由式(3-45)和式(3-48)求得双屏蔽的仪表共模抑制比为

$$CMRR = 20\lg \frac{Z_1 Z_3}{r_3 R_x} = 160 \text{dB}$$

也就是 $E_{cm} = 1\text{V}$ 时，$E_n = 0.01 \mu\text{V}$，可见基本上消除了共模干扰。

3.7.3 模拟电路和数字电路的隔离

医学电子仪器中既有数字电路，又有模拟电路，但输入的模拟信号很小时，数字电路会对模拟信号产生较大的干扰。为了解决这个问题，应该避免两者之间有共同的回路，将模拟电路和数字电路隔离起来。

光耦合器就是发光二极管和光敏晶体管的组合，它通过电-光-电的转换，实现两个电路的隔离。若输入信号给出一定电流(5~10mA)，光耦合器里的发光二极管就输出与输入电流相对应的光通量，光敏晶体管(或光敏二极管)又将接收到的光通量变换成相应的电流。光耦合器的响应速度比变压器、继电器快得多，而且没有漏磁通，对周围电路没有影响。光耦合器的体积小、重量轻、价格便宜、便于安装。现在，能实现信号线性变换的光耦合器也应

用在模拟电路中，这种线性光耦合器的线性好，但转化精度较低，信号的动态范围较小。现在大量使用的是对数字量电信号（或开光量）进行变换的光耦合器。

3.7.4 接地方法

"地"是电路或系统中为各信号提供参考电位的等电位点或等电位面。电路中每一个信号都有参考电位，称为信号地。根据信号是模拟信号还是数字信号，信号地可分为模拟地和数字地。一个系统中所有的电路、信号的"地"都要归于一点，建立系统的统一参考电位，该点称为系统地。在智能仪器中，接地是抑制干扰的重要方法，若能将接地和屏蔽正确结合，则可以很好地抑制干扰；如果接地不恰当，则会给系统造成严重干扰。下面简单介绍接地的方法。

1. 单点接地和多点接地

单点接地可分为串联单点接地和并联单点接地。两个或两个以上的电路共用一段地线的接地方法称为串联单点接地，其等效电路如图 3-20a 所示，因为电流在地线的等效电阻上会产生压降，所以 3 个电路与地线的连接点对地的电位不同，而且其中任何一个连接点的电位都受到一个电路电流变化的影响，从而使其电路输出改变。这就是由公共地线电阻耦合造成的干扰。离系统地越远的电路，受到的干扰越大。这种方法布线最简单，常用来连接电流较小的低频电路。

并联单点接地如图 3-20b 所示，各个电路的地线只在一点（系统地）会合，各电路的对地电位只与本电路的地电流及接地电阻有关，没有公共地线电阻的耦合干扰。这种接地方式的缺点在于所用地线太多。

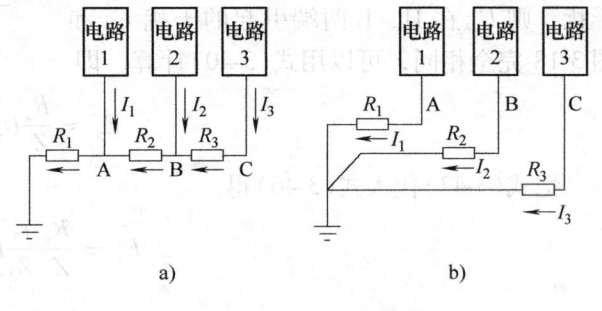

图 3-20 单点接地方式
a) 串联形式 b) 并联形式

这两种单点接地方式主要用在低频系统中，接地一般采用串联和并连相结合单点接地方式。

高频系统中通常采用多点接地（见图 3-21），各个电路或元器件的地线以最短的距离就近连接到地线汇流排（一般金属底板）上，因地线很短，底板表面镀银，所以地线阻抗很小，各路之间没有公共地线阻抗引起的干扰。

2. 数字地和模拟地

智能仪器的电路板上既有模拟电路，又有数字电路，它们应该分别接到仪器中的模拟地和数字地上。因为数字信号波形具有陡峭的边缘，数字电路的地电流呈现脉冲变化。如果模拟电路和数字电路共用一根地线，数字电路地电流通过公共地阻抗的耦合将给模拟电路引入瞬态干扰，特别是电流大、频率高的脉冲信号干扰更大。仪器的模拟地和数字地最后汇集到一点上，即与系统地相连。正确的接地方法如图3-22 所示，模拟地和数字地分开，仅在一点连接。

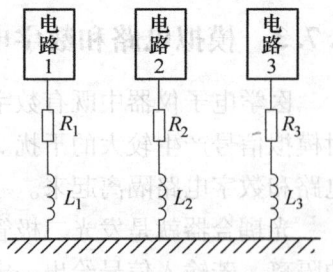

图 3-21 高频电路的多点接地

另外，有的智能仪器带有功率接口，驱动耗电大的功率设备，对于大电流电路的地线，

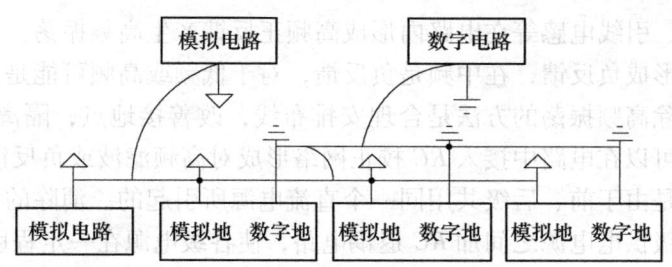

图 3-22 数字地和模拟地的正确接法

一定要和信号线分开,要单独走线。

3.7.5 软件的抗干扰技术

外界干扰对智能仪器的影响不但作用于硬件系统,而且在软件系统中也体现出来。干扰信号可能影响智能仪器中计算机的 CPU、程序计数器的 PC 或 RAM 等部件,导致程序运行失常。因此,设计医学仪器时必须考虑软件的抗干扰措施。

1. 干扰对软件的影响

干扰会使程序运行失常。单片机系统受到干扰后,会使 RAM、程序计数器或总线上的数字信号错乱,从而引发一系列不良后果。CPU 得到错误的数据新信息,使运行操作数失真,导致错误结果,并将这个错误一直传递下去,形成一系列错误。CPU 得到错误的地址信息后,使程序运行离开正常轨道,导致程序失控。程序失控后,有时几经周折,自己回到了正常运行状态,但这时已造成一些明显的不良后果;也可能埋下了几处隐患,使后续程序出错;或者几经周折后便进入了一个死循环,使系统完全瘫痪。

数据会受干扰而发生变化。外界干扰会改变片内 RAM、外部扩展 RAM 以及片内各种特殊功能寄存器等的状态。这些数据的改变,将使系统受到不同程度的损坏,如造成数值差、控制失灵、程序状态改变、某些部件(如串行口等)的工作状态改变,还有可能破坏与中断有关的专用寄存器内容,从而改变中断设置方式,关闭某些有用中断。

2. "看门狗"技术

当程序飞到一个临时构成的死循环中,或 PC 指针落在全地址区(在 EPROM 芯片范围之外)时,系统将完全瘫痪。如果操作者在场,就可以按下人工复位按钮,强制系统复位。但操作者不能一直监视着系统,即使监视着系统,往往是在发现不良后果之后才进行人工复位。"看门狗"可以代替自动复位,能使 CPU 从死循环和弹飞状态中进入正常的程序流程。

"看门狗"是独立于 CPU 的硬件,CPU 在一个固定的时间间隔和"看门狗"进行一次"对话",表明系统工作正常。如果程序失常,系统陷于死循环中,"看门狗"得不到来自 CPU 的信息,就向 CPU 发出复位信号,使系统复位。现在许多单片机芯片中已有"看门狗"电路,使用非常方便。

3.7.6 自激振荡现象与排除方法

电子仪器在无输入的情况下有输出波形,这是由于仪器内产生了自激振荡。在生物信号放大器中,这种振荡是有害的,应予根除。

高频振荡一般是由于放大器的级间耦合和布线不合理引起的。这是因为电路中各种寄生元件，如分布电容、引线电感等在电路内形成高频正反馈产生高频振荡。另外负反馈电路也不是对所有频率都形成负反馈，在中频是负反馈，对于低频或高频可能是正反馈，这样也会形成高频振荡。消除高频振荡的方法是合理安排布线，改善接地点，隔离输入级和输出级，加固电路板等，也可以在电路中接入 RC 校正网络形成对高频滤波或负反馈来加以克服。

低频振荡主要是由于前、后级共用同一个直流电源所引起的。消除的办法主要是采用高质量电源以及在各级供电电源之间加 RC 退耦电路，使各级电源在一定程度上独立起来。

在记录生物信号时，基线有时会发生缓慢的移动，上、下摇摆不定或者突然移动的现象，这种现象称为基线漂移。造成基线漂移的原因大致有如下几种：①仪器方面的原因，如仪器预热时间不够，电容漏电，仪器本身性能不稳等；②被试者方面产生的影响，如病人不安静，病人肌肉有抖动现象，受呼吸影响等；③电极与引线方面的影响，如电极固定不牢，电极与皮肤接触不好，电极电位差较大等；④外来干扰的影响，如各种电器的通断等。所以在使用或设计仪器时：①要注意被测生物体的状况；②要注意电极与皮肤之间保持一定的松紧度；③要采用基线漂移小的放大器，如采用温度补偿电路的差动放大器及调制式直流放大器等。

3.8 便携式仪器的设计特点

便携式仪器一般采取电池供电方式。使用者当然不希望经常性的充电或更换电池，所以待机时间的长短往往是使用者考虑的一个重要因素。这要求设计者采取各种方法来降低功耗。

3.8.1 选择 CMOS 工艺的元器件

随着集成电路工艺的发展，集成电路的电源电压已呈下降趋势。运算放大器、A-D 转换器及各种数字器件均广泛采用 CMOS 工艺。CMOS 器件具有功耗极低、噪声容量高和工作电压范围较宽等许多独特的优点。因此 CMOS 电路成为便携式医学仪器设计采用的主要器件。微功耗 IC 的工作电流已经降到几微安至几十微安，如一种带基准电压源的电压比较器 MAX918，工作电流仅需 $0.8\mu A$，这使得功耗显著降低。

CMOS 器件的功耗分为静态功耗和动态功耗。CMOS 电路的输入电阻为几十到几百兆欧，因此 CMOS 电路通过输入端的静态电流也几乎为零，所以 CMOS 电路的静态功耗极小，可以减小至微安级。

一个 CMOS 电路动态功耗的大小与该电路改变逻辑状态的频度及速度密切相关。电路逻辑状态改变的频度越大，改变的速度越低，电路的动态功耗越大。在一般情况下 CMOS 电路的动态功耗可简化为

$$P_\mathrm{d} = RC_\mathrm{L}(U_\mathrm{dd})^2 f \qquad (3\text{-}49)$$

式中　R——能耗状态转换动作几率，简称"开关动作率"，它是指该节点一个周期内进行耗
　　　　能状态转换所用的时间与时钟周期之比；
　　　C_L——负载电容；
　　　U_dd——电源电压；
　　　f——工作频率。

在 CMOS 电路的总功耗中，动态功耗占主导地位。由式(3-49)可见，降低动态功耗的主要途径是：①降低工作电压；②减小负载电容；③降低工作频率；④降低耗能状态转换活动几率。前 3 种途径一般要以牺牲速度为代价，主要是综合考虑速度、功耗和面积等因素，通过采用合理的结构、巧妙的设计和先进的管理技术，在折中、补偿和利用速度裕量等技巧上下工夫。高质量的功耗设计，必须兼顾功耗和速度两个方面。

降低工作电压是降低功耗最有效的途径，也是保证小尺寸器件可靠工作所必需的。动态功耗与工作电压的二次方成正比。假定电路完全相同，一个用 5V 电压的系统若改为 3.3V 系统，可节约 56% 的功耗；若改为 2.5V 电压，则可节约 75% 的功耗。可见低电压节能功效是非常显著的。近年来，3.3V 的低电压 CMOS 器件已经在设计中被广泛应用，2.5V 供电的芯片也出现在较新的便携式仪器中。

降低开关活动率的实质是尽量去除不必要的耗能翻转、避免能量的白白浪费。从这里发掘降低功耗的潜力是很大的，但难度也较大，主要通过优化算法、改进编码和计算方法、优化逻辑结构来实现，这是当前开展低功耗逻辑优化的重要方面。

3.8.2 单片机的低功耗设计

便携式医学仪器产品的发展需要更强大的运算能力支持，同时希望产品具有更低的功耗。这些要求之间彼此制约，矛盾的中心是微处理器。MCU(微控制器)往往是系统中消耗功率最多的器件，应尽量选择 RISC 芯片，因为芯片低功耗的记录大多是由 RISC 芯片创造的。数字开关电路功耗 P_{sw} 可根据下面的公式估算：

$$P_{sw} \propto CU^2/T \tag{3-50}$$

式中　C——接收门输入电容和连线电容的总和；
　　　U——工作电压；
　　　T——时钟信号周期。

一个 CMOS 门的典型输入电容为 10pF。

1. 时钟频率

根据式(3-46)，当供电电压确定后，在微处理器设计中，决定功耗的一个重要因素就是系统的时钟频率。因此在满足工作要求的前提下，将处理器运行于尽可能低的频率比较有利。以 PIC16C71 低功耗单片机为例，当供电电压为 5V，时钟频率为 4 MHz 时，功耗约为 10 mW；在相同的供电电压下，把时钟频率降到 32 kHz 时，功耗约为 0.15 mW，功耗明显减少。

2. 外围电路的集成化

将外围功能集成于芯片内部是节省电能的方法之一。基于微处理器的系统通常都会有一定数量的外围芯片，如 UART 电路、看门狗定时器等，现代单片机的优势之一便是将大量的外围功能集成于片内。除了减少元器件数量、简化设计外，外围功能的集成化也有利于降低功耗。可以认为任何外围元器件的功耗与它位于处理器的内部还是外部没有关系，然而，将功能器件放在片内无疑节省了驱动外部总线所需的开关功率。

3. 优化软件设计，充分利用睡眠方式

MCU 节省内部功耗的最佳方法就是进入睡眠状态。在睡眠状态下，MCU 的振荡器被关闭，这可使它只消耗极小的电流，典型值为几微安。可利用监视定时器或外部中断将 MCU

从睡眠状态唤醒,如动态心电图仪,由于人的心跳相对于 MCU 的时钟是很缓慢的,可以利用定时器中断,定时地将 MCU 唤醒,处理完成后再次进入睡眠状态,这样可以大大降低功耗。

根据不同的工作状态可以关闭一部分电路,特别是对大电流器件。早期有关闭功能控制的主要是电源 IC,现逐步发展到运算放大器、比较器、A-D 转换器等器件。在关闭状态下,IC 不工作,耗电在零点几微安到几微安之间。当电路不可避免的使用大电流器件时,如红外发射器、无线通信发射器件等,应设计使大电流的电路单元仅仅在需要其工作的短时间内工作,其余时间使其处于断电状态。设计这种电路时需考虑电路的工作响应时间。

3.8.3 存储器的低功耗设计

在一般的单片微机系统中,存储器的功耗较大,所以在低功耗单片微机系统设计中,如何选择和使用存储器是一个很重要的问题。要解决这个问题主要从两个方面入手:一方面必须选用 HCMOS 存储器,另一方面是尽量采用维持工作方式。

1. HCMOS 存储器

存储器过去都是 NMOS 器件,其功耗较大。随着微电子学的发展,现在市场上已大量出现 HCMOS 工艺的存储器。这些存储器主要有静态 RAM(6264、62256)、EEPROM(28C64)等。它们与各自名称中不带 C 标号的 NMOS 存储器外形相同、引脚相同、功能及使用方法也完全相同,一般可以互相换用。在单片微机系统中,将 NMOS 存储器换为 HCMOS 存储器,系统功耗会大大降低。同时存储器功耗和存储器容量的关系不大,因而当需要较大的存储空间时,应选用一块大容量的存储器而不要选用多块小容量的存储器。

2. 采用维持工作方式

CMOS 存储器的工作电流虽然不太大,但对于便携式低功耗系统来说,还是很难接受。仔细分析可看出,存储器实际读写的工作时间很短,每读写一次仅几百纳秒,仅占整个仪器工作时间的很小一部分。所以厂家均为存储器设置了维持工作方式。当存储器片选脚 CE 输入选中(使能)信号"0"时,存储器处于维持工作方式,不进行读写。

在便携式医学仪器大容量存储的场合,闪存提供了一个很好的解决方案。闪速存储器(Flash Memory)简称闪存,是可以在线电擦写、掉电后信息不丢失的存储器。闪存与 EPROM 相比,具有更高的性能价格比,而且容量大、体积小、功耗低、擦写速度快、使用方便。因此,采用闪存存储程序和固定数据是一种比较好的选择。以 AMD 公司的 Am29LV400B 为例,通过软件设置,可以使该闪存在非读写擦除状态时,处于休眠维持状态,这样可以大大降低闪存的功耗。Am29LV400B 读电流为 7mA,编程、擦除电流为 15mA,而待命电流和自动休眠电流均为 200nA。

闪存的发展具有"更大、更小、更低"的趋势:闪存的容量将会更大,同时芯片的封装尺寸会更小,新的工艺技术也决定了存储器的低电压发展趋势,从最初 12V 的编程电压,一步步下降到 5V、3.3V、2.7V、1.8V,以及单电池供电。容量越来越大、体积越来越小、功耗越来越低的闪速存储器将会更好地满足便携式医学仪器产品设计的需要。

3.8.4 电源的低功耗设计

便携式医学仪器采用电池供电,如何使稳压电源部分性能满足电路的要求、效率高(能延长电池的寿命)体积小、重量轻,是设计的一项重要任务。近年来,各半导体器件厂纷纷推出各种适合便携式电子产品要求的新型电源IC,并给出各种典型应用电路,使电源设计工作变得较为简单。为了合理地选择电源IC,首先要了解各种电源IC及其特点。

1. 电源的分类及特点

根据工作原理的不同,电源可分为3类:线性稳压电源、开关稳压电源及电荷泵电源。它们各自都有一定的特点及适用范围,这里分别介绍。

(1) 线性稳压电源 线性稳压电源是因其内部调整管工作在线性范围而得名。一般认为线性稳压电源的输入电压与输出电压之间的电压差大,调整管上的损耗大、效率低。但近年来开发出来的各种低电压差(LDO)的新型线性稳压器IC,一般输出100mA时,其电压差在100mV左右的水平(甚至于到70~80mV的水平),某些小电流的低电压差线性稳压器的电压差仅几十毫伏。这样,调整管的损耗较小,效率也有较大的提高,因此可延长电池的寿命。另外,线性稳压电源外围元器件最少,输出噪声最小,静态电流最小,价格也便宜。

(2) 开关稳压电源 在便携式电子产品中,开关稳压电源主要指DC/DC变换器。由于器件中有一个工作在开关状态的晶体管(一般是MOSFET,称为开关管),故称为开关电源。开关管工作于饱和导通及截止两种状态,所以开关管管耗小并且与输入电压大小无关,效率较高(一般可达到80%~95%)。

DC/DC变换器IC可以组成升压式电路($U_{out} > U_{in}$)、降压式电路($U_{out} < U_{in}$)。降压式DC/DC变换器主要用于工作电流大于1A以上的场合,如心电图机。大多数便携式电子产品的工作电流在300mA以下,所以很少用到降压式DC/DC变换器。电压反转式DC/DC变换器的特点是可以获得负电压,并且可获得大于输入电压的负压,即 $|-U_{out}| > U_{in}$。用电压反转器IC组成的负电压可输出较大的电流。

(3) 电荷泵电源 电荷泵电压反转器是一种DC/DC变换器,它将输入的正电压转换成相应的负电压即 $U_{out} = -U_{in}$。另外,它可以把输出电压转换成近两倍的输入电压,即 $U_{out} \approx 2U_{in}$。由于它是利用电容的充放电实现电荷转移的原理构成,所以这种电压反转器电路也称为电荷泵变换器(Charge Pump Converter)。便携式电子产品中采用电荷泵电路来获得负压更为简单,并且有带线性稳压输出的电荷泵IC,所以便携式产品中电荷泵电源使用较多。

近年来,人们开发出一些微功耗的电荷泵芯片,如MAX1673的静态电流典型值仅为35μA。为进一步减小电路的功耗,已开发出能关闭负电源的功能,使器件耗电降到1μA以下;关闭负电源的同时使部分电路不工作也进一步实现了减小功耗的目的。例如,MAX662A在关闭状态时耗电小于1μA,几乎可以忽略不计。

2. 便携式仪器的电源设计

供电系统的设计是低功耗设计的重要方面。当一个系统采用电池供电时,设计人员必须考虑最大电流消耗、工作电压范围、尺寸和重量约束、工作温度范围以及工作频率等因素。设计人员选择电池时必须考虑每种类型电池的所有特征。电源需考虑采用效率高、体积小的芯片。单电源供电可提高电源使用效率,在设计中尽量采取单电源供电的芯片,特别是运算放大器。

在设计阶段就应该对功能和功耗进行评估。一般说来,更多功能必然意味着更大的硬件规模和功率消耗,一些可有可无的功能应尽量缩减。

(1) 输出电流大时应采用降压式DC/DC变换器 大部分便携式电子产品的工作电流在

300mA 以下，并且大部分采用 5# 干电池，若采用 1~2 节电池，升压到 3.3V 或 5V 并要求输出 500mA 以上电流时，会使电池寿命不长，使用不便。这时采用降压式 DC/DC 变换器，其效率与升压式差不多，但电池的寿命或要长得多。

(2) 输出电流小时可采用升压式 DC/DC 变换器　选用 DC/DC 变换器的工作电流的最大值为电源 IC 最大输出电流 I_{cmax} 的 70%~90% 较合适。例如最大输出电流 I_{cmax} 为 1A 的 DC/DC 变换器 IC 适用于工作电流为 700~900mA 的场合，而对于工作电流为 20~30mA 的场合，其效率则很低。工作电流小的场合采用升压式 DC/DC 变换器不仅效率高并且可减小电池数，减小整个电源体积及质量。例如，MAX1674/1675 高效率低功耗升压式 DC/DC 变换器 IC，其静态电流仅 16μA，在输出 200mA 时效率可达 94%，在关闭电源时耗电仅 0.1μA，并可选择电流限制来降低纹波电压。

(3) 采用 LDO 的最佳条件　在要求输出电压中纹波、噪声特别小，输入/输出电压相差不大，输出电流不大于 100mA 的场合，采用低功耗、低电压差(LDO)线性稳压其实是最合适的。例如，采用 1 节锂离子电池，输出 3.0~3.5V 电压，工作电流小于 100mA 时，电池寿命较长，并且有较高的效率。可采用超微功耗线性稳压器 BAW03A~BAW06A，其静态电流仅 1.1μA，输出电压有 3.0V、3.1V、3.2V、3.3V、3.4V、4.0V、4.2V、4.3V、4.5V、5.0V、5.8V、6.0V，可供用户选择，输出电流为 30~50mA。MAX8867/8868 的输出噪声为 30μV(rms)。而另一种低功耗、低压差 LDO 器件 GMT7250，其静态电流为 180μA，输出 100mA 时压差小于 85mV。该器件温度稳定性好，典型值为 31ppm/℃，并且有电源工作状态信号输出及关闭电源控制；有固定电压输出(3.3V、4.85V、5.0V)，并且可外接两个电阻来设定输出电压，输出电压范围为 1.2~9.75V，输出电流可达 250mA，适合大多数应用。

(4) 需负电源时尽量采用电荷泵 IC　便携式仪器设计中往往需要负电源，由于所需电流不大，采用电荷泵 IC 组成电压反转电路最为简单，若要求噪声小或要求输出稳压时，可采用非 LDO 线性稳压器的电荷泵 IC。例如 MAX1680/1681，输出电流可达 125mA，采用 1MHz 开关频率，仅需外接两个 1μF 小电容，输出阻抗为 3.5Ω，有关闭电源控制(关闭时耗电仅 1μA)，并可组成倍压电路；还有一种带稳压输出的电荷泵 IC MAX868，其输出可调(0~$-2U_{in}$)，外接两个 0.1μF 电容，消耗 35μA 电源电流，可输出 30mA 稳压的电流，又可关闭电源控制功能(关闭时耗电仅 0.1μA)，小尺寸 μMAX 封装。

(5) DC/DC 变换器中电感(L)、输出电容(C)及续流二极管(VD)的选择　DC/DC 变换器外围电路中电感 L、输出电容 C 及续流二极管或隔离二极管 VD 的选择十分重要。电感 L 要满足在开关电流峰值时不饱和(开关峰值电流要大于输出电流 3~4 倍)，并且要选择合适的磁心以满足开关频率的要求，特别注意应选择直流电阻小的电感以减小损耗。电容应选择等效串联小、响应速度快的钽电容，这可降低输出纹波电压，有较好效果。二极管必须采用肖特基二极管，其额定值应大于 DC/DC 的峰值电流。

3.8.5　使用液晶显示技术

便携式医学仪器在操作过程中，需要进行人机交互，仪器中必须配备各种各样的显示器，以便显示输入的参数和测量出的结果，在低功耗系统设计中一般采用液晶显示器。便携式医学仪器在低功耗系统设计中首选反射式液晶显示器，它是一种被动显示器，即它本身不发光而只是调制环境光，因此在显示时需要一定的光源。反射式液晶显示器和其他显示器件相比有以下工作特点：

1）反射式液晶显示器的工作电压低，仅 3~6V；功耗极小（18~80μW/cm²），同样的显示面积，其功耗比 LED 小几百倍。所以它特别适宜与 CMOS 电路直接相配，用于各种数字及图形显示，尤其适用于便携式智能仪器。

2）液晶显示器的体积小，外形薄，为平板式显示，使用很方便。

3）液晶显示器的显示时间和余辉时间较长，为 ms 级，因而相应的速度较慢。

4）液晶显示器本身不发光，在黑暗环境中不能显示，需采用辅助光源。

5）液晶显示器的工作温度范围较窄，通常为 -10~60℃。

6）和 CRT 显示器相比，液晶显示器除了具备功耗极低的优点，还是一种无辐射的"绿色"显示方式。

3.8.6 表面安装技术

表面安装技术（Surface Mounting Technology，SMT）是将各种表面安装元件（Surface Mounting Component，SMC）和表面安装器件（Surface Mounting Device，SMD）贴装在印制电路板（Printed Circuit Board，PCB）上，使之具有一定电子功能的封装技术。近年来，表面封装元器件的种类越来越丰富，体积越来越小，功能越来越强大，这使得便携式医学仪器的微型化得以快速的发展。

SMT 的主要优点是：①PCB 无须钻孔，元器件的引线端无需剪切和打弯，与穿孔式安装技术（Through Hole Technology，THT）比较，组装速度快，组装密度提高 50%，采用双面板和多层板大幅度缩小 PCB 的尺寸，提高封装效率，元器件组装密度可以达到 4~10 只/cm²；②SMD 和 SMC 是片式结构，没有外引线或引线很短，缩短了信号的传输延迟时间，有利于提高电路的高频性能；③元器件贴装在布线板表面，用回流焊技术焊接，因而电路耐冲击、耐振动，可靠性大大提高；④易于实现组装自动化，降低加工成本。

3.8.7 电路集成设计

随着微电子技术的发展，设计与制造集成电路的任务已不完全由半导体厂商来独立承担。系统设计师们更愿意自己设计专用集成电路（ASIC）芯片，而且希望 ASIC 的设计周期尽可能短，最好在实验室里就能设计出合适的 ASIC 芯片，并且立即投入实际应用之中，因而出现了现场可编程逻辑器件（FPLD），其中应用最广泛的当属现场可编程门阵列（FPGA）和复杂可编程逻辑器件（CPLD）。

FPGA 与 CPLD 是在 PAL、GAL 等逻辑器件的基础之上发展起来的。同以往的 PAL、GAL 等相比较，FPGA、CPLD 的规模比较大，它可以替代几十甚至几千块通用 IC。这样的 FPGA、CPLD 实际上就是一个子系统部件。这种芯片受到世界范围内电子工程人员的广泛关注和普遍欢迎。经过了十几年的发展，许多公司都开发出了多种可编程逻辑器件。比较典型的就是 Xilinx 公司的 FPGA 器件系列和 Altera 公司的 CPLD 器件系列。

尽管 FPGA、CPLD 和其他类型 PLD 的结构各有其特点和长处，但概括起来，它们是由 3 大部分组成的：①一个二维的逻辑块阵列，构成了 PLD 器件的逻辑组成核心；②输入/输出块；③连接逻辑块的互联资源，由各种长度的连线线段组成，其中也有一些可编程的连接开关，它们用于逻辑块之间、逻辑块与输入/输出块之间的连接。

对用户而言，CPLD 与 FPGA 的内部结构稍有不同，但用法一样，所以多数情况下，不加以区分。FPGA、CPLD 芯片都是特殊的 ASIC 芯片，它们除了具有 ASIC 的特点之外，还具有以下几个优点：①随着 VLSI(Very Large Scale IC，超大规模集成电路)工艺的不断提高，单一芯片内部可以容纳上百万个晶体管，FPGA、CPLD 芯片的规模也越来越大，其单片逻辑门数已达到上百万门，它所能实现的功能也越来越强，同时也可以实现系统集成；②FPGA、CPLD 芯片在出厂之前都做了百分之百的测试，不需要设计人员承担投片风险和费用，设计人员只需在自己的实验室里就可以通过相关的软、硬件环境来完成芯片的最终功能设计，所以 FPGA、CPLD 的资金投入小，节省了许多潜在的花费；③用户可以反复地编程、擦除或者在外围电路不动的情况下用不同软件实现不同的功能。所以，FPGA、CPLD 试制样片，能以最快的速度占领市场。FPGA、CPLD 软件包中有各种输入工具和仿真工具，以及版图设计工具和编程器等全线产品，电路设计人员在很短的时间内就可以完成电路的输入、编译、优化、仿真，直至最后芯片的制作。当电路有少量改动时，更能显示出 FPGA、CPLD 的优势。电路设计人员使用 FPGA、CPLD 进行电路设计时，不需要具备专门的 IC 深层次的知识，可以使设计人员更能集中精力于电路的系统设计上。

3.8.8 减小体积尺寸

以上所述都是着重于性能方面的考虑，对于便携式仪器而言，体积和重量也是使用者很关注的方面。为了减少体积需要考虑以下几个方面的问题。

1) 尽量使用贴片元器件。目前国外生产的电子产品约 90% 以上采用贴片式元器件(SMC、SMD)，采用表面组装技术(SMT)进行装配，而便携式电子产品则是 100% 采用贴片式元器件。采用贴片式集成电路组成的电子产品可以两面贴装，不仅仅是尺寸小，并且有更好的高频性能。

2) 选择功能集成的 IC。进一步缩小 IC 的封装尺寸是有困难的，但是可以选择将几个相关的集成电路做在同一块硅片上的 IC。例如，MICROCHIP 公司的 PIC 单片机就把 MPU、A-D 转换器和脉宽调制等功能集成到一起，利用它完全可以形成一个独立单片系统。数字可编程器件如 CPLD、FPGA 等可以把以前的大量门电路集中在一块芯片上。现在更是出现了一种新的可编程 SOC(System On Chip)器件，其中集成了可编程模拟电路，这使得芯片的灵活性大大提高。选择功能集成的芯片对于仪器的低功耗设计也是很有好处的。

3) 布局布线时，在满足抗干扰性的条件下，尽量提高元器件的组装密度，布线不通时尽量考虑增加电路板的层数，而不是扩大面积。另外与一般仪器不同，为了有效地利用每一寸空间，相关人员在设计便携式仪器的电路板时就应该与外壳设计人员进行沟通，在电路特性允许的情况下，布局布线和电路板形状等都尽可能的兼顾外壳设计。

第 4 章 心电图机的设计

医用电子仪器中，心电诊断仪器在临床上使用较早，先后出现的心电图机、心电向量图机、心电示波器、心电心音图机等，都在描绘心电信号波形、研究和诊断心脏的运动功能方面发挥显著作用。尤其是心电图机，它所记录下来的心脏活动时心肌激动产生的生物电信号，已经成为临床诊断的重要依据。

心电图机能通过导联线检测到人体体表微弱的心电信号（毫伏级），经过一系列电路处理，将心电波形显示或打印出来，供临床分析和诊断使用。有些高级的心电图机还带有简单的分析和指导用药等功能。

由于心脏的生理功能与心电图之间存在着密切的对应关系，当心脏生理功能发生失常时均可从心电图的波形上反映出来。通过肉眼观察或用波形分析技术判读，诊断出心脏生理功能失常的情况与变化趋势，对医学研究和临床诊断都有重要的意义。通过对心电波形的分析，可以发现心脏的各种心律失常、期前收缩、心肌梗死部位及其发展过程、心脏异位波动、高血压、先天性心脏缺损、病人代谢率及其他心脏综合病症等。

4.1 心电信号的产生和特点

4.1.1 心电信号的产生

心肌是由无数的心肌细胞组成，由窦房结发出的兴奋，按一定途径和时程，依次向心房和心室扩布，引起整个心脏的循序兴奋。心脏各部分兴奋过程中出现的电位变化的方向、途径、次序和时间等均有一定规律。由于人体为一个容积导体，这种电变化亦必然扩布到身体表面。鉴于心脏在同一时间内产生大量电信号，因此，可以通过安放在身体表面的胸电极或四肢的电极，将心脏产生的电位变化以时间为函数记录下来，这种记录曲线称为心电图（electrocardiogram，ECG）。心电图反映心脏兴奋的产生、传导和恢复过程中的生物电变化。心肌细胞的生物电变化是心电图的来源。心脏在每个心动周期中，起搏点、心房、心室的兴奋均伴随着生物电的变化。心电图是心脏兴奋的发生、传播及恢复过程的客观指标。

心脏机械收缩之前，先产生电激动，心房和心室的电激动可经人体组织传到体表。心肌细胞在静息状态时，膜外排列阳离子带正电荷，膜内排列同等比例阴离子带负电荷，保持平衡的极化状态，不产生电位变化。当细胞一端的细胞膜受到刺激（阈刺激）时，其通透性发生改变，使细胞内外正、负离子的分布发生逆转，受刺激部位的细胞膜出现除极化，使该处细胞膜外正电荷消失，而其前面尚未除极的细胞膜外仍带正电荷，从而形成一对电偶（Dipole）。电源（正电荷）在前，电穴（负电荷）在后，电流自电源流入电穴，并沿着一定的方向迅速扩展，直到整个心肌细胞除极。此时心肌细胞膜内带正电荷，膜外带负电荷，称为除极（Depolarization）状态。此后，由于细胞的代谢作用，使细胞膜又逐渐复原到极化状态，这种恢复过程称为复极（Repolarization）过程。复极与除极先后程序一致，但复极化的电偶是电穴在前，电源在后，并较缓慢向前推进，直至整个细胞全部复极为止。

为了能方便地直接解释在人体表面所记录的生物电现象，常用容积导体电场来模拟，这里包括生物电信号源的形成及其浸溶的周围介质。

在一个盛满稀释食盐溶液的容器中放入一对由等值而异号的电荷组成的电偶极子，则容器内各处都会有一定的电位。在电偶极子的位置、方向和强度都不变的情况下，电场分布是恒定的，电流充满整个溶液，这种导电的方式称为容积导电，容器中的食盐溶液称为容积导体，其间分布的电场称为容积导体电场。

人体组织内的大量体液可视为电解质溶液，因此人体就是一个容积导体。而人体的细胞、纤维等就浸溶在这些体液中，兴奋细胞相对一对电偶极子而构成生物电信号源，这样就可视人体内为一个容积导体电场。若电偶极子的方向和强度作有规律的变化，则整个容积导体内的电场分布也将作相应的变化。对比细胞因除极和复极过程形成的膜表面电荷变化，恰可看成这样一对电偶极子。因此，在分析生物电（如心电、脑电、肌电等）信号时，就可以将其归结为讨论容积导体电场问题。

可以说兴奋细胞就是生物电信号源，其作用近似于一个恒流信号源将其电流输送给浸溶介质。假设生物电信号源是单一的兴奋神经纤维，容积导体是无限大的范围（即比神经纤维周围的电场范围大得多），则发源于兴奋纤维的电流，进入电阻系数为 ρ 的浸溶介质中，其电流流动的形式与电荷分布相一致。

设想动作电位在神经纤维中是以等速传导方式传导，则其瞬时波形 $U(t)$ 可以很方便地变换为立体分布 $U(z)$（z 是沿神经纤维的轴距）。单一纤维细胞外介质的电位，随离开纤维的径向距离增加而降低。如果其电阻系数 ρ 增大，则电场各点的电位就增加。若用有活动性的神经干作为信号源，则神经干的千条组合神经纤维同时激活后，在一个巨大的均匀浸溶介质所显示出的细胞外电场，与一个单一纤维所显示的完全一样。细胞外电场的电位是由神经干内组合信号源的叠加电场所形成的信号。同时，如果增大浸溶介质的电阻系数 ρ，或减小容积导体，或者两者都改变，必将产生较大的细胞外电位。

人体的实际情况要比理想模型复杂得多，因为人体组织导电性能的不均匀，人体几何形状的不规则，都会导致人体电位分布复杂化。尽管如此，运用容积导体电场来分析人体生物电产生机理，还是比较直观，易被人们接受。图 4-1 所示为人体心电电偶容积导体所建立的导电场模型，与物理学中的导电场相似，心电信号源导电场的电位图中，电力线和等电位面交叉成直角。值得注意的是，从图上可见，任何两点测得的信号电压的大小都与被测量系统的几何形状有关。

心电图是从体表记录的心脏电位变化曲线，它反映出心脏兴奋的产生、传导和恢复过程中的生物电位变化。典型的心电波形分为 P 波、QRS 波群、T 波、U 波，如图 4-2 所示。

P 波：由心房的激动所产生，前一半主要由右心房产生，后一半主要由左心房产生，正常 P 波的宽度不超过 0.11s，幅度一般为 0.2mV。

QRS 波群：反映左、右心室的激动过程，称 QRS 波群的宽度为 QRS 时限，代表全部心室肌激动过程所需要的时间。它包括 3 个紧密相连的电位波动，第一个向下的波为 Q 波，以后是高而尖的、陡峭的 R 波，最后是一个向下的 S 波。在不同的导联中，这 3 个波不一定都出现。各波波幅在不同的导联中变化较大,有的 QRS 波的形状更复杂。正常人最高不超过 0.1s,幅值分别为 Q 波 0.1mV,R 波 0.5~1.5mV,S 波 0.2mV。

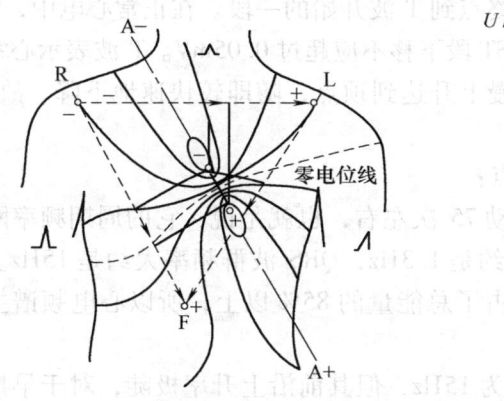

图 4-1 人体心电电偶容积导体所建立的电场模型

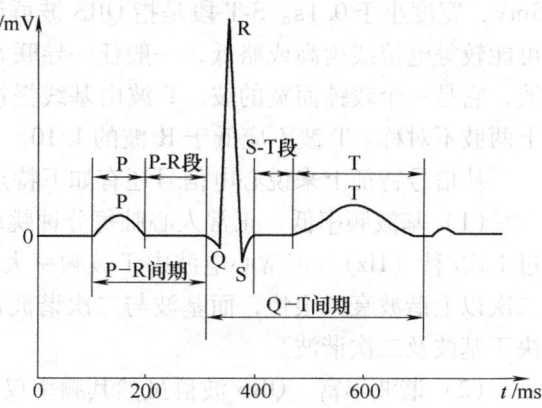

图 4-2 典型心电波形

T 波:代表心室激动后复原时所产生的电位影响。在 R 波为主的心电图上,T 波不应低于 R 波的 1/10。T 波的方向与 QRS 波群的方向一致。

U 波:位于 T 波之后,可能是反映心肌激动后电位与时间的变化,认识尚不确定。

P-R(Q)间期:是从 P 波起点到 QRS 波群起点的相隔时间,代表从心房激动开始到心室开始激动的时间。这一期间随着年龄的增长而有加长的趋势。

P-R 段:从 P 波终点至 QRS 波群的起点。同样,这一段正常人也是接近基线的。P-R 段形成的原因是由于兴奋冲动经过心房之后再向心室传导的过程中,需要通过房室交界区,兴奋通过此区时传导非常缓慢,形成的电位变化也很微弱,一般记录不出来,故在 P 波之后,曲线又回到基线水平。

QRS 间期:从 R(Q)波开始至 S 波终了的时间间隔,代表两侧心室肌(包括心室间隔肌)的电激动过程。

S-T 段:从 QRS 波群的终点到 T 波起点的一段。这一段的 S-T 段是接近直线的,与基线间的距离一般不超过 0.5mm。代表心室部分已经进入去极化状态,心室各部分之间没有电位差存在。对正常人的心电图进行频谱分析,得到 QRS 波群的中心频率在 12~18Hz 范围,S-T 段的谐波分量频率很低,几乎接近直流。

Q-T 间期:是从 QRS 波群的起点到 T 波终点的时程,代表心室开始兴奋、除极,到完全复极至静息状态的时间,与心律快慢有关。

在图 4-2 中,P 波的最高幅值不超过 0.25mV,Q 波的幅值约 0.1mV,R 波的幅值在 0.5~1.5mV;S 波的幅值约为 0.2mV,T 波的幅值在 0.1~0.5mV。

4.1.2 心电信号的电信号特点

目前我们经常采用肢体导联记录心电图,即体表心电图,它是心脏的电活动(主要是心房肌、心室肌的激动)经过躯体(组织)在体表形成的电位差(即心肌细胞除极、复极过程中向各方面传导而到达肢体电极时的电位差)。心电波由一系列波形组成:P 波代表左、右心房的除极,波宽不大于 0.11s,振幅小于 0.25mV。P-R 间期代表心房除极开始至心室除极开始的时间,即从 P 波开始处到 QRS 波群的开始处。P-R 间期随年龄的增大而有加长的趋势,成人约为 0.12~0.20s。QRS 波群反映左、右心室的除极过程,其最大振幅不超过 5mV,宽度小于 0.1s。S-T 段是指 QRS 波群终点到 T 波开始的一段。在正常心电中,S-T 段可能较等电位线稍高或略低,一般任一导联 ST 段下移不应超过 0.05mV。T 波表示心室复极波,它是一个较钝而宽的波。T 波由基线慢慢上升达到顶点,随即较快速地下降,故而上、下两肢不对称。T 波不应低于 R 波的 1/10。

从信号特征上来说心电信号还有如下特点:

(1) 基波频率低　正常人心脏每分钟跳动 75 次左右,也就是说,它的周期频率刚刚超过 1 次/秒(Hz)。正常心电波中 T 波频率大约是 1.3Hz,QRS 波群频率大约是 15Hz。由于二次以上谐波衰减很快,而基波与二次谐波占了总能量的 85% 以上,所以心电频谱主要取决于基波及二次谐波。

(2) 谐波丰富　QRS 波群虽然其频率仅为 15Hz,但其前沿上升率极陡,对于早期隐伏的心脏病人来讲,QRS 波群上常有切迹,偶尔可达 200Hz,而 ST 段几乎平直,约在 0.14~0.8Hz 之间。

(3) 心电信号极其微弱　峰值在 1~5mV 之间,而最小电压只有 20μV 左右。因此,运算放大器对微弱电压信号的放大是心电图机的重要任务,传送给单片机的 A-D 转换电压是 0~5V。电路中采用多级放大,使用低噪声、低漂移、高阻抗的仪用运算放大器。考虑到心电信号的变化极性,采用双电源双极性运算放大器。

4.1.3　心电信号的常见噪声

人体心电信号是非常微弱的生理低频电信号,通常最大的幅值不超过 5mV,信号频率在 0.05~100Hz 之间。心电信号是通过安装在人体皮肤表面的电极来拾取的。由于电极和皮肤组织之间会发生极化现象,会对心电信号产生严重的干扰。加之人体是一个复杂的生命系统,存在各种各样的其他生理电信号对心电信号产生干扰。同时由于我们处在一个电磁包围的环境中,人体就像一根会移动的天线,从而会对心电信号产生 50Hz 左右的干扰信号。

心电信号具有微弱、低频、高阻抗等特性,极容易受到干扰,所以分析干扰的来源,针对不同干扰采取相应的滤除措施,是数据采集重点考虑的一个问题。常见干扰有如下几种:

(1) 工频干扰　由于供电网络无所不在,因此 50Hz 的工频干扰是最普遍的,也是心电信号的主要干扰来源。它主要通过人体和测量系统的输入导线的电容性耦合,以位移电流的形式引入,其强度足以淹没有用的心电信号。

(2) 呼吸引起的基线漂移和 ECG 幅度改变　呼吸引起的基线漂移可以看成是一个以呼吸的频率加入 ECG 信号的窦性成分(正弦曲线)。这个正弦成分的幅度和频率是变化的。呼吸所引起的 ECG 信号的幅值的变化可以达到 15%。基线漂移的频率约为 0.1~0.3Hz。

(3) 高频电磁场干扰　随着无线电技术的发展,各种频段的无线电广播、电视发射台、通信设备、雷达等无线设备的工作使空中的电磁波大量增加。这些高频电磁干扰也可通过测量系统与人体连接的导线引入,可能引起测量结果的不稳定,严重时会使测量系统不能工作。

(4) 电极极化干扰　心电的获取是通过在人体体表放置电极来进行的。与电极接触的是电解质溶液(导电膏、汗液或组织液等),从而会构成一个金属-电解质溶液界面,因电化学的作用，在二者之间会产生一定的电位差，称为极化电压。极化电压的幅度一般较高，在几毫伏到几百毫伏之间。当两电极状态不能保持对称时，极化电压就会产生干扰，特别是在电极与皮肤接触不良以致脱落的情况下更为严重。

（5）肌电干扰　兴奋和收缩是肌肉的最基本功能，在神经系统的控制下，肌肉机械性活动并伴随有生物电活动。这些生物电活动产生的电位差随时间变化的曲线即为肌电图。肌电通常是一种快速的电变化，其频率范围为20～5000Hz。

（6）测量设备本身的干扰　信号处理所采用的电子设备本身也会产生仪器噪声。这类干扰一般具有较高的频率特性，容易通过低通滤波加以滤除。

综合起来，心电信号的干扰主要包括电极产生的干扰，心电信号中通常混杂有其他生物电信号，加之体外以50Hz工频干扰为主的电磁场干扰，使得心电噪声背景较强，测量条件比较复杂。

4.2　心电图机的信号采集设计

4.2.1　心电图机需要实现的功能

单导心电图机采用输入电路采集心电信号，通过导联选择电路选择任意一导心电信号，经放大电路对选择的心电信号进行放大处理。A-D转换负责把放大后的信号进行转换，用数字方法进行数据的处理，通过液晶显示器、打印机等外设数据输出。心电图机主体从原理上可分为输入电路，导联选择，放大电路，数据转换、处理、显示、打印，电源管理等部分。心电图机的电路部分可分为电源管理模块、键盘模块、心电信号采集模块、显示模块、打印模块、处理器。图4-3为心电图机的功能模块图，各部分模块的功能简述如下。

1. 心电信号采集模块

心电信号采集模块负责采集人体的微弱的心电信号，将采集到的信号进行放大、导联组合、切换、放电，及各种滤波处理 A-D 转换等，最后把采集到心电信号通过隔离发送给处理器。心电信号采集部分主要包括输入部分和放大部分两个主要组成部分。

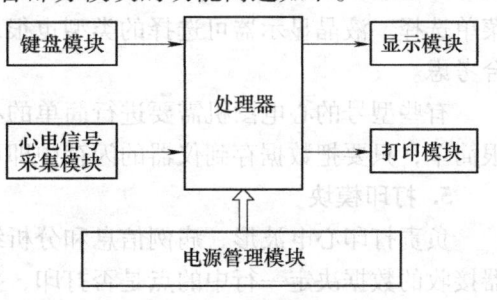

图 4-3　心电图机功能模块

输入部分包括信号电极、导联线、过电压保护、高频滤波器、缓冲跟随器及导联选择器等，主要作用是从人体提取心电信号，并按照要求组合导联，将选定导联的心电信号送入后级放大器，同时滤除空间电磁波的干扰，防止高电压损坏仪器。

信号电极用来将心脏搏动产生的体表电位差引入心电图机以进行测量，要求有较好的电压采集功能。过电压保护电路用来保护心电图机内部电路不受超出心电信号范围的高压噪声的冲击，还可以保证佩带心脏起搏器的病人能做心电图。过电压保护一般通过设置限幅电路的方式实现，通常会设置高压保护电路和低压保护电路两个保护电路。缓冲跟随器的作用是把体表电压的高输入阻抗变换为运算放大器输出端的低输出阻抗，以提高信号的抗干扰能力，对缓冲跟随的要求是输入阻抗高，以从体表得到尽量多的电压，采集尽量多的无失真的心电信号。导联选择器通过改变连接到前置运算放大电路的电极来实现不同的导联信号，通常使用 8 选 1 的多路开关实现，每切换一次导联都需按顺序进行，不能跳换。

前置放大电路是对心电信号进行放大的第一级放大器，由于其输入的心电信号幅度非常小且混杂了一些其他干扰信号，因此前置放大电路的主要功能是滤除一些共模干扰信号，需要具有高输入阻抗、高共模抑制比、低零点漂移、宽线性工作范围等特点。后置放大电路对较干净的心电信号进行幅值放大，需要较好的交流放大能力，较宽的增益带宽，同时具有增益调节功能。

2. 处理器

处理器负责接收键盘、心电采集和电源管理等各个功能模块送来的数据并进行处理，将处理结果显示到显示器上，同时根据设置打印到热敏纸上。目前所有心电图机的控制核心都是微处理器，负责整机各部分电路的控制，如信号采集、放大、A-D 转换、存储、分析、显示、记录等。另外，微处理器周围还配有必要的外围部件如 RAM 等，实现整机的控制。随着集成电路技术的发展，现在的单片机已经很少需要外扩存储芯片了，只需要根据要求在某一个系列中选择合适的单片机类型即可，而且很多的外围设备（ADC、ROM、RAM、PWM、SPI、I^2C、UART）也都已集成在芯片内部，不再需要另外配置芯片，大多数的单片机系统看起来都和最小系统接近。

3. 键盘模块

键盘模块负责键盘管理，检测"开/关机""方向""打印"等按键的响应，将检测到的按键编码发送给处理器，以便完成菜单设置，启动采集、打印等各种操作。

4. 显示模块

负责显示设备的灵敏度、打印速度、导联信息、滤波方式、电池电量、电源状态、心电波形等信息，配合按键完成设备的参数设定。显示使用点阵式液晶显示器，可以显示波形及菜单选择。液晶显示器可选择的类型也很多，彩色或黑白都可以，需根据仪器的整体需要综合考虑。

有些型号的心电图机需要进行简单的心电波形分析，这需要存储心电数据。存储的实现很简单，只要把数据存到仪器的闪存中即可，不需要额外的硬件设备。

5. 打印模块

负责打印心电波形、病例信息和分析结果等。打印使用热敏打印机，热敏打印头的锁存器接收的数据决定一行中的点是否打印，打印纸使用热敏记录纸，当热笔发热以后与记录纸接触，记录纸上的热敏材料就会变黑，从而可以描记出心电图。

打印过程还要有走纸机构，即带动记录纸沿着一个方向做匀速运动的机构。它的作用是使记录纸按规定速度随时间做匀速移动，热笔打印的心电信号变化的幅度值便被"拉"开，描记出心电图。走纸速度规定为 25mm/s 和 50mm/s 两种。为了准确地描记心电图，要求走纸速度稳定，速度转换迅速可靠。

6. 电源管理模块

电源管理模块负责系统各个模块的电源供给，产生各种电路需要的电压如 5V、3.3V；完成锂电池的充电和外部直流电源的管理；对需要隔离供电的电路实现隔离电源输出，如心电信号采集模块要求与交流电网隔离等。心电图机一般都采用交直流两用供电模式。当采用交流电源供电时，输入的 220V/50Hz 交流电首先通过变压器进行降压，然后通过整流滤波电路转换成为低压直流电源,最后该低压直流电信号送入 DC/DC 变换器,得到各部分电路需要的直流稳压电源信号。当采用直流电源供电时,心电图机一般配备电池,当仪器处于待机状态时,通过交流电源对电池进行充电;当交流电源断开或者没有交流电源时,仪器可以自动切换到电池供电方式,保证心电图机的正常使用。为适应不同需要,电源部分还有充电及充电保护电路、定时关机电路及电池电压指示等。

4.2.2 心电图机的主要性能参数

心电图机所记录的心电图,必须将心电电压的变化不失真地放大出来以供医务人员诊断心脏机能的好坏。心电图机的性能如有失常,会引起临床诊断中的差错。鉴别心电图机性能的好坏,常以其技术指标来表示,这些技术指标是设计心电图机的目标。下面简单介绍心电图机主要技术指标的意义和检测方法。

1. 输入电阻

心电图机的输入电阻即为前置放大器的输入电阻,一般要求大于 2MΩ。输入电阻越大,电极接触电阻不同而引起的波形失真越小,共模抑制比就越高。

2. 灵敏度

心电图机的灵敏度是指输入 1mV 电压时电压曲线的幅度,单位通常为 mm/mV,它反映了整机放大器放大倍数的大小。一般将心电图机的灵敏度分为 3 挡(5mm/mV、10mm/mV、20mm/mV),且分挡可调。心电图机的标准灵敏度为 10mm/mV,规定标准灵敏度的目的是便于对各种心电图进行比较,在有的导联出现 R 波特别高或 S 波特别深时,也可以采用 5mm/mV 灵敏度挡位。有的心电波电压比较微弱,也可采用比标准灵敏度更高的灵敏度(如 20mm/mV),以方便对心电图波形的诊断。为了能迅速、准确地选择灵敏度,仪器面板上装有灵敏度选择开关。

3. 噪声和漂移

噪声指的是心电图机内部元器件工作时,由于电子热运动等产生的噪声,不是因使用不当、外来干扰形成的噪声。这种噪声使心电图机在没有输入信号时仍有微小杂乱波输出。这种噪声如果过大,不但会影响图形美观,而且还会影响心电波的正常性,因此要求噪声越小越好,在描记的曲线中应看不出噪声波形。噪声的大小可以用折合到输入端的作用大小来计算,一般要求低于相当于输入端加入几微伏以下信号的作用,国际上规定其值不大于 15μV。

漂移是指输出电压偏离原来起始点而上下飘动、缓慢变化的现象。心电图机放大部分采用了将直流信号或变化极缓慢的信号进行放大的直流放大器,级间采用直接耦合的方式。当放大器的输入端短路时,输出端也有缓慢变化的电压产生,这种现象叫做漂移,也叫零点漂移。一般情况下,放大器的级数越多,零点漂移越严重。当漂移电压的大小可以和心电信号电压相比时,就会造成分辨困难。

零点漂移主要是由晶体管参数随温度变化而产生的,放大器电源电压的波动也会引起静态工作点产生变化,以致产生零点漂移;电路元器件老化,其参数随着使用时间的延长而改变,也会引起零点漂移。

4. 时间常数

时间常数电路是一个高通 RC 滤波器,决定心电图机的低频截止频率。若给 RC 串联电路接通直流电压 E,电容器的充电电流并不是一个常量,而是时间 t 的函数。表达式为 $i_c(t)$

$= \frac{E}{R} e^{-t/\tau}$，其中$\tau$为时间常数，$i_C(t)$为$t$时刻电容两端的充电电流。该式说明电容器的充电电流$i_C$由初始值$E/R$开始，随着时间的延长，按指数规律衰减，当$t$等于时间常数$\tau$时，其值衰减到初始值的$1/e$，即$36.8\%$。

基于上述原理，心电信号的时间常数τ的数值是指在直流输入时，心电图机描记出的信号幅度将随时间的增加而逐渐下降，输出幅度自100%下降到37%左右所需的时间。这个指标一般要求大于3.2s，若过小，幅值就会下降过快，甚至会使输入信号为方波信号时输出信号变成尖峰波，这就不能反映心电波形的真实情况。

5. 线性

线性好的心电图机，在输入信号幅度变化时，输出信号应与输入信号成正比变化。例如，当心电图机处于10mm/mV标准灵敏度情况时，给心电图机分别输入0.1mV、0.2mV、0.3mV等不同的幅值信号时，如果输出描记下来的信号幅度分别为1mm、2mm、3mm……则说明心电图机线性好，线性误差为零。心电图机要求描记幅度在10mm时，描记误差应小于±5%。

6. 极化电压

皮肤和表皮之间会因极化而产生极化电压，这主要是由于心动电流流过后出现电压滞留现象。极化电压对心电图测量的影响很大，会产生基线漂移等现象。极化电压最高时可达数十毫伏乃至上百毫伏。处理不好极化电压，产生的干扰将是很严重的。

尽管心电图机使用的电极已经采用了特殊材料，但是由于温度的变化以及电场和磁场的影响，电极仍产生极化电压，一般为200~300mV，这样就要求心电图机要有一个不受极化电压影响的放大器和记录装置。

7. 频率响应

人体心电波形并不是单一频率的，而是可以分解成不同频率、不同比例的正弦波成分，也就是说心电信号含有丰富的高次谐波。若心电图机对不同频率的信号有相同的增益，则描记出来的波形就不会失真。但是，放大器对不同频率的信号的放大能力并不是完全一样的，心电图机输入相同幅值、不同频率的信号时，其输出信号幅度随频率变化的关系称为频率响应，要求心电图机的通频带为0.05~100Hz。

8. 共模抑制比

心电图机一般都采用差动式电路，这种电路对共模信号有抑制作用，对差模信号有放大作用，共模抑制比指心电图机的差模信号放大倍数A_d与共模信号放大倍数A_c之比，表示抗干扰的能力。

9. 走纸速度

在心电图机记录纸上，横坐标代表时间，因此走纸速度的准确性就直接影响到所测量心电图波形的时间间隔的准确性，这就要求走纸速度均匀。常用的走纸速度有25mm/s和50mm/s两挡。

10. 绝缘性能

为了保证医务人员和患者的安全，心电图机应具有良好的绝缘性。绝缘性常用电源对机壳的电阻来表示，有时也用机壳的漏电流表示。一般要求电源对机壳的绝缘电阻不小于20MΩ，或漏电流小于100μA，因此心电图机通常采用"浮地技术"。

所谓浮地技术就是指将与病人直接相连的电路（如输入电路、前置放大电路）的地线悬空，与后级主放大电路、记录器驱动电路及走纸部分的地线隔离，以保证病人与大地之间绝缘。地线悬空的电路称为浮地电路。为了实现浮地电路与后级接地电路在电气上的隔离，同时又能将心电信号传到后级，一般采用光电耦合电路进行信号传递，同时在电源部分也必须通过变压器实现接地与浮地的隔离。

4.2.3 电极与导联

临床上为了统一和便于比较所获得的心电图波形，对描记的心电图的电极位置和引线与放大器的连接方式有严格的统一规定，人们将这种电极组和其连接到放大器的方法称为心电图导联或导联。

1. 电极

电极是用来摄取人体内各种生物电现象的金属导体，也称为导引电极。它的阻抗、极化特性、稳定性等对测量的准确级影响很大，作心电图时选用的电极是表皮电极。表皮电极的种类很多，有金属平板电极、吸附电极、圆盘电极、悬浮电极、软电极和干电极。按其材料又分为有铜合金镀银电极，镍银合金电极、锌银铜合金电极，不锈钢电极和银-氯化银电极等。

（1）金属平板电极　金属平板电极是测量心电图时常用的一种肢体电极，它是一块银-氯化银合金或铜质镀银制成的凹形金属板，这种电极虽然比较简单，但其抗腐蚀性能、抗干扰和抗噪声能力较差，在微电流通过时容易产生极化，而且电位不稳定，随时间漂移严重。肢体电极的固定，通常采用的是电极夹子，如图4-4a所示。

（2）吸附电极　吸附电极是用镀银金属或镍银合制而成，呈圆筒形，其背部有一个通气孔，与橡皮吸球相通，它是测量心电时作为胸部电极的一种常用电极，如图4-4b所示。

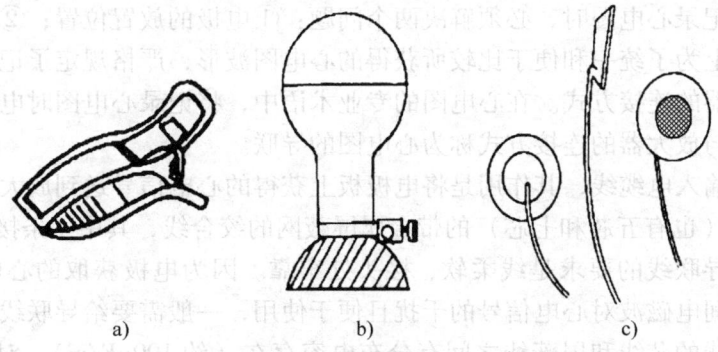

a)　　　　　　　b)　　　　　　　c)

图4-4　心电图机电极（一）

a) 金属平板电极　b) 吸附电极　c) 圆盘电极

该电极使用时挤压橡皮球，排出球内空气，将电极放在所需部位，然后放松橡皮球，由于球内减压，使电极吸附在皮肤上。但这种电极，由于只有圆筒底部的面积与皮肤接触（即接触面积小），从而使得它的阻抗和对皮肤的压力很大（即刺激大），因此，不适用于输入阻抗低的放大器和不宜作长时间监护之用。

（3）圆盘电极　圆盘电极多数采用银质材料，其背面有一根导线，如图4-4c所示。有的电极为了减轻基线漂移及移位伪差，在其凹面处镀了一层氯化银。值得注意的是，该电极在使用一段时间后必须重新镀上氯化银。

（4）悬浮电极 悬浮电极分为永久性和一次性使用的两种。其中永久性悬浮电极又称为帽式电极，其结构是把镀氯化银或烧结的 Ag-AgCl 电极安装在凹槽内，它与皮肤表面有一空隙，如图 4-5a 所示。使用时应在凹槽内涂满导电膏，用中空的双面胶布把电极贴在皮肤上。由于导电膏的性质柔软，它粘附着皮肤，也粘附着电极，当肌肉运动时，电极导电膏和皮肤接触处不易发生变化，起到接触稳定的作用。

一次性悬浮电极也称为纽扣式电极，其结构是将氯化银电极固定在泡沫垫上，底部也吸附着一个涂有导电膏的泡沫塑料圆盘，如图 4-5b 所示。使用前，圆盘周围粘有一层保护纸，封装在金属箔制成的箱袋内，用时取出，剥去保护纸即可使用。由于泡沫塑料与人体皮肤贴附紧密，一般不会引起接触不良而产生干扰。但这种电极只能使用一次。

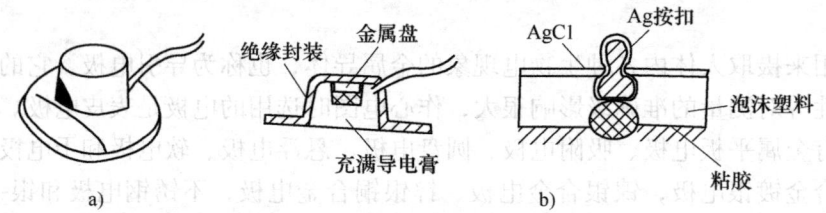

图 4-5 心电图机电极（二）
a）悬浮电极 b）一次性悬浮电极

目前国内外供临床广泛使用的电极为银-氯化银电极。它是用银粉和氯化银粉压制而成的，是一种较为理想的体表心电信号检测电极。使用时，电极片和皮肤之间充满导电膏或盐水棉花，形成一薄层电解质来传递心电信号，从而有效地保证了由于电极片与皮肤直接接触良好，也有利于极化电压的减小。

2. 心电图导联

在人体体表记录心电图时，必须解决两个问题：①电极的放置位置；②电极与放大器的连接形式。临床上为了统一和便于比较所获得的心电图波形，严格规定了记录心电图时的位置和引线与放大器的连接方式。在心电图的专业术语中，将记录心电图时电极在人体体表的放置位置及电极与放大器的连接方式称为心电图的导联。

导联线又称输入电缆线，其作用是将电极板上获得的心电信号送到放大器的输入端。它通常是一条十芯（也有五芯和七芯）的带金属屏蔽网的绞合线，其中 4 条接肢体电极，6 条接胸部电极，对导联线的要求是线柔软、接头处牢靠。因为电极获取的心电信号仅有几毫伏，为了消除空间电磁波对心电信号的干扰且便于使用，一般需要给导联线外加屏蔽层，屏蔽层接地。导联线的芯线和屏蔽线之间有分布电容存在（约 100pF/m），对于 1m 长的导联线，其分布电容的容抗可以到达兆欧级，而这些分布电容又与放大器输入阻抗并联，因此会影响心电信号的记录。为了克服导联线分布电容的影响，一般需要采用屏蔽驱动电路，在消除空间电磁波干扰的同时保证良好的记录效果。使用时，将所有电极全部接在相应的位置上，通过导联转换开关可切换成各种导联。

在国际标准十二导联体系中，需要在人体放置 10 个电极，分别位于左臂（LA）、右臂（RA）、左腿（LL）右腿（RL）以及胸部 6 个电极位置（V1~V6）。在记录心电图时，右腿电极一般为参考电极，其余 9 个电极作为心电电极。标准十二导联分别记为 Ⅰ、Ⅱ、Ⅲ、aVR、aVL、aVF、V1~V6。Ⅰ、Ⅱ、Ⅲ 为双极导联，是标准肢体导联，它是以两肢体间的电位差为所获取的体表心电；aVR、aVL、aVF 为加压导联，是单极肢体导联，简称为肢体导联，此连接形式可以探测心脏某一局部区域电位变化；V1～V6 为胸部导联，由于探测电极离心脏比较近，获得的心电波形有较大的振幅，有利于观测。各种导联之间并无本质的差别，只是从不同角度反映了心肌的除极化和复极化过程。电极部位、电极符号及相连的导联线的颜色均有统一规定，各导联线以不同颜色的标志来表示所接的部位。国际标准十二导联体系的具体连接方式见表 4-1。

表 4-1 标准十二导联的详细情况

导联电极位置	电极标志符号	色码	人体表面的位置
肢体	R	红	右臂
	L	黄	左臂
	F	绿	左腿
	N 或 RF	黑	右腿
胸部 [按威尔逊（Wilson）法]	V1	白/红	胸骨右端第 4 肋间
	V2	白/黄	胸骨左端第 4 肋间
	V3	白/绿	V2 和 V4 中间第 5 肋间上
	V4	白/棕	左锁骨中线第 5 肋间
	V5	白/黑	左腋前线上与 V4 同一水平
	V6	白/紫	左腋中线上与 V4 同一水平

（1）标准肢体导联 标准Ⅰ、Ⅱ、Ⅲ导联由 Einthoven 于 1903 年发明，又称为标准肢体导联，简称标准导联。标准导联的理论基础是 Einthoven 原理，其主要内容是下面的假设：

1）人体的左肩、右肩及臀部 3 点与心脏距离相等，构成等边三角形的 3 个顶点，心脏产生的电流均匀地传播于体腔，四肢仅作为导体，肢体上任何一点的电位等于该肢体与体腔连接处的电位。

2）等边三角形的中心为心脏，并与三角形在同一平面上。

3）体腔是一个均匀导电的、相对于心脏来说很大的球形容积导体。心脏的电活动过程为一对电偶，位于容积导体的中央，其偶极矩的方向斜向左下方并与水平线成一角度，称为心电轴，如图 4-6 所示。由于人体不是一个均匀导体，因此 Einthoven 原理是一个近似的模拟方法。

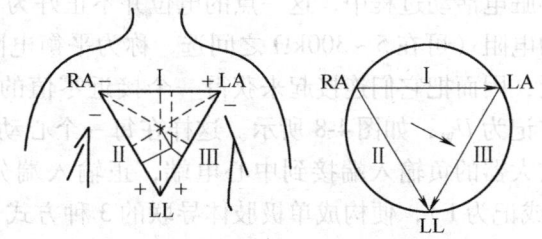

图 4-6 Einthoven 三角形示意图

3 种双极标准导联如图 4-7 所示，图中 A 为运算放大器，A_{CM} 为右腿驱动电路。电极安放位置以及与运算放大器的连接如下。

导联Ⅰ：左上肢（LA）接放大器正输入端，右上肢（RA）接放大器负输入端。

导联Ⅱ：左下肢（LL）接放大器正输入端，右上肢（RA）接放大器负输入端。

导联Ⅲ：左下肢（LL）接放大器正输入端，左上肢（LA）接放大器负输入端。标准导联时，右下肢始终接 A_{CM} 输出端，间接接地。

以 V_L、V_R、V_F 分别表示左上肢、右上肢、左下肢的电位值，则有 $V_Ⅰ = V_L - V_R$，$V_Ⅱ = V_F - V_R$，$V_Ⅲ = V_F - V_L$，每一瞬间都有 $V_Ⅱ = V_Ⅰ + V_Ⅲ$，也就是说，测出了两个肢体导联可计

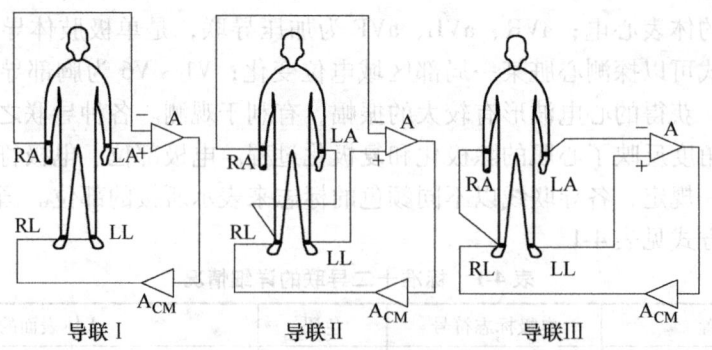

图 4-7 标准导联 Ⅰ、Ⅱ、Ⅲ

算出第 3 个，这个原理已经有应用，可以减少一个肢体导联。

标准导联的特点是能比较广泛地反映出心脏的大概情况，如后壁心肌梗死、心律失常等，在标准导联中可记录到清晰的波形改变。但是，标准导联只能说明两肢间的电位差，不能记录到单个电极处的电位变化。

(2) 单极肢体导联　单极理论由威尔逊（Wilson）于 1940 年提出，他认为单极导联可以更准确地反映探查电极下局部心肌的电位变化情况，因此提出了单极肢体导联的连接方式。记录单极肢体导联方式的心电图时，将一个电极安放在左肢、右肢或者左腿，称为探查电极，另一个电极放置在零电位点，称为参考电极，探查电极所在部位电极的变化即为心脏局部电位的变化。

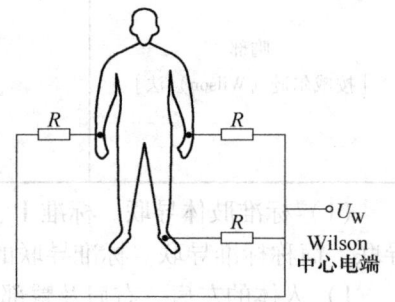

图 4-8　Wilson 中心电端的电极连接图

从实验中发现，当人的皮肤涂上导电膏后，右上肢、左上肢和左下肢之间的平均电阻分别为 1.5kΩ、2kΩ、2.5kΩ，如果将这 3 个肢体连成一点作为参考电极点，在心脏电活动过程中，这一点的电位并不正好为零。威尔逊提出在 3 个肢体上各串联一只 5kΩ 的电阻（可在 5～300kΩ 之间选，称为平衡电阻），使 3 个肢端与心脏间的电阻数值互相接近，因而把它们连接起来获得一个接近零值的电极电位端，称它为 Wilson 中心电端，其电位记为 U_W，如图 4-8 所示。这样在每一个心动周期的每一瞬间，中心电端的电位都为 0。将放大器的负输入端接到中心电端，正输入端分别接到左上肢 LA、右上肢 RA、左下肢 LL（或记为 F），便构成单极肢体导联的 3 种方式，记为 $\bar{V}_R$、$\bar{V}_L$、$\bar{V}_F$，如图 4-9 所示。

(3) 单极加压肢体导联　由于电阻 R 能够对探查电极所在肢体的信号进行分流，因此单极肢体导联获得的心电信号幅度较小，不便于进行测量分析。Goldberger 于 1942 年对 Wilson 提出的单极肢体导联进行了一定的改进，提出了单极加压肢体导联的概念，并得到了广泛的认可和应用。

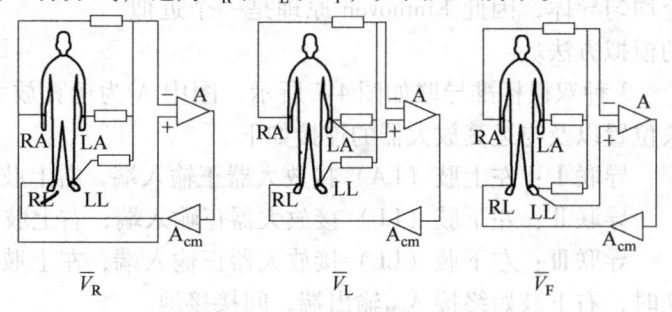

图 4-9　单极肢体导联连接

在单极导联基础上，当记录某一肢体单极导联心电图形式时，将该肢体与中心电端之间所接的平衡电阻断开，改进成增加电压幅度的导联形式，称为单极加压肢体导联，简称加压导联。其连接方式如图 4-10 所示。

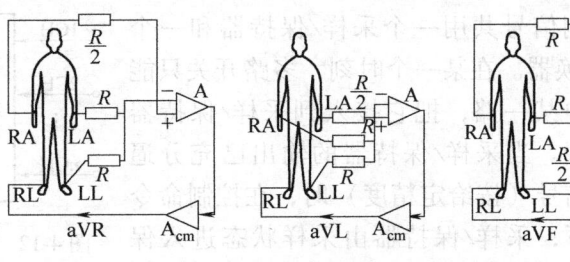

图 4-10 单极加压肢体导联

加压导联获得的电压分别记为 aVR、aVL、aVF。设改进后的 Wilson 中心电端电位实际为 V_C，则 aVR、aVL、aVF 与 $\bar{V}_R$、$\bar{V}_L$、$\bar{V}_F$ 之间的关系为

$$aVR = V_R - V_C, V_C = (\bar{V}_F + \bar{V}_L)/2, \bar{V}_R = V_R + V_W$$

因为矢量和为零，即 $\bar{V}_R + \bar{V}_L + \bar{V}_F = 0$，所以 $V_C = -\frac{1}{2}\bar{V}_R + V_W$，则

$$aVR = V_R - V_C = \bar{V}_R + V_W - \left(-\frac{1}{2}\bar{V}_R + V_W\right) = \frac{3}{2}\bar{V}_R$$

同理

$$aVL = \frac{3}{2}\bar{V}_L, aVF = \frac{3}{2}\bar{V}_F$$

由计算结果可知，加压导联所获得的心电波形状不变，而波形幅度增加 50%。

(4) 单极胸导联　Wilson 于 1942 年提出单极胸导联的连接方式，测量心电图时，为了探测心脏某一局部区域电位变化，将探查电极安放在靠近心脏的胸壁上，参考电极置于 Wilson 中心电端，探查电极所在部位电位的变化即为心脏局部电位的变化，这种导联称为单极胸导联。

探查电极安放在前胸壁上的 6 个固定位置，V_1 在右胸骨边缘第 4 肋间，V_2 在左胸骨边缘第 4 肋间，V_4 在锁骨中线与第 5 肋间的交点，V_3 在 V_2 和 V_4 中间，V_5 为腋下线前与 V_4 同水平，V_6 在腋下线上与 V_4 同水平，这样的电极安排正好把心脏包起来，从而可以比较完整地评价心脏活动过程。将心电信号送入放大器正输入端，放大器负输入端通过参考电极接到 Wilson 中心电端，这即是所谓的单极胸导联，用 $V_1 \sim V_6$ 表示，如图 4-11 所示。

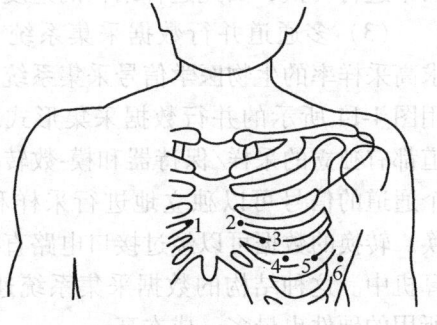

图 4-11 单极胸导联 $V_1 \sim V_6$ 电极位置

3. 导联数据的采集方式

心电图机使用 10 根导联线组合成 12 导联的心电信号，右腿电极作为参考电极，其余 3 个肢体电极之间的电压差组合成为 3 个标准肢体电压信号，3 个肢体导联与 Wilson 中心端的电压差成为 3 个单极导联，6 个胸导联与 Wilson 中心电端的电压差形成 6 路电压信号，这样总共有 12 路电压信号。这些电压信号接入到前置放大电路有不同的接法，常用的生物医学信号采集系统有以下几种结构形式。

(1) 多通道共享采样/保持器和模-数转换器　图 4-12 所示结构为分时转换的工作方式，

各路被测信号共用一个采样/保持器和一个模-数转换器。在某一个时刻，多路开关只能选择其中某一路，把它接入到采样/保持器的输入端。当采样/保持器的输出已充分逼近输入信号（按给定精度）时，在控制命令的作用下，采样/保持器由采样状态进入保持状态，模-数转换器开始进行转换，转换完

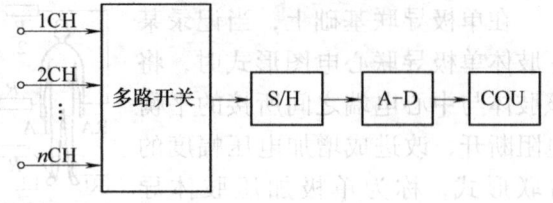

图4-12 多通道共享采样/保持器和模-数转换器

毕后输出数字信号。在转换期间，多路开关可以将下一路接通到采样/保持器的输入端。系统不断重复上述操作，实现对多通道模拟信号的数据采集。

这种结构形式很简单，所用芯片数量少，适用于信号变化速率不高，对采样信号不要求同步的场合。单导心电图机就采用这种采样方式。如果信号变化速率慢，则也可以不用采样/保持器。

（2）多通道同步性数据采集系统　图4-13所示结构虽然也是分时转换系统，各路信号共用一个模-数转换器，但每一路通道都有一个采样/保持器，可以在同一个指令控制下对各路信号同时进行采样，得到各路信号在同一时刻的瞬时值。模拟开关分时地将各路采样/保持器接到模-数转换器上进行模-数转

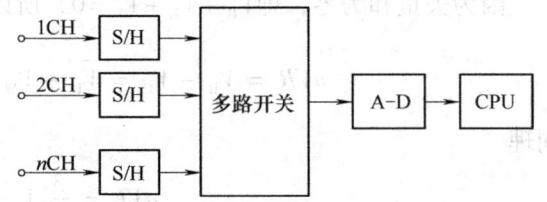

图4-13 多通道同步性数据采集系统

换。这些同步采样的数据可以描述各路信号的相关关系，这种结构被称为同步数据采集系统。例如为了实现多通道脑电信号的同步测量，脑电数据采集系统必须对同一时刻的不同通道的脑电信号进行同步采样，然后进行计算。由于各路信号必须串行地在公用的模-数转换器中进行转换，因此这种结构的速度仍然较慢。

（3）多通道并行数据采集系统　对于要求高采样率的生物医学信号采集系统，可以采用图4-14所示的并行数据采集形式。每个通道都有独立的采样/保持器和模-数转换器，各个通道的信号可以独立地进行采样和模-数转换。转换的数据可以经过接口电路直接送到计算机中。这种结构的数据采集系统速度最快，所用的硬件也最多，成本高。

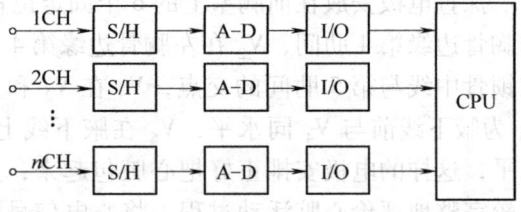

图4-14 多通道并行数据采集系统

4.2.4 信号放大电路

信号提取电路的主要功能是提取出人体的电信号，而测量对象的特点是信号微弱、噪声大、阻抗高，为了得到尽量多的电信号，此级电路的主要要求是高输入阻抗，应选择输入阻抗高的运算放大器，并在电路上尽可能的抑制共模信号。总的信号提取电路图如图4-15所示（见书后插图）。

前置放大电路的作用是把输入到电路中的微弱的（变化缓慢的）心电信号加以放大，同时又要有足够的抑制各种干扰信号的能力。这部分主要包括前置放大器、1mV定标发生

器、时间常数电路等。

心电图机接收到的心电信号的频率在 0.05~100Hz、电压在 -1~4mV 范围。要有效利用这个输出信号，就必须对其进行放大，输出的微弱电信号应被放大 1000 倍左右。对这样的信号必须要用两级放大电路，采用直流放大器串联大的耦合电容后与交流放大器采取间接耦合的方式进行放大。为了获得低噪声放大电路，应选用低噪声元器件，电阻选用金属膜电阻，电容选用钽电容或瓷介电容，信号输入线应采用尽量短的屏蔽电缆，电路板选用漏电流小的高绝缘电路板。

首先心电导联采集过来的微弱心电信号通过前置放大电路进行放大，此部分包括右腿驱动以抑制共模干扰、屏蔽线驱动以消除引线干扰，增益设成 10 倍左右。前置电路的设计要从以下几个方面考虑：首先应满足放大电路的高信噪比和信号源阻抗与放大器之间的噪声匹配（所谓噪声匹配是指信号源阻抗等于最佳源阻抗，使得放大电路的噪声系数最小）；其次，要考虑电路组态、形式等以满足对放大器增益、频率响应、输入/输出阻抗等方面的要求；最后，还应采取一定的方法来减少噪声，采取屏蔽以及接地措施以尽量避免信号受到外来的干扰。在许多应用场合，要求放大器有较高的放大倍数及合适的输入/输出阻抗，而单级放大器的放大倍数不可能做得很大，需要将多个基本放大器级联起来，构成多级放大器。受放大器带宽与极化电压等因素影响，通常单级放大器的放大倍数应选取在 10~100 倍之间。

设计前置放大电路时，主要采用美国模拟器件公司生产的医用放大器 AD620BR 与高质量的电阻与电容。AD620BR 由传统的三运算放大器发展而成，为同相并联差动放大器的集成。它具有共模抑制比较高，温度稳定性好，放大频带宽，噪声系数小等优点。同时该部分还应选用误差范围在 5% 的系列精密电阻，放大后的信号经滤波、50Hz 陷波处理后再进行二次放大，后级增益设成 100 倍左右。其中高（低）通滤波电路电阻选用精密电阻，电容选用低 ESL 系列电容，其范围和精度满足滤波要求。滤波采用压控电压源二阶高（低）通滤波电路，用于消除 0.05~100Hz 频带以外的肌电等干扰信号，工频中的其余高次谐波也可被滤除掉。同时，采用有源双 T 带阻滤波电路进一步抑制 50Hz 工频干扰。

1. 过电压保护电路

使用心电图机记录病人心电图时，往往会通过电极和导联线窜入一些高压信号，如在记录心电图的同时进行除颤治疗时，高电压的除颤脉冲就会进入心电图机。为了防止这些高压信号损坏心电图机，必须通过过电压保护电路消除高压信号的影响。一般根据过电压保护电路的限幅电压，将过电压保护电路分为高压保护电路和低压保护电路。

心电信号从左侧的信号输入端输入，在输入端首先通过由放电管组成的高压保护电路。高压保护电路采用瞬变电压保护器 TVS 保护放大器不被人体静电损坏，其保护电压为几十伏。当高于保护电压的电压加到放大器的输入端时（如心电图机和除颤器共用时的高压或其他干扰性高压、静电），放电管击穿，使输入高压直接接地，从而保护了机器。

二极管为低压保护电路。几十伏以下的电压也有可能进入输入级，所以需要低压保护电路，其保护电压为 ±5.7V。这是由于缓冲跟随器应用 ±5V 电源电压，因此它的输出端电压不会超过 ±5V，而二极管一端接输出，故另一端接输入时最高电压不会超过 ±5.7V，起到了低压保护作用。

心电图机中不能只设置一级低压保护电路，如果较高的电压加到低压保护电路上，会使二极管击穿造成彻底的损坏,而有了高压保护电路,高电压加入时放电管被击穿,就限制了加在低压保护电路上的电压,高电压消失时放电管恢复正常。这样通过两级保护电路,可以很好地为后续电路提供保护,既保护电路本身又不会造成损害。

2. 高频滤波电路

空间电磁场中存在大量的高频信号,同时在心电图室周围也可能存在一些大功率用电设备,这些高频的信号通过电极输入心电图机以后会直接影响心电图的输出波形。因此,心电图机的输入部分采用 RC 低通滤波电路组成高频滤波器,滤波器的截止频率选为 10kHz 左右,滤除不需要的高频信号(如电器、电焊的火花发出的电磁波),以减少高频干扰,确保心电信号的通过。前级输入电阻 R_1 与电容 C_2 组成一阶低通滤波器,用于高频干扰,滤波电路的截止频率为

$$f_c = 1/(2\pi RC) = [1/(2 \times 3.14 \times 10^4 \times 220 \times 10^{-12})]\text{kHz} = 72\text{kHz}$$

3. 缓冲跟随器的设计

人体相当于心电信号的信号源,心电信号由人体传导到心电图机的输入电路,其中要经过人体内阻、电极与皮肤接触电阻以及输入电路的平衡电阻等因素的衰减,这些传播过程可等效为信号源内阻,其值较大,一般为几十千欧。如果放大器的输入阻抗很低,那么心电信号经过串联在信号通路里的上述几种电阻衰减之后,最后在放大器的输入阻抗上得到的有效信号电压就会降低。由于人体电阻和皮肤与电极接触电阻分散性很大,输入阻抗过低还会造成心电信号失真。如果输入阻抗较高,就会避免上述因素的不良影响。

人体相当于一个导体,接受空间电磁场的各种干扰信号,这些干扰信号相当于共模信号,因此心电放大器要有较高的共模抑制比。由电极拾取的心电信号,通过导联线首先传输到心电图机的第一级放大器,即输入缓冲放大器。缓冲放大的目的主要是为了提高电路的输入阻抗,减少心电信号衰减和匹配失真,一般采用电压跟随器实现。

缓冲器实际上是一个阻抗转换器将人体和 Wilson 网络隔离,使输入阻抗及人体心电信号不受电阻网络的影响。缓冲器电路有比较大的输入阻抗,信号比较稳定,电路和人体有了一定的隔离,同时也有一定的抗干扰的能力。

用高阻型运算放大器设计跟随器,通常可选用 TI 公司的 TL07×、TL08× 系列,其输入阻抗高达 $10^{12}\Omega$。一方面,极高的输入阻抗,克服了电极与皮肤接触电阻引起的信号衰减;另一方面,极低的输出阻抗,确保有效地驱动 Wilson 网络工作。两个二极管组成双向限幅电路,对来自人体的高压干扰实施限幅,防止因过度激励造成运算放大器逆转而失效。

4. 导联选择器

由于单导心电图机同时只能记录一个导联的心电信号,因此需要有一个装置对人体上放置的 10 个电极进行组合,构成需要的国际标准十二导联,这个装置就是导联选择器。切换导联需按顺序进行,不能跳换。

图中 9 个电阻构成 Wilson 网络,R_{17}、R_{18}、R_{20} 的公共连接端为 Wilson 中心电端。U_4、U_5、U_6 为 8 选 1 多路电子开关。各电极在人体上的位置和接触状态存在差异,导联线的参数和 Wilson 网络的元件值也存在离散性,故 Wilson 网络的非中心节点上的干扰信号必然有幅度甚至相位差。这种差异将以差模方式传输到后续放大器被放大,而且相对于心电有用信号而言已不能忽视,为此 Wilson 网络的干扰信号经 U_3 反相放大后送右腿驱动,对于干扰信号而言这是一种深度反馈,极大地抑制了人体感应的共模干扰,提高了前端信号采集的

精度。

5. 前置放大电路

放大部分的作用是将幅度为 mV 级、频率为 0.05~100Hz 的心电信号放大到可以观察和记录的水平。由于从人体表面提取的心电信号混入了其他一些干扰信号，因此在放大部分不但要对心电信号进行放大，还要滤除其他干扰信号，因此心电图机的放大部分不能采用简单的单级放大电路，一般采用多级放大。心电图机放大部分主要包括前置放大器和中间放大器，此外还有 1mV 定标信号发生器、起搏脉冲抑制器、时间常数电路、高频滤波电路、50Hz 滤波电路以及其他一些辅助电路。

前置放大器是对心电信号进行放大的第一级放大器，由于其输入的心电信号幅度非常小，且混杂了一些其他干扰信号，因此前置放大器的主要功能是滤除一些共模干扰信号，同时对心电信号进行有限度的放大，为了实现这个目的，对于前置放大器有一些特殊的要求：

1）高输入阻抗。由于心电信号很微弱，在体表拾取到的信号仅为 1~2mV，而且人体作为心电信号的信号源来说，其内阻是比较大的，因此就要求前置放大器具有高输入阻抗，否则所测信号会产生较大的误差。

2）高共模抑制比。心电图机是一个高灵敏度、高输入阻抗的放大装置，容易受到外界各种电磁信号的干扰，尤其是 50Hz 交流电的干扰，因为它的频率在心电图机放大器的频率范围之内，而且交流电引起的干扰往往比微弱的心电信号大许多。若把心电信号和交流干扰信号同时放大，心电信号将会被叠加上严重的干扰。由于电磁干扰信号为共模信号，因此前置放大器必须具有很高的共模抑制比，才能具有很强的抗干扰能力，把干扰信号抑制掉。

3）低零点漂移。心电图机要工作在不同的环境中，环境温度变化较大，为了得到准确的记录波形，要求心电图机各路的工作点要稳定。前置放大器的零点漂移主要由温度引起，这种偏移经中间级、功率放大级后会被放大，严重影响记录，因此前置放大器的零点漂移越小越好。

4）低噪声。噪声是由放大电路中各元器件内部带电粒子的不规则运动造成的，在多级放大电路中，第一级产生的噪声在整机中的影响最大，因此要求前置放大电路的噪声要低。

5）宽的线性工作范围。由于导联输入信号存在比较大的电极电压，会导致工作点产生漂移。为使其不致偏移出放大器的线性工作区，要求前置放大器有宽的线性工作范围，以使心电信号不发生波形失真。

由于心电信号十分微弱，噪声背景强且信号源阻抗很大，一般典型值在 500kΩ，为了保证放大器得到尽量多的信号（由信号源内阻和放大器输入阻抗的分压决定），前端放大器要满足输入阻抗高，共模抑制比高、噪声小、零点漂移低、非线性度小，并具有合适的带宽和动态范围。图 4-15 所示电路中采用以 AD620BR 仪表放大器为主的电路，AD620BR 的输入偏置为 50μV，零点漂移为 0.6μV/℃，峰值噪声特性为 0.28μV（0.1~10Hz），最大增益下高达具有约 130dB 的共模抑制比，输入阻抗为 10^{12}Ω，非常适合做前端放大器。

测量电极引入的极化电压差较心电信号大几十倍（达 300mV 左右），放大 10 倍就是 3V，达到了放大器的电源电压，可使放大器饱和。为防止 AD620BR 因动态范围不够进入非线性区失去放大作用，前端放大器要放大 10 倍左右，其增益公式为 $Au = 1 + 49.4/R_g$，AD620BR 的放大倍数可以通过对 AD620BR 的 1、8 脚之间 R_g 的阻值选择进行调整。由于信号能量主要集中在 0.05~100Hz，所以心电信号经过 0.05~100Hz 带通滤波后，送往主放大器放大到 ADC 的转化范围。

6. 1mV 定标信号发生器

为了衡量描记的心电图波形幅度，校准心电图机的灵敏度，通常需要给前置放大器的输入端输入 1mV 的矩形波信号。例如，当选择心电图机的灵敏度为 10mm/mV 时，如果给前置放大器输入 1mV 矩形波信号，记录纸上就应该描记出 10mm 的矩形波。如果记录纸上描记的波形幅度与 10mm 有偏差，则说明整机的灵敏度有误差，需要调整，这个过程就称为定标。另外，1mV 的矩形波信号还可用于时间常数的测量和阻尼的检测。1mV 定标信号发生器可分为标准电池分压、机内稳压电源分压和自动 1mV 定标产生器等。

图 4-15 中，通过 MCU_CONTROL13 控制晶体管 VT_6 的通断频率可控制加载在 R_{116} 与 R_{117} 上端电压的频率，从而利用 R_{116} 与 R_{117} 实现对 2.5V 电压进行分压，最终产生一个 1mV、1Hz 的交流电压，通过 U_5 的模拟开关选通功能将交流电压加载到运算放大器 U_7 的正输入端，最终实现定标信号的产生。

7. 起搏脉冲抑制电路

安装了起搏器的病人也需要做心电图，而起搏器的输出脉冲幅度较高，有可能会阻塞心电图机的后级放大器，故要采用起搏脉冲抑制电路。它是一个具有限幅作用的高频电路，电压约为 0.7V，正常心电信号经差分放大后幅度较小，所以起搏脉冲抑制电路对心电信号没有影响。

图 4-15 中，起搏脉冲可以通过二极管 VD_{21}、VD_{22} 和电容 C_{13} 抑制掉，即使 VD_{21} 和 VD_{22} 瞬时导通并给 C_{13} 充电，使起搏脉冲的幅度减小并展宽，不影响心电图的描记。

8. 时间常数电路

前置放大器输出的信号要送入中间放大器进行进一步的电压放大，由于所用的心电电极具有一定的直流极化电压，如果该极化电压直接送入中间放大器，将会使中间放大器的静态工作点发生偏移，放大器有可能偏出放大区，造成描记信号的失真。为了解决极化电压的问题，在前置放大器与中间放大器之间设计了一个 RC 滤波网络，称为时间常数电路。其原理是利用电容"隔直"的特点，将极化电压在前置放大器输出端滤除，而允许心电信号通过，这样就消除了极化电压对后级电路的影响。由于该电路利用的是 RC 阻容网络充放电的原理，其截止频率取决于充放电的时间常数，因此该电路称为时间常数电路。

图 4-15 中，电容 C_{14} 和电阻 R_{30} 组成了时间常数电路（即高通滤波器），时间常数决定了心电图机的低频响应。由于 $\tau = RC = 1/(2\pi f)$，若 $f = 1/(2\pi RC) < 0.05Hz$，就是说该心电图机最低响应频率小于 0.05Hz，则时间常数 τ 大于 3.2s。

9. 中间放大电路

中间放大器位于时间常数电路之后，称为直流放大器。由于它不受极化电压的影响，信号质量较好，增益可以较大，其主要作用是对心电信号进行电压放大，一般均采用差分式放大电路。心电图机的一些辅助电路如增益调节、放电电路隔离电路等也都设置在这里。

图 4-15 中，运算放大器 U_{9A} 通过 C_{14} 与前置放大器以间接耦合方式组成后级放大器，其放大倍数 $A = R_x/R_{31} + 1$（R_x 为模拟开关后可选择电阻的统称，对应图 4-15 中的 $R_{35} \sim R_{42}$，范围为 100~800kΩ），可通过切换电阻来改变电路的放大倍数。

10. 增益选择电路

利用 HC4051 型集成模拟开关进行电阻的选择匹配，可达到二级放大器增益选择的目的，分别对应灵敏度为5、10、20等多个挡位，选择动作由单片机控制。

11. 封闭电路

图4-15中，封闭电路应用VT_1的开关作用组成，完成连续采集及手动封闭。单导心电图机在做心电图检查时要切换导联，在切换导联时等于心电图机的输入电极在变换位置，切换后各个电极的极化电压又不同。在切换导联时相当于一个跃变电压被前置放大器放大，放大后的跃变电压同样可以通过级间耦合送到下一级放大器，使采样电压超过正常采样范围，然后按指数规律慢慢恢复到零位，这段时间大约为5τ。而通过MCU控制VT_1开关实施封闭，可将电容C_{14}上的跃变电压泄放掉。

12. 导联脱落检测电路

当导联脱落时需要心电图机给出报警信号，以免测得错误的心电信号。200MΩ电阻$R_{101}\sim R_{109}$对输入信号进行电位上拉。当导联连接时，LL导联脱落时，除LL、RL外的其他导联脱落时，U_7的输出端会分别输出0V、5V、-5V 3种不同电压，通过U_{30}的分压与上拉电路后分别会产生1.25V、2.5V、0V 3种不同电压，U_{30}的输出送至MCU的ADC。MCU根据采集到的电压范围判断出导联的状态。

13. 滤波电路

心电信号的采集会受到各种干扰信号的影响，为了滤除各种高、低频干扰，需要限制心电图机的通频带，这样做也可以减小噪声功率。为了滤除干扰，可以采用硬件滤波，也可以使用DSP进行软件滤波，两种方法各有特点，这里使用传统的硬件滤波。图4-15中，前面的时间常数电路即高通滤波器，限制了通频带的下限，目的是消除基线漂移、极化电压等低频干扰；R_{43}、C_{15}构成了低通滤波电路，用于滤除外界高频干扰，截止频率为

$$f_c = [1/(2\pi \times 10^4 \times 10 \times 10^{-9})]Hz = 1592Hz$$

14. 电位抬高电路的设计

心电信号经两级放大后，电压范围为$-2.5\sim2.5V$；经电位抬高电路后，电压范围为$0\sim2.5V$（对于增益为10mm/mV的放大倍数）。电位抬高电路采用电阻分压与运算放大器跟随的方式产生2.5V的基准电压。

15. 采集控制电路的设计

应用LPC2132FBD64/01芯片可以进行采集部分的控制。MCU通过MCU_CONTROL1～MCU_CONTROL13（见书后插页图4-15）控制模拟开关的切换及晶体管的开关，实现全导联心电信号的采集，信号经放大处理后最终由LPC2132FBD64/01进行A-D转换，转换后的数字信号便于数据的传输和后期处理。

4.3 单片机控制系统

4.3.1 单片机型号的选择

构造仪器时应当以微处理器为核心，数字信号处理和仪器的输入/输出控制是微处理器的主要任务，在确定微处理器型号时，应当首先确定需要完成的功能，然后根据任务选择合

适的单片机型号，最后选择与单片机配套的外围电路。随着电子工艺的发展，单片机性能已得到了很大提升，片内的存储器容量也有了很大的提高，随之带来的变化是单片机外扩存储器电路在实际电路中几乎不再使用，而是直接选择带有合适存储容量的单片机。单片机的一些常用外围设备在某些单片机型号内也有集成，在选择型号时可以考虑尽量把这些功能在单片机内部实现。这样的好处是减小了硬件电路规模，同时减少了外围元器件对单片机引脚的占用，而且从经济上来说费用更低。从软件方面来说，存储容量的提高可以使编程语言的效率不再是首先考虑的要素，而可以使用编写性、可读性、移植性更好的高级语言。就是在这种技术推动下，C语言应用到了单片机的编程中，实际上，C语言编写的程序编码效率已经接近于汇编语言了。

1. 单片机的一般选择过程

选择单片机的主要考虑因素，从大的方面来说，主要有3个，即单片机本身、输入系统和输出系统。实际设计中，需要首先明确单片机的任务，根据任务选择单片机的输入/输出系统，然后根据硬件要求和运算速度的要求确定单片机的型号。

输入系统基本上由以下几部分组成：键盘、串行接口（RS232、RS485、CAN BUS、以太网、USB）、开关量、模拟量。输出系统基本上由以下几部分组成：串行接口（RS232、RS485、CAN BUS、以太网、USB）、开关量、模拟量、LED显示（发光管、八段数码管）、液晶显示器、蜂鸣器。

在确定了输入/输出设备后，需要对单片机进行选择，单片机一般需要考虑的因素有以下一些：

1）单片机的基本参数：例如速度、程序存储器容量、I/O引脚数量。

2）单片机的增强功能：例如看门狗、双串口、RTC（实时时钟）、EEPROM、扩展RAM、CAN接口、I^2C接口、UART、计时器资源、SPI接口、USB接口、A-D转换、D-A转换等各种资源。

3）单片机封装：单片机的控制引脚数量以及封装等，如早期的DIP直插引脚，常用的QFP贴片引脚，以及一次性焊接的BGA封装。

4）单片机功耗：例如，如果整个系统需要极低的功耗，可以选用专用的低功耗单片机MSP430。

5）单片机工作电压范围：例如，用2节干电池供电的便携仪器，至少应该能在1.8～3.6V电压范围内工作。

6）单片机编程语言及环境：例如，根据代码效率及大小等选择汇编语言或者C语言，编程环境通常选择应用比较广泛、操作简便的Keil或者IAR等。

2. 实际心电图机控制核心的选择

综合考虑上述因素后可以选择单片机的位数并确定具体的型号。8位单片机在医学电子仪器领域已经基本不用8位单片机，而多选择16位以上的单片机，对于心电图机这样的复杂仪器，8位单片机是肯定不能胜任的。常见的16位单片机有飞思卡尔的S12系列、TI公司的超低功耗MSP430系列，主要应用于仪器仪表以及工业控制等领域。相较于8位、16位单片机，32位单片机具有丰富的功能模块、更快的处理速度以及更多的GPIO，已逐步成为嵌入式市场的主流，类型主要有基于ARM7内核的NXP系列和ARM9内核的三星系列，还有基于Cortex M3内核的STM32系列。

实际设计硬件电路时还要对单片机的资源进行规划，如内存需要量估算、I/O 口分配、定时器任务分配、外部中断分配等，然后确定单片机外围电路。内存的需求主要包括程序正常运行和运行算法所需要的存储量，通常情况下算法的复杂程度是所需内存的主要因素。针对心电图机的要求，为了完成所需要的功能，除了通用输入/输出端口引脚之外，还需要下面的特殊功能模块。

（1）A-D 转换模块。由于心电图机需要采集量的人体心电信号为模拟量，并且该信号需要转换成可以进行处理的数字信号，所以单片机应具有 A-D 转换模块。由于心电信号的频率在 0.05~100Hz，根据奈奎斯特采样定理，在信号的 A-D 转换过程中，当采样频率 f_s 大于信号中最高频率 f_{max} 的 2 倍时，采样之后的数字信号可以完整地保留原始信号中的信息，一般实际应用中保证采样频率为信号最高频率的 5~10 倍，所以需要心电图机的 A-D 采样速率一般设置为 800 次/s 甚至更高，分辨率一般为 12bit。由于满足心电图机要求的 A-D 转换的位数不高，一般单片机内部集成的 A-D 转换模块就能满足要求，因此不再单独选用 A-D 转换芯片，使用单片机内部的 A-D 模块即可。

（2）SPI（Serial Peripheral Interface，串行外围接口）模块　由于心电图机需要把 A-D 转换后的数据处理后打印出波形供医生诊断，因此需要外接一个打印机，常用的打印机与 CPU 之间的通信接口为 SPI 接口，个别的为并口，为了节约单片机 I/O 口，应尽量采用支持 SPI 模块与单片机通信的打印机。SPI 总线串口是由 Motorola 公司提出的一种同步串行外设接口，通过 4 根线进行通信：时钟线（SPKCLK）、数据输出线（SPIMISO）、数据输入线（SPIMOSI）、片选线（CS），内部通过 SPIDAT 寄存器完成串-并/并-串转换。SPI 总线主要工作在主从式系统中，一个主器件可以带多个从器件，主器件通过片选线控制总线冲突，使同一时刻只有一个从器件与主器件交换数据。串行热阵式打印机数据传输采用 SPI 时序，考虑到系统中 MCU 作为主器件总是发送数据，而数字打印机作为唯一从器件又总是接收数据，所以只需用到 SPI 口的时钟线（SPIKCLK）、数据输出线（SPIMOSI）。

（3）TIMER 定时器模块　A-D 采样数据的时间必须精确，因此需要用定时器控制 A-D 模块的开启和关闭。另外，查询各个端口的工作状态也需要定时器，定时功能是单片机控制中的一个很常用的功能。

（4）UART 模块　一个完整的心电图机是由不同的单元模块组成的，为了减轻主控制芯片的负担，通常把部分功能放到另外的单片机完成，如 A-D 数据的采集、模拟电路的控制等。本机就采用两个控制芯片，一个作为主控制芯片，另一个作为采集控制芯片。这就需要主控制芯片与功能模块之间建立通信，通常选用抗干扰强、接线方式简单的串口来完成两个单片机间的通信。

（5）通用控制接口　心电图机具有在液晶显示器上显示心电图的功能，所以单片机需要与液晶显示器相连接。液晶显示器与 CPU 的接口方式有 MCU 模式、SPI 模式、RGB 模式等。考虑到成本、单片机资源以及液晶显示器的大小等，此处选择 MCU 模式中的 8080 模式，此种模式为并行模式，占用单片机 I/O 口线比较多。主控芯片除了应用各功能模块外，还要负责控制整个系统的输入/输出功能，需要判断系统按键的响应、系统的电源状态，还要控制蜂鸣器的声音、整个系统的电源等，这些都需要占用主控芯片的输入/输出口。

通过以上分析可知，要完成整个心电图机系统的工作，单片机需要同时具备 A-D 转换、UART、SPI、TIMER 等功能模块，还需要具备 30 个左右的通用输入/输出口，其中包括给液晶显示器传输数据用到的 8 个数据口和 4 个控制口，用于驱动打印的 4 个输出口，以及驱动蜂鸣器及电源检测控制、按键检测等接口。

由于需要对心电数据进行波形分析及打印，所以 CPU 内部要有一个比较大的数据缓存（RAM），通常大小在几 KB 到几十 KB。例如，利用典型的心率失常分析算法分析心率失常大概需要 5s 的心电数据，算法中要用到所有 8 条导联线（2 个肢体导联加 6 个胸导联，第 3 个肢体导联根据矢量加法可以算出来）的数据，也就是说，虽然显示的时候是分导显示的，但做心律失常算法运算时在内存中需要所有的数据，需要 8 路采集数据。假如采样率为 500 点/s，采样精度为 10bit，那就需要 CPU 的 RAM 要至少大于 $500 \times 10 \times 8 \times 5 \div 8 \text{bit} = 25\text{KB}$。通常心电图机的主处理芯片需要完成各功能模块的调度以及图形界面的显示，Flash 中需要数 KB 的空间存储程序代码，而为了在界面中显示某些有特殊含义的图片则需要先把该图片经图形字符转换工具转换后的数据存入到 Flash 中，比如想要在一个 128×64 点阵的 16bit 彩色液晶显示器中显示一个全屏的开机图片，则需要 Flash 中预先存入一个 $128 \times 64 \times 16\text{bit} = 16\text{KB}$ 的数据，再加上程序所占用的空间，那么所选择的单片机的 Flash 至少要 20KB 以上，如果显示不止一个全屏图片，则需要更大的 Flash。通过以上分析可知，选用的单片机至少具有 25KB 以上的 RAM、20KB 以上的 Flash，才能满足要求。

通常液晶显示器的显示优先级相对于数据的采集处理要低一些，为了保证数据显示以及控制的实时性，通常需要单片机有很高的处理速度。通常单片机的运行速度要大于系统各模块的最大速度。例如，为了保证单片机中的数据可以很快地传输到打印机上或者能很快地接收到采集模块传过来的数据，一般把串口的波特率设置成最大的 115200，也就是说在 1s 的时间内最大可以传输 115200bit，这就要求单片机的指令周期要远小于 1/115200，一般单片机的处理速度都能满足这个要求。同时为了保证用户可以看到连续的波形这就需要单片机的指令周期在微秒以下，综合单片机的体系结构，单片机的运行速度越大，越不容易出现错误，处理数据的延迟就越小。

综合各方面因素，实际应用中常选用恩智浦公司的 LPC2136FBD64 型 ARM7 微处理器做为主控制芯片。由于心电图机中的数据采集模块需要用到 MCU 中的 A-D 模块，而 LPC2136FBD64 的 A-D 转换速率可以达到 400kbit/s，相较于 TI 的 MSP430（转换速率为 200kbit/s）有明显的优势。通常在与主控芯片传输时，为了保证数据的连续性准确性，需要在单片机内部开辟一个比较大的数据缓存。在这一点上 LPC2136FBD64 的 32KB 的 SRAM 与同等资源和价位的 MSP430F1×× 系列的 2KB RAM 相比，也占有一定优势。

LPC2136FBD64 型 ARM7 微处理器做为主控制芯片是由于 ARM7 的主频可以达到 60MHz，与 12MHz 的 MSP430 相比具有更快的处理速度；丰富的片内外设可以极大的节约资源，减少设计成本；较小的封装和很低的功耗使它特别适用于访问控制等小型应用中；由于内置了宽范围的串行通信接口和 8/16/32/32KB 的片内 SRAM，所以它们也非常适合于通信网关、协议转换器、软件 Modem、语音识别、低端成像，为这些应用提供大规模的缓冲区和强大的处理功能；多个 32 位定时器、1 个或 2 个 10 位 8 路的 ADC、1 个 10 位 DAC、1 个 SPI、6 路 PWM 输出通道、47 个 GPIO 以及多达 9 个边沿或电平触发的外部中断使它特别适用于工业控制应用以及医疗系统，控制电源管理、打印、液晶显示、数据传输等功能。常见心电图机的控制电路如图 4-16 所示（见书后插页）。

4.3.2 按键控制与编程

键盘是单片机最重要的输入设备。单片机系统常见的按键控制方式是按下接通、弹起断开，常见的按键检测方式有编码键盘和非编码键盘。编码键盘的特点是键盘上闭合键的识别由专用的硬件编码器实现，并产生键编码号或键值。例如，盛群半导体公司的 HT82K629A 是一款 USB 键盘芯片，集键值识别、去抖、防混等功能为一体的硬件编码器。需要靠软件编程来识别的键盘称为非编码键盘。非编码键盘一般包括独立键盘、矩阵键盘两种。在单片机组成的各种系统中用得最多的是非编码键盘。

独立键盘一般通过一个上拉电阻直接与单片机的 I/O 口相连（见图 4-17），通过判断单片机的 I/O 口状态来判断哪个按键按下。检测方式有中断检测与查询检测两种。中断检测是把按键接到单片机的外部中断口上，当有按键按下时，会产生外部中断，使中断子程序中相应的按键进行响应。中断检测优点在于由于采用中断方式可使单片机的代码效率高，缺点是判断多个按键时，软件编程较复杂。查询检测的实现方法是单片机在固定时间内读取某一组连接到按键输入的 I/O 口的状态，优缺点与中断检测方式正好相反。

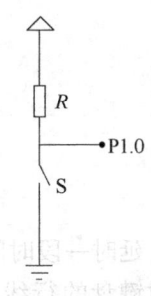

图 4-17 独立按键与单片机接口

若按键较多，则独立键盘会占用过多的单片机 I/O 口资源。为充分利用其有限的 I/O 口资源，引入矩阵键盘（行列式键盘）如图 4-18 所示。在矩阵键盘中，每条水平线和垂直线在交叉处不直接连通，而是通过一个按键加以连接。这样，一个端口（如 P1 口）就可以构成 $4 \times 4 = 16$ 个按键，与直接将端口线用于键盘相比多出了 1 倍，而且线数越多，区别越明显，如再多加一条线就可以构成 20 键的键盘，而直接用端口线则只能多出 1 个键。由此可见，在需要的键数比较多时，采用矩阵法来做键盘是合理的。

矩阵式结构的键盘显然比独立结构要复杂一些。图 4-18 中，列线通过电阻接正电源，并将行线所接的单片机的 I/O 口作为输出端，而列线所接的 I/O 口则作为输入。确定矩阵键盘上何键被按下使用"行扫描法"，具体的识别及编程办法如下所述。行扫描法又称为逐行扫描查询法，是一种最常用的按键识别办法。

1) 判断键盘中有无键按下。将全部行线 P1.0 ~ P1.3 置低电平，然后检测列线的状态。若所有列线均为高电平，则键盘中无键按下。只要有一列的电平为低，则表示键盘中有键被按下，而且闭合的键位于低电平线与 4 根行线相交叉的 4 个按钮之中。

2) 判断闭合键所在的位置。在确认有键按下后，即可进入确定具体闭合键的过程，其办法是：依次将行线置为低电平，即在置某根行线为低电平时，其他线为高电平；在确定某根行线位置为低电平后，再逐行检测各列线的电平状态；若某列为低电平，则该列线与置为低电平的行线交叉处的按钮就是闭合的按钮。

下面给出一个具体的例程，硬件电路仍如图 4-18 所示。89C52 单片机的 P1 口用做键盘 I/O 口，键盘的列线接到 P1 口的高 4 位，键盘的行线接到 P1 口的低 4 位。列线 P1.4 ~ P1.7 分别接有 4 个上拉电阻到 5V 正电源，并把列线 P1.4 ~ P1.7 设置为输入线，行线 P1.0 ~ P1.3 设置为输出线。4 根行线和 4 根列线形成 16 个相交点。

首先检测当前是否有键被按下。检测的办法是 P1.0 ~ P1.3 输出全 "0"，读取 P1.4 ~ P1.7 的状态，若 P1.4 ~ P1.7 为全 "1"，则无键闭合；否则有键闭合。当检测到有键按下

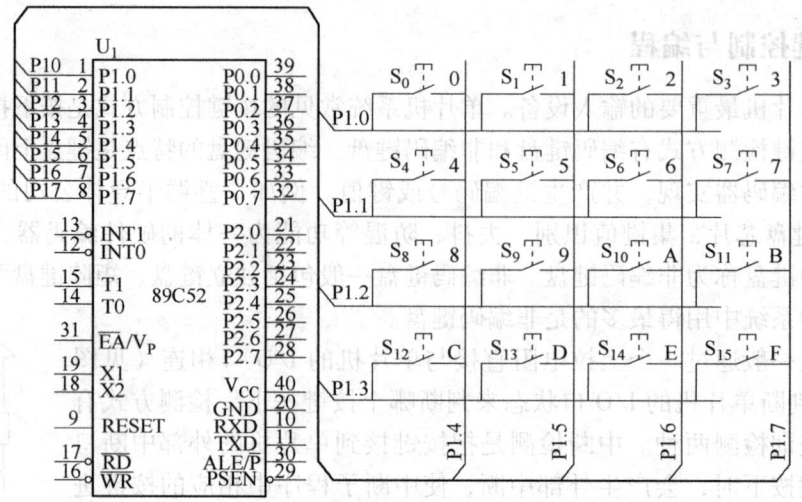

图 4-18 矩阵键盘接口电路

后,延时一段时间再做下一步的检测判断。若有键被按下,应识别出是哪一个键闭合,办法是对键盘的行线进行扫描。P1.0~P1.3 按下述 4 种组合依次输出:1110、1101、1011、0111。

在每组行输出时读取 P1.4~P1.7,若全为"1",则表示为"0"这一行没有键闭合;否则有键闭合。由此得到闭合键的行值和列值,然后可采用计算法或查表法将闭合键的行值和列值转换成所定义的键值。

按键在闭合和断开时,触点会存在抖动现象,通常编写软件时要考虑按键的去抖。按键去抖的原理和流程如图 4-19 所示。

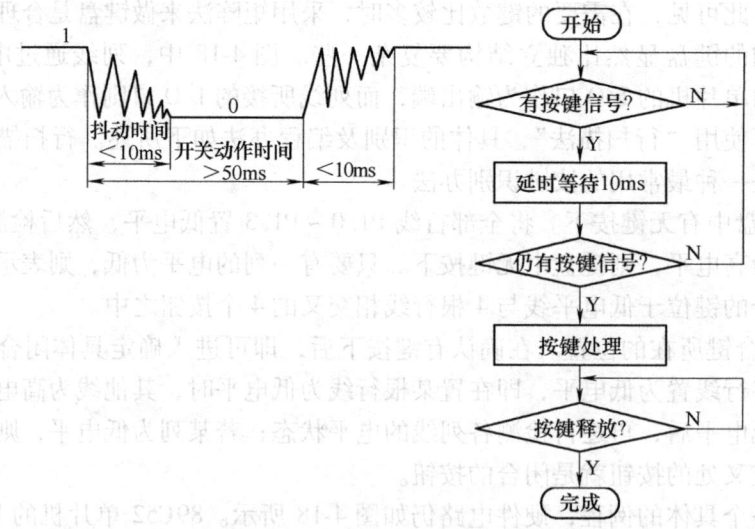

图 4-19 按键去抖的原理和流程

心电图机的按键包括电源开关、开始测量按键、灵敏度选择、1mV 定标、滤波、速度选择、打印开始、模式选择、设置按键及 4 个方向键。在开机默认的波形界面下按设置按键,显示屏切换到菜单界面,结合 4 个方向键对菜单进行选择,选择对应的功能后按设置键执行设置的功能并跳出菜单界面,返回开机默认界面。电源开关、开始测量按键、1mV 定标、滤波都是开关按键，灵敏度选择、速度选择是多选一按键。

通常按键控制包括两个阶段，即获取键值阶段和按键处理阶段，首先说明获取键值的过程。由控制原理图 4-16 可知，当按键无动作时移位寄存器的并行数据口为高电平；当有按键按下时候，由于下拉电阻的原因，对应按下按键的并行数据口为低电平。

键盘的数据输入口连接到单片机的一个引脚，此引脚可以是通用 I/O 口，也可以设置为外部中断触发源。当设置为外部中断触发源时候，按键没有动作时，单片机不处理按键功能，不占用单片机资源；当有某一按键被按下时，引脚产生中断，单片机开始查询按键值。

为了更多地节约单片机的 I/O 口，图 4-16 所示（见书后插页）心电图机的按键设计采用两个 SN74HC165D 型并入串出 8 位移位寄存器配合微处理器软件采集用户按键，只需要用到 1 个按键数据输入口 QH、1 个并行数据锁存移位口 S/L、1 个串行移位控制口 CLK，即可完成 16 个按键［开始/停止、模式（自动模式、手动模式）、1mV 定标、打印、灵敏度选择、速度选择、滤波开关、方向等］键值的读取。当 S/L 为高电平时锁存并行数据，禁止输入，当 CLK 为一个上升沿时 QH 移位一次，单片机接收一个键值。第 2 片 SN74HC165D 的串行输出端接入到第 1 片的串行输入端口，实现了两个芯片级联的功能，只需要占用 3 个普通 I/O 口通过编写软件控制 CLK 的次数与 S/L 的高、低电平变化就可以完成 16 个按键键值的读取。如图 4-16 所示，图中的标号 S_n 表示一个实际的按键。

由于图 4-16 所示心电图机的按键电路采用移位寄存器控制读取键值时需要控制移位时钟，故采用定时查询方式判断按键，具体操作如下：

1）定时器定时设定按键查询时间。通常设定时为 10ms 产生定时中断。

2）在定时器中断程序中执行按键查询子程序。首先根据机器的结构连接定义各功能键的键值。定义如下：

开启采集　（1<<8）　1 左移 8 位，等效于 0000000010000000

菜单　　　（1<<7）

打印　　　（1<<6）

确定　　　（1<<5）

方向上　　（1<<4）

方向下　　（1<<3）

方向左　　（1<<2）

方向右　　（1<<1）

单片机通过控制引脚 KEY_SHL 为低电平清空上一状态，之后控制输出为高电平锁存并行数据；通过 KEY_CLK 给 SN74HC165D 型移位寄存器发送脉冲，先发送低电平，之后发送高电平。移位寄存器的每个时钟上升沿将输入端口的状态移位一次，共循环 16 次，发送 16 个移位脉冲，每移位一次读取一次 KEY_DATA 端口状态。当 KEY_DATA 端口状态为低时说明有按键按下，与其对应的单片机预先设定的一个 16bit 的变量（即按键键值）的最低位置高电平，当 KEY_DATA 端口状态为高电平时，该变量的最低位电平保持不变，下一次循环开始前该变量左移 1 位。由此可知，当完成全部按键端口状态采集后，第一次读取的 KEY_DATA 端口状态存放到该变量的最高位。之后返回该键值。例如当 S_3 被按下时，由于下拉电阻的作用 S_3 所对应的并口输入为低电平。移位寄存器循环 16 次时的 KEY_DATA 端口状态依次为 1111111111011111，存入键值变量则为 0000000000100000，即（1<<6）。根

据功能键定义，（1≪6）对应打印，则此键值的含义为打印按键被按下。

3）判断按键查询子程序返回的键值是否为真实操作。当得到键值后执行按键消抖程序，延时10ms左右或者等待下一次中断程序到来，判断键值是否与上一次所按下的键值相同，如果不同，则为抖动，键值赋值为零（相当于没有按键按下）；如果两次键值相同，则为有按键按下，保留键值。

由键值获取程序获取对应的键值后需要对相应的键值进行处理，即按键处理或按键响应。单片机在不同的界面下都有相应的按键处理程序，当键值不为空时，根据预设的按键定义，执行不同的响应程序。

对心电图机来说，按键响应分为3种类型。最简单的一种是开关按键，单片机的响应是是否完成某一功能，编程序时只需要确定某一功能是否执行即可。例如打印键，当单片机在波形显示界面运行时，循环中判断键值有意义则说明有按键被按下，当被按下的是打印键时，则开启打印机控制程序进行波形打印。

第二种类型是选择按键，如灵敏度选择和走纸速度选择，这种按键需要预设一个初始值。同样单片机在波形显示界面的子程序中运行时，根据预设的灵敏度、走纸速度，显示屏显示相应的波形。当需要调整显示灵敏度时，按下灵敏度按键。当按键处理程序判断键值为灵敏度时，执行灵敏度修改程序，每按一次，预设值加1，超出可选次数时又回到初始状态。单片机控制程序会根据灵敏度的预设值，控制模拟开关的选通来切换心电信号放大电路的匹配电阻，从而改变心电信号的放大倍数，以此完成波形灵敏度的调节。

最难的按键响应是菜单选择子按键。通常心电图机的开机设置是波形显示界面，在开机界面下循环显示波形，循环查询是否有按键按下。当单片机判断出是菜单选择按键后，需要首先跳出波形显示子程序，然后进入菜单选择子程序，显示菜单界面，在菜单界面等待方向按键的操作，根据方向按键再进行判断。同灵敏度修改一样，系统会预设一个初值，代表着菜单下不同的功能，或者功能的开启/关闭。通过系统判断出上、下方向按键被按下，则执行功能预设值的加减；判断出左、右方向按键被按下，则执行相应功能的开启/关闭或者调节，此时依然循环显示菜单界面。当选择完成后，再次按菜单选择按键。首先，把已经选择好的预设值更新并保存到系统的寄存器里以供系统画波形、调节液晶显示器、修改语言等程序调用。之后退出菜单界面，再次返回到波形显示界面，在波形显示界面，根据已经被修改的相应功能的预设值进行相应的操作。例如，若液晶显示器的对比度预设值被修改，则再次返回波形界面后，看到的液晶显示器的对比度已变化。

4.3.3　液晶显示电路

TN-LCD是最早投入商用的LCD，也是目前应用最广泛的LCD类型，因为价格便宜，而被广泛应用于手表、时钟、电子计算机、电话、传真机等一般家电用品的数字显示。这种LCD的分辨率很低，一般用于显示数字、字符等，很难用于显示图形图像。目前单纯矩阵驱动的TN-LCD以小尺寸黑白文字显示类为主。

STN-LCD在分辨率和色彩数目上都受到限制，应用也局限在一些对图像分辨率和色彩要求不是很高的领域。早期曾广泛应用于信息处理器、便携式计算机、文字处理器等文字、绘图设备，后来由于TFT-LCD的兴起，STN-LCD逐渐退出大型化产品。

TFT-LCD因反应时间快、显示品质较佳，适用于大型动画显示，被广泛应用于便携式计算机、计算机显示器、液晶电视机、液晶投影机及各式大型电子显示器产品。近年来，由于手机、PDA、数码照相机及摄像机等手持类设备对显示屏的要求不断提高，TFT-LCD在这些领域也有了很大的市场。

心电图机需要显示心电波形及操作信息提示信息等内容，因此需要相对较高的分辨率。早期的单导心电图机一般以黑白显示为主。为了便于携带及运输，心电图机的尺寸通常不会很大，要求显示屏一般在2.5~5in之间。黑白LCD与彩色LCD相比的另一大好处是非常省电。目前多导同步心电图机由于丰富的界面功能、显示效果结构等需求大多采用TFT-LCD。

MCU模式是目前最常用的液晶显示电路连接方式，优点是无需时钟和同步信号，缺点是需要耗费GRAM（用于存储图形的RAM），所以难以做到大屏。MCU模式的数据位传输有8bit、9bit、16bit和18bit 4种方式，占用较多I/O口，但传输速度快。MCU模式主要包括CS片选信号、读信号RD、写信号WR、或者读写信号RW、数据命令区分信号RS、允许信号E以及数据线，再加一个REST信号。控制方式分为8080系统与6800系统，这两个控制系统的不同点主要是总线的控制方式（存取的控制）上，8080系统是通过"读使能（RE）"和"写使能（WE）"两条控制线进行读写操作，6800系统是通过"总使能（E）"和"读写选择（W/R）"两条控制线进行。

图4-16所示电路采用MCU模式控制LCD显示内容，控制方式为6800系统，外加一个背光控制引脚。LCD数据通过并行接口与单片机互通，程序编写简单，对单片机资源要求不高，只需要13根普通I/O口即可。

另外，LCD上显示的菜单与波形界面需要相互切换，为了在切换时给用户比较流畅的感觉，通常需要比较大的帧频率（即1s内整屏图形更新的次数）。目前大部分LCD的帧频率可以通过对驱动IC的配置进行设置，它受限于CPU与LCD驱动IC的接口数据传输速度限制。例如，要在128像素×160像素的黑白LCD上更新一幅图片，在10ms内更新完成，则需要单片机在10ms内传输128×160bit÷8=2.5KB数据，即1s内传输的数据量为250KB。目前单片机的时钟源大多为11.0592MHz，采用单片机主时钟分频后的时钟能满足此数据传输要求，单片机内要有2.5KB大小的图片数据存储空间。

同样是10ms内，在128×160的16bit彩色LCD上更新一幅图片则需要单片机传输128×160×16bit的数据，即1s内传输的数据量大于4000KB，通常数据接口的时钟就无法满足要求，出现这种情况，可以提高单片机的时钟源频率，或降低每幅图片的更新速度。

选定LCD之后，要让LCD显示内容通常包括下面3个步骤：

1）正确的LCD硬件电路连接，包括与MCU相连的数据接口、控制接口、LCD电源接口配置等。

2）完成LCD初始化。LCD的初始化步骤为：上电复位、开启背光源，然后利用驱动代码初始化LCD。

3）完成LCD驱动后点亮LCD，即可通过调用自己编写的画点、画线、画图、显示字符等子函数完成图形界面的显示。

驱动IC与MCU之间的数据通信是LCD编程的首要任务，通常会根据LCD与MCU的数据接口连接方式的时序图完成。下面以6800总线方式的时序图做简单介绍：

1）通过单片机控制与E所连接的引脚输出高电平，允许驱动IC与MCU通信。

2）通过单片机控制与RS所连接的引脚输出高/低电平，允许MCU传输数据/命令。

3）通过单片机控制与 RW 所连接的引脚输出高/低电平，允许 MCU 传输接收/发送数据。

4）单片机向与 LCD 连接的数据接口（总线、串行方式）写入/读出准备写入/读出的数据。此数据可以是命令，也可以是数据。

5）通过单片机控制与 E 所连接的引脚输出低电平，禁止驱动 IC 与 MCU 通信。
通过以上步骤的程序编写完成一次 MCU 与驱动 IC 的数据通信。

4.3.4 打印机控制电路

热敏打印技术最早使用在传真机上，其基本原理是将打印机接收的数据转换成点阵信号控制热敏单元的加热，把热敏纸上热敏涂层显影。这种技术只能使用专用的热敏纸，热敏纸上涂有一层遇热就会产生化学反应而变色的涂层，类似于感光胶片，不过该涂层是遇热后变色显影。热敏打印机机心上有一排微小的半导体元件，这些元件在通过一定电流时会很快产生高温，当热敏纸的涂层遇到这些元件时，在极短的时间内温度会升高，涂层就会发生化学反应，显出颜色。热敏头中的发热体称为热阵，热阵与用于驱动的大规模专用集成电路组成了热敏头单元的感热部分，在控制电路的控制下，热阵中的某一个发热体得到热脉冲，在与此发热体紧密接触的热敏纸上的对应位置就打出一个黑点。

选择热敏打印机的主要参数，包括分辨率、每行的点数、数据接口类型，通常指标的分辨率为 8 点/mm，心电图机中常用的规格为 384 点/行，也就是 48mm 的纸带宽，使用 SPI 接口，这就要求单片机中要集成有 SPI 接口，对于目前常用的单片机来说 SPI 已经是标准配备。

打印头打印的数据点数为 384 点，对应 48B 的数据，为此从内部 RAM 中分配出远大于 48B 的空间作为打印缓冲区，程序从缓冲区依次读数据，每次读取 48B 的数据，通过 SPI 的数据输出端口依次送至打印机的移位寄存器中，结束后送 PRINT_LAT 锁存信号和打印头加热脉冲 PRINT_STB，从而在热敏打印纸打印出一线心电图形，驱动步进电动机向前走纸即可以连续打印。

软件设计中的一个关键就是如何将波形数据映射到热阵上的每个点，这里使用基于位图的波形映射算法，其基本原理是预先开辟一个内存单色位图，该位图只有两种颜色（黑和白），大小为待打印区域的像素点数目。在这种位图格式下每个字节的每一位代表一个打印点，1 代表该点黑色，0 代表白色。在心电图机的自动打印模式下，把波形、文字、各种自定义图形等同时画在位图上。在打印的时候通过计算偏移量直接取出内存位图某行的数据，由 SPI 接口发送出去，从而完成打印。

热敏打印机采用 LTPA245W 微型打印模组，包含用于走纸的步进电动机和加热片，技术参数见表 4-2。热敏打印机接收到打印数据后，将打印数据转换为位图数据，然后按照位图数据的点控制打印机机心上的发热元件通过电流，这样就把打印数据变成打印纸上的打印内容了。打印机与 CPU 的硬件连接主要通过 SPI 接口线外加两个通用 I/O 口，分别为 SPI 的时钟信号 PRINT_CLK、SPI 的主出从入 PRINT_DATA（主要给打印机传输数据）、数据传输结束后的锁存信号 PRINT_LAT、加热信号 PRINT_STB。

打印流程分为 3 个步骤：第一步，通过 SPI 口往热敏头的数据缓冲区写入一行数据，在时钟信号的上升沿时刻数据准备就绪；第二步，锁存信号置低，使缓冲区数据锁存到加热单元中；第三步，加热信号置低，此时热敏头根据数据内容对指定位置进行加热，完成整线加热，驱动步进电动机向前走纸，即可以连续打印。

热敏打印机采用一体化打印头（打印模组），在其内部有检测纸功能，通过判断特定端口的电平即可检测缺纸情况，打印内容由单片机传输。当系统正在打印加热时如果单片机意外死机或程序跑飞，那么控制加热的I/O口将一直处于高电平，打印头将持续加热，超过一定时间打印头会永久损坏。图4-16中的打印机控制电路采用电容C_{16}和电阻R_{49}组成阻容电路控制加热时间，单片机输出脉冲，阻容电路产生固定时间的充电波形用于加热头加热，即使输入电压保持长时间高电平，阻容电路也会在输出一定时间的高电平后回复到低电平，起到对打印头的保护作用。

表4-2 微型打印机机心——精工 LTPA245W 的技术参数

打印方法		热敏行点打印
行数/（点阵/行）		384
解像度/（点阵/mm）		8
纸宽/mm		58
打印宽度/mm		48
最高打印速度/（mm/s）		90
入纸方向		曲入
检测方式	打印头热度	热感应器
	缺纸检测	光感应器
操作电压/V	工作电压 U_{DD}	2.7~5.25
	工作电压 U_P	4.5~8.5
电流（打印头）/A		2.60（电压为8.5V）
打印头寿命（脉冲个数）		10^8
操作温度/℃		0~50
尺寸/mm		69.2×28.3×31.7（不计凸面部分）
重量/g		约41

4.3.5 电动机驱动控制

热敏打印机都集成有用于走纸的步进电动机，但驱动步进电动机的驱动器需要单独选配，驱动器应当根据电动机的技术指标来选择，主要是电压和功率，输出功率由电动机驱动芯片的输出电流与负载电源电压决定。通常驱动器都有一个很宽的工作电压范围，只要在规定的范围内，驱动器都能正常工作，对于特定的电动机，应该使用电动机规定的电压值。如图4-20采用集成芯片A3967SLB控制芯片控制打印电动机，该电动机驱动芯片的输出电流为750mA，负载电压最高为30V，根据实际情况使用的电压值为8V。主控制芯片LPC2136FBD64通过普通I/O口输出控制信号到A3967SLB的控制引脚，决定打印机走纸的速度和方向。

控制芯片的功能由单片机的输出逻辑信号决定。其中LOGIC SUPPLY是一个基准信号，表明单片机输出的逻辑信号的水平，对于LPC2136单片机来说是3.3V，也就是说A3967判

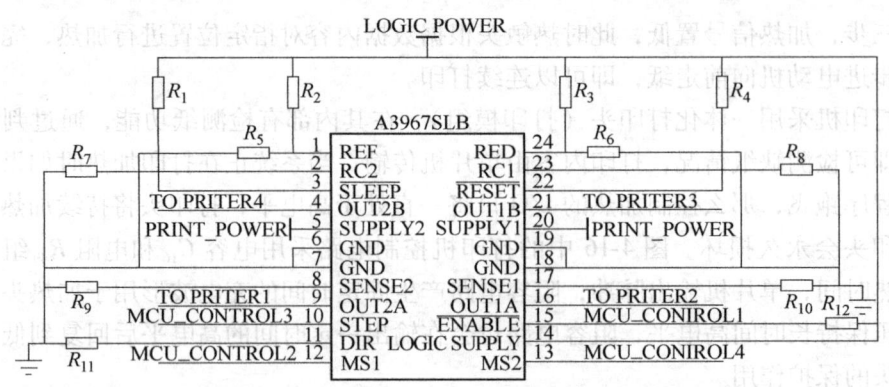

图 4-20 打印机走纸电动机驱动电路

断它的引脚的输入信号达到 3.3V 时就认为是高电平信号;DIR 决定电动机的旋转方向,REST 低电平有效时将关闭所有输出,通过控制 MS1 与 MS2 的高低电平状态的组合达到电动机全步、半步、1/4 步、1/8 步的步进;ENABLE 高电平时使能输入;SLEEP 低电平有效时为低功耗模式,上面的几个引脚都由单片机输出的信号控制,可以完成各种设置。STEP 步命令,需要方波信号来控制电动机转动,方波频率决定电动机的转速。方波的产生可以使用延时的编程方法,也可以使用定时器定时的编程方法。一般来说,定时器定时方法占用单片机的 CPU 资源更少,是一种更合理的方法;延时方法的优点是编程简单。OUT1A、OUT1B、OUT2A、OUT2B 则是功率放大芯片 A3967SLBTR-T 放大后的输出,电动机供电的 8V 电源由系统的电源供应模块提供。

4.4 电源电路的设计

4.4.1 电源管理总体结构图

电源系统的总要求是提供符合要求的电压和电流。电源的前部主要考虑提供足够大的功率,由于还要进行分流稳压工作所以对电压的稳定性要求不是很高;到后部由于各部分的分流电流值逐渐减小,稳定的电压值就成为设计的主要任务。根据心电图机各模块对电源的要求,设计电源电压模块原理框图如图 4-21 所示,其中的电压值是根据各个芯片的供电电压要求给出的。

4.4.2 交流供电及电池充电电路

心电图机电源电路如图 4-22 所示。220V/50Hz 的网电通过工频变压器降压后再通过整流、滤波成为 12V 左右的直流电,此时的电压有很大的纹波,还需要使用稳压芯片进一步稳定电压。稳压芯片有高压差和低压差两种,通常来说高压差芯片的功率大、效率低,一般使用在电源电路的前端;低压差芯片功率低、效率高,通常在电源电路的后端也就是直接给芯片供电。

稳压器用 LM2576HVT-ADJ 芯片进行降压处理,降到 8.4V 为充电电路供电,可对内置锂电池进行充电,最终锂电池输出 7.4~8.4V 直流供给实地稳压电路的 LDO。LM2576 系列的稳压器是单片集成电路,能提供降压开关稳压器的各种功能,能驱动 3A 的负载,有优异

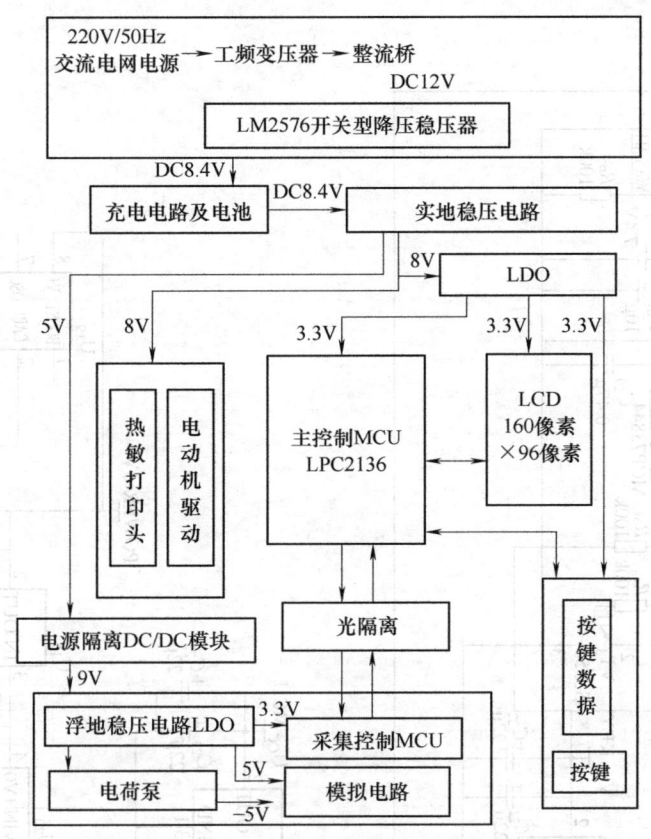

图 4-21 电源电压模块原理框图

的线性和负载调整能力。这些器件的固定输出电压有 3.3V、5V、12V、15V，还有可调整输出的型号，LM2576HVT-ADJ 便是 LM2576 系列的可调整输出型号。调整 R_{91} 与 R_{90} 这两个反馈电阻的比例可以达到调整输出电压的效果。LM2576 内部含有频率补偿器和一个固定的频率振荡器，将外部元器件的数量减到最少，使用简便。LM2576 的效率比流行的三端线性稳压器要高得多，是理想的替代产品，一般情况下不需要或者只需要很小尺寸的外加散热片，这有利于心电图机电源模块的结构设计，在故障状态下所提供安全保护的热关断功能对后续电路的保护起到重要的作用。

系统上电、断电功能采用两个 NPN 型晶体管配合微处理器软件来控制。当电源按键 KEY_POWER 按下时晶体管 VT_2 处于导通状态，使 MOS 场效应晶体管 VF_1 导通，系统处于上电状态，MCU 判断 POWER_KEY 按键状态，确定是否为真正按键按下，如果为按键抖动，则不做处理；如果为真正按键，则通过 MCU_POWER 控制晶体管 VT_1 一直处于导通状态。这样当按键 KEY_POWER 抬起后 VF_1 处于高阻状态时，电源系统依然处于上电状态，达到开机的目的。此时软件记录上电状态，当 KEY_POWER 在系统上电时再次真正地被按下，MCU 则控制 VT_1 处于高阻状态，当 KEY_POWER 抬起时系统处于关机状态。

电路中的二极管都起单向导电的作用，防止电池的电流回馈。在无交流供电情况下采用两节锂电池供电，用 MCP73844 充电管理芯片对锂电池进行充电管理。LPC2136FBD64 通过 MCP73844 的 STAT 引脚判断当前充电状态，电池电压通过分压电阻产生一个低于 3.3V 的电压，主控制芯片通过对此电压进行 A-D 转换测量当前电池电量，决定锂电池充电模式。电

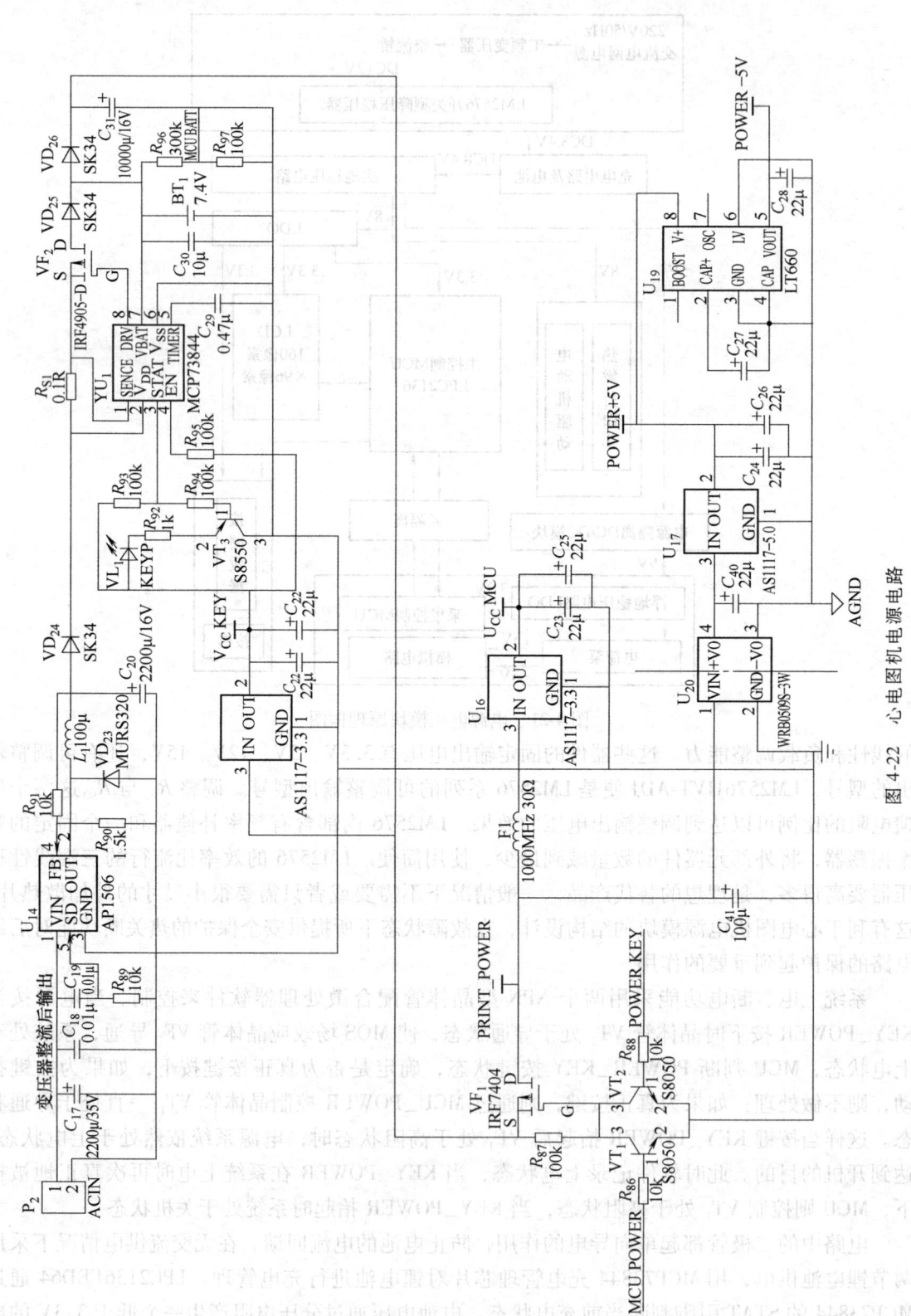

图 4-22 心电图机电源电路

池电压为 AS1117-3.3 的 LDO 提供输入。AS1117-3.3 的输出可以在电池供电状态下给按键系统实时上电,确保开关机正常。

4.4.3 实地稳压供电电路与浮地隔离电路

1. 实地部分供电电路

实地部分供电电路中,利用 VT_1、VT_2 控制 VF_1 源极与漏极的通断可以实现整个系统的上电与断电。通电后上一级输出的 8.4V 电压通过 VF_1 产生 0.4V 的压降,变为 8V 后一路为打印机电动机驱动电路及打印头供电,另一路通过 AS1117-3.3 降压到 3.3V,为主控制 MCU 供电;同时经过另一个 AS1117-3.3 的 LDO 降压到 3.3V 后供给显示屏幕及按键控制部分。其中 5V 输出还作为浮地部分的电源输入。

2. 浮地部分电路

浮地部分电源由一个 DC/DC 电源隔离模块 WRB0509S-3W 将模拟部分与数字部分的电源隔离开,并把前端输入的 8V 电压转换为隔离后的 9V 输出,供给一个 5V 输出的 LDO AS1117-5.0 作为模拟电路的正电源,AS1117-5.0 再经过一个反向电荷泵 LT660 产生 -5V 电压供给模拟部分作负电源。采用浮地设计将信号采集部分(即应用部分)与网电源进行完全隔离,更好地保证了患者的安全。

浮地部分与主控芯片之间的通信,采用光耦合器 6N137 对主控部分和采集部分进行隔离,如图 4-23 所示。采集板发给主控芯片的数据进入光耦合器转换为光信号,再由光信号转化为电信号传输给主控芯片。这样既实现了采集板与主控芯片之间的数据通信,又使采集板与主控芯片之间无电气连接,起到隔离作用。光耦合器的高耐压值,可以保证机器操作过程中,供电网出现高压时对病人的保护。

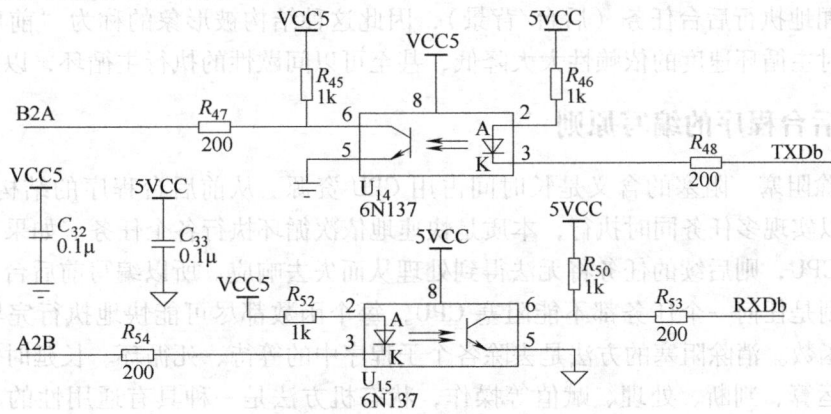

图 4-23 数据通信部分隔离原理图

4.5 单片机软件的结构

4.5.1 前后台程序结构

前后台程序结构是最常用的程序结构之一,简单地说,前后台程序由主循环加中断构成,主循环程序称为"后台程序"或"背景程序",各个中断程序称为"前台程序",依靠中断内的前台程序来实现事件响应与信息收集。后台程序中多个处理任务顺序执行，从宏观上看，这些任务是同时执行的。

任务是指完成某一单一功能的程序。例如温度报警装置，根据功能划分为：获取温度、显示温度、门限比较并驱动报警装置、用户设置报警值、数据通信5个任务。从宏观上看这5个任务必须是同时进行的，任何时候一旦过热必须报警；任何时候按设置按钮都能进入菜单设置温度上、下限；任何时候串口如果收到数据请求帧，都必须立即回复温度数据等。这种多个任务同时执行，且各种事件对响应时间要求严格的软件系统被称为实时多任务系统，大多数单片机都属于实时多任务系统，而CPU本身是一个串行执行部件，它只能一次执行一段代码，不能同时执行多段程序，需要借助一定的软件手段来实现多任务的同时执行。

（1）轮询式多任务程序　　轮询式的多任务程序要求每个任务都不能长时间占用CPU，如果CPU的处理速度足够快，每个任务都能在很短的时间间隔内依次执行，宏观上看这些任务将是同时执行的。

（2）前后台多任务程序　　在大部分实际情况中，程序主循环一次的时间都较长（数毫秒至数秒）。在轮询式多任务系统中，对于持续时间短于一个循环周期的事件，或者在一个循环周期内出现多次的事件，将可能会漏掉。例如为了接收串口以9600bit/s发出的数据流，要求主循环的周期小于1ms。这在许多系统中都是不现实的。其次，每个任务中必然有大量的分支程序，这导致循环周期的时间不确定的，对于某些对时间要求严格的任务，如定时采样、LED循环扫描等，不能放在主循环中执行。

前后台多任务程序就是把要求快速响应的事件或者时间严格的任务交给中断（前台）处理，主程序（后台）只处理对时间要求不严格的事件。对于突发事件，可以通过中断随时向CPU"索取"处理权，这些事件处于"最显著的位置"（前台），而在剩余的时间内，CPU默默无闻地执行后台任务（后台/背景），因此这种结构被形象的称为"前后台程序"。前后台程序对主循环速度的依赖性大大降低，甚至可以间歇性的执行主循环，以降低功耗。

4.5.2　前后台程序的编写原则

（1）消除阻塞　　阻塞的含义是长时间占用CPU资源。从前后台程序的结构可以看出，它之所以可以实现多任务同时执行，本质是快速地依次循环执行各个任务。如果某个任务长时间占用了CPU，则后续的任务将无法得到处理从而失去响应。所以编写前后台多任务程序最重要的原则是任何一个任务都不能阻塞CPU，每个函数都尽可能快地执行完毕，将CPU让给后面的函数。消除阻塞的方法是去除各个子程序中的等待、死循环、长延时等环节，让CPU仅完成运算、判断、处理、赋值等操作，状态机方法是一种具有通用性的、强有力的消除阻塞的软件方法。

（2）节拍　　在前后台程序中，如果主循环的周期是固定的，对于定时、延时等于时间相关的任务来说，可以利用主循环内的计数来实现计时，仅在时间到达的时刻做相应处理，消除因等待而产生的阻塞。然而主循环本身很难在不同的程序分支下保持时间一致。但如果利用周期性的定时中断来启动主循环，且定时中断的周期大于主循环最长的执行时间，主循环的周期将由定时中断时间决定，将是严格相等的。这为编程带来了很大的便利，而且在超低功耗系统中，定时唤醒本身就是一种低功耗手段。

（3）尽量使用低CPU占用率的外设　　对于软件系统来说，为了让更多的任务能够同时执行，硬件上就应选择 CPU 占用率更低的方案。例如同样完成显示功能，用动态扫描 LED 所耗费的 CPU 资源就比静态显示要多。在静态显示方案中大多使用 74HC595 或其他的 I/O 扩展芯片，每个 I/O 独立对应控制一段笔画。显示内容一旦写入后会自动锁存，因此只有在显示内容发生改变时才需要 CPU 的服务。

动态显示需要不断依次扫描显示各个数字，利用人眼的视觉暂留特性，人眼会看到各个数字同时显示。人眼的视觉暂留时间一般为数十毫秒，在此期间内每个数字都要被刷新，则数码管每隔数毫秒就要求 CPU 服务。从宏观上看相当于降低了 CPU 运行速度。例如，每 1ms（1000 个指令周期）执行一次扫描任务（中断），每次需要耗时 200 个时钟周期，后台程序的运行速度将减慢至原来 80%。

LCD 的波形远比数码管复杂，LPC2132 单片机内置的 LCD 控制器自带了刷新及波形时序产生模块，通过硬件实现扫描和刷新，无须 CPU 的干涉。

减少 CPU 工作时间意味着降低功耗。在现在的主流单片机内部大部分模块基本上都是按照降低 CPU 占用率的原则设计的。当然，在完成同样功能的前提下，CPU 占用率越小的设备往往意味着需要更多的硬件电路，增加硬件的成本。例如，动态扫描的 LED 显示成本要比静态显示低，不需要 I/O 扩展芯片，在方案设计时要综合考虑。

（4）使用缓冲区　RAM 是一种共享性很好的资源。对 RAM 写入数据后，多个任务都可以访问该数据。因此合理使用 RAM 内的数组、FIFO、全局变量、标志位等数据缓冲区作为信息传递渠道可以化解各个任务之间的关联性，降低软件的复杂度。

以数码管扫描刷新为例，前台的定时中断扫描程序需要不断循环扫描、刷新数码管，而后台任务可能随时需要改变显示内容。典型的方法是采用一个数组作为显示缓冲，消除两种操作之间的时间关联性。

对于前台程序，在定时中断内只负责将显示缓存中的内容依次显示到 LED 上，后台程序可以随时更改显示缓存数据，从而改变实际显示内容。显示缓存在这里充当了前台程序与后台程序之间的数据传递渠道，消除了前后台之间的直接关联性。事实上，在这种结构下前台的刷新操作对于后台程序来是不可见的，因此缓冲区也是一种很好的硬件隔离层，这种动态过程静态化的思想也是前后台程序中最常用的方法之一。

（5）时序程序设计　时序的产生中间包含大量的延迟，例如先高电平 0.1s 再低电平 0.2s，如果用软件延迟来实现电平变化之间的延迟，必然会阻塞 CPU。实际处理中，可以将延迟任务交给定时中断完成，CPU 仅处理状态变化，再利用全局变量传递状态信息，即可消除时序控制程序中的阻塞问题。

4.5.3　任务实时性分析

一般情况下，后台程序也叫任务级程序，前台程序也叫事件处理级程序。在程序运行时，主循环（后台）程序检查每个任务是否具备运行条件，通过一定的调度算法来完成相应的操作。对于实时性要求特别严格的操作通常由中断（前台）程序来完成。根据持续时间与紧急程度，事件可以分为几类：

（1）实时性最高的事件　它指要求零延迟、立即响应或立即动作的事件。例如高速波形的产生、波形采集触发、微秒级脉宽测量等场合，要求响应速度在数十至数百纳秒级，甚至小于单片机的一个指令周期。这类事件只能通过数字硬件逻辑来实现，如 CMOS 逻辑器件、CPLD/FPGA、单片机的捕获模块。

（2）实时性较高的事件　对于允许数微秒至数十微秒延迟的事件，可以利用中断响应（前台）来处理。但要注意主循环（后台）中不能长时间关闭中断，否则仍会造成实时性下降。同时要求中断内（前台）处理程序本身的执行时间要短，否则会造成其他中断响应被延迟。

（3）实时性较低的事件

1）对于允许数毫秒至数秒延迟的事件，可以在主程序中查询处理。只要事件持续时间长于总的循环周期，就不会被漏掉。

2）如果某事件虽然要求实时性较低，但本身出现的时间很短，小于一个循环周期，仍有可能会被漏掉。例如主循环需要1s时间，而按键有可能仅持续0.2s。这种情况可以在该事件引发的中断内置标志位，在主程序中查询标志位，保证每次事件都能得到响应。

3）如果上述情况无法产生中断或标志位，可以使用定时中断查询事件，然后置标志位，且要求定时中断周期小于事件持续时间的一半。

4）如果在一个循环周期内，某事件会连续触发出现多次，对事件捕获要求实时性高，但对事件处理的实时性要求不高，可以利用中断获取事件信息，并用FIFO将事件信息存储起来，在主循环内将这些信息依次取出逐个处理。最典型的例子就是串口数据帧的接收和处理，对于每个字符都要求立即接收（微秒级响应速度），但数据帧的回应允许数百毫秒延迟，因此可以在主循环内对数据帧接收缓冲区进行解析。

4.5.4　心电图机中的程序结构

单片机软件的结构在设计上主要考虑各部分功能之间在MCU有限的资源下能够有机地运行。设计的整体思想总结如下：MCU复位入口程序，片上资源的初始化部分，程序主循环体部分，中断服务程序部分。

（1）MCU复位入口程序　当单片机上电复位后，单片机PC就会指向单片机复位地址的入口处，然后运行复位程序，复位程序主要实现单片机各部分时钟的初始化、中断向量表的初始化、堆栈指针的初始化等，保证单片机可以正常运行。

（2）片上资源的初始化　片上资源的初始化主要包括GPIO口的初始化、定时器初始化、SPI初始化、串口初始化、中断源的初始化、LCD总线的初始化、LCD驱动的初始化、ADC的初始化、打印机的初始化等。

（3）程序主循环体部分　程序主循环体部分主要包括查询方式的按键处理、LCD的实时显示、打印机控制程序等，这些程序需要相互配合运行，以保证各部分能够有机地运行。

（4）中断服务程序　这部分主要包括中断方式按键处理，定时器中断实现ADC固定频率对心电数据采样等，下面具体分析程序的运行机理。

心电图机的按键处理分为两类：一种是中断，一种是查询。查询只需要定时采集端口状态就可以完成输入判断，中断需要设定中断优先级中断子程序等。如果采用外部中断来判断按键，则根据按键的功能来选择合适的优先级。如果是一个普通的按键，则选用最低的优先级，这样当另外一个中断程序与按键程序同时到达，可以先执行另外一个更高级的中断程序，如画图程序，执行完成后，再执行中断程序；反之，如果按键是一个类似睡眠唤醒，或者是复位保护类别的按键，则不同中断同时到达时，要优先执行按键的中断。执行中断后，系统程序指针会自动跳入中断子程序，在中断子程序中增加相应的控制语句，比如单片机唤醒、控制系统上电的 I/O 口输出等语句，这样就可以通过中断控制实现相应的按键响应。控制功能需要普通端口，执行速度也很快，一般不需要特别的关注，只要硬件端口够用就行。其次就是编程过程中的逻辑关系正确，对于打印来说，需要开辟一定的内存空间存储数据，以成批给打印机传输数据，由于一次只需要一行数据，因此数据量不大，打印机械过程也较慢，对单片机的数据传输能力要求不高。液晶显示是动态显示过程，以保证 LCD 刷屏的流畅性，LCD 需要的数据量也很大，具体数据量由屏的尺寸和显示颜色决定，因此对单片机的数据存储能力、数据传输能力都提出了较高的要求，如果是并行传输的话 LCD 需要的硬件端口一般为十几根。总地看来，LCD 显示是单片机任务中的重要组成部分。

通常 LCD 占用数据较多的是传输图片的过程，假如 LCD 的大小为 128 像素×64 像素，需要显示的图片是一个 16bit 的彩图，那么传输一个完整的图片那需要 128×64×16bit = 131072bit，换算后为 16KB 的数据，这就需要单片机至少要有一个大于 16KB 的数据存储器（RAM），假如想要 1s 显示完整的图片，那就需要单片机与 LCD 的之间的数据通信速率为 131072bit/s，然而一般串口的最大通信速率为 115200bit/s，所以单片机与 LCD 之间的通信大多为总线方式或 SPI 方式，同理图片的更新速度越快就要求单片机有更高的处理速度。

心电图机的 LCD 使用，包括显示图片、字符、动态波形等信息。为方便人眼能看到流畅连续的心电波形，通常在显示动态心电波形时，在一屏上需要显示 2~3 个心电波形。根据心电数据的采样点与 LCD 的横坐标像素数，比如在 128 像素×64 像素的 LCD 上显示 200 点采样率的动态波形，假如要显示的波形心率为 60，那需要 1s 显示一个完成的心电波形，为了让 LCD 上显示 2~3 个心电波形，那就需要在横坐标像素点上显示 2~3 秒的心电数据，然而 1s 的数据是 200 个采样点，已经超出 LCD 横坐标像素点（128），为了达到此效果，通常采用丢点显示，即 2~3 秒的心电数据为 128 点，则需要每秒传输到液晶屏的心电数据为 42~64 点，即每秒显示 42~64 个像素点，17~23ms 完成一个像素点的显示，远小于字符与图片显示时需要的 CPU 处理速度，LCD 的显示速度主要取决于 CPU 处理图片的速度。

整个系统程序相对复杂并且需要执行的功能较多，所以在程序编写过程中通常采用模块化编程思想以及采用应用层与驱动层分开等编程技巧。主板及采集板程序框图如图 4-24 所示。最底层为硬件初始化，实现程序代码对硬件的底层控制，在其上为接口层，起到应用层与驱动层之间的桥梁作用。接口层中的波形显示模块、位图转换模块通过一些编程技巧将 LCD 显示的图形界面、打印机打印的波形与应用层程序建立有机的连接。在应用层只需要考虑在各子程序中输入要打印的数据、显示的波形、发送的命令等参数而不需要考虑硬件控制。在主程序执行时对各个独立模块采用循环查询判断的机制，即当应用层的子程序模块被触发后则执行对应的程序，未触发则直接跳过查找下一个子程序模块，这样可以提高单片机的效率。如果在编程时恰当地采取了这种机制，就可以在控制复杂的系统时使我们的程序逻辑更加清晰。

4.5.5　前后台程序结构的特点

从 MCU 诞生之日起，前后台程序结构便得到了应用。前后台程序结构是应用历史最长，应用最广泛的程序结构。前后台程序中，后台所有的任务是依次顺序执行的，这种串行的顺序执行带来的许多优点如下。

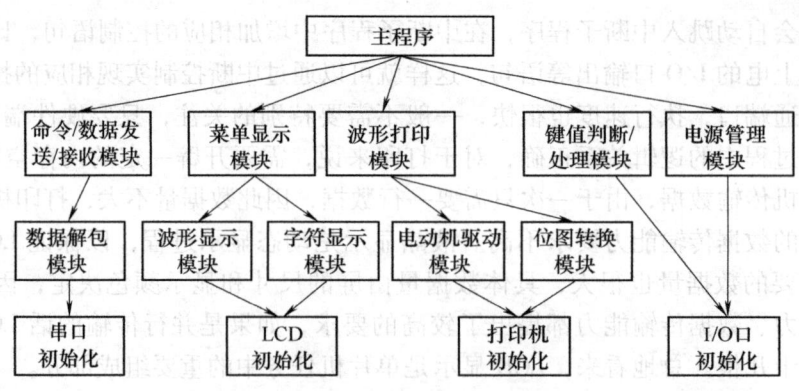

图 4-24 主板功能分解程序框图

首先，在后台程序中，一个任务执行完毕后才执行下一任务。这使得每个后台任务中的内存（局部变量）在任务结束后可以全部释放，让给下一个任务使用。即使在 RAM 很少的处理器上也能同时执行众多任务。整个程序的总内存消耗等于全局变量所占的内存加上局部变量最多的任务所耗内存量。程序编写时，每个任务都可以大量使用局部变量，只要消耗量不超过耗内存最多的任务，就不会增加 RAM 开销。

其次，在后台任务顺序执行的结构中，不会出现多个后台任务同时访问共享资源的情况。因为当一个任务访问共享资源时，前一任务必然已经执行完毕，后一任务尚未开始，每个任务天然地独享全部的共享资源。后台任务间通过全局变量、数组传递参数变得十分方便，操作 I/O 端口、硬件设备、寄存器等硬件设备也不会出现冲突情况，只需要集中精力解决后台与前台中断之间的资源共享问题即可。所以，尽可能让主循环程序按照固定的节拍运行，某些定时中断内的程序也可以移至主循环内执行，不必进行临界代码保护，也不用考虑函数重入问题。

第三，前后台程序的结构灵活，实现形式与实现手段多样，可以根据实际需要灵活地调整。例如在某一事件的中断内直接写处理代码，可以保证对这一事件极高的实时性，通过间歇执行主循环可以显著地降低功耗等。

但这种灵活性也为前后台程序带来了众多的缺点。

1）程序多任务的执行依靠每个任务的非阻塞性来保证，这要求编程者耗费大量的时间精力来消除阻塞，而且最终的代码的样子，可能与对任务的描述差异很大。为了保证实时性，或者为了消除阻塞，程序会变得支离破碎（前台一段，后台一段），这为代码的维护带来了很大困难。

2）程序的健壮性及安全性没有保障，只要软件中存在中断、函数重入以及共享资源访问等问题就会带来一系列的隐患，对这些互斥资源的保护都要编程者自己来解决。对于初学者来说，很难保证所写程序中没有小概率隐患的存在，往往需要多年的实践和训练才能写出无隐患的代码。

3）每个程序员的思路、实现方法、软件架构等各不相同，而前后台程序中软件实现方法是开放式的，并无统一的标准和方法。这虽然为小型软件提供了便利，但对于稍大的系统来说，由于缺乏架构标准，维护、升级、排错都是很困难的事情。大部分情况下，除了设计人员自己，其他人很难接手进行维护工作。

4）实际上，前后台系统的整体实时性比预计的要差。这是因为前后台系统认为所有的任务具有相同的优先等级，即是平等的，而且任务的执行又是以顺序排队的方式依次执行，不可能动态更改任务排列的顺序。因而对那些实时性要求高的任务只能在中断中处理，而这会增加中断时间，增加其他中断的响应延迟。

5）缺乏软件的描述手段。前后台程序的结构可以说是随心所欲，但是如果让编程者用文字或图形写出他的设计思路，会遇到很大的困难。前后台程序没有一套精确的结构级的软件描述手段。

总之，前后台程序是一种简单方便、小巧灵活的程序结构，只需很少的 RAM 和 ROM 即可运行，没有额外的资源开销，因此在低端的处理器以及小型软件系统上得以广泛应用，但整体实时性和维护性较差，不适用于大型的软件系统。通常小型的医学测量仪器都用前后台程序的编程方式，例如心电图机、脉搏血氧仪、电子血压计等，而多参数监护仪由于任务多、资源大、实时性要求高等原因则采用操作系统的编程方式。

第 5 章 脉搏血氧仪设计

5.1 脉搏血氧测量的意义

许多呼吸系统的疾病会引起人体血液中血氧浓度的减小，严重的会威胁人的生命。几秒的脑缺氧即导致意识丧失，若达 2~3min 将造成不可逆转的细胞死亡，导致窒息、休克、死亡等悲剧的发生。所以，监测组织和血液中血红蛋白的氧合程度，实时的监护人体组织中氧的代谢及输运过程，对临床诊断和治疗工作有重要的意义。人体吸入氧气，在肺部的肺泡内与毛细血管进行气体交换。氧分子和血红蛋白分子能进行可逆的结合，血红蛋白是一种结合蛋白质。血红蛋白的功能是运输氧气和二氧化碳以及对血液的酸碱度起缓冲作用。血红蛋白由氧合血红蛋白（HbO_2）和还原血红蛋白（Hb）组成。当血液中氧分压升高时，血红蛋白与氧气结合，形成氧合血红蛋白，反之当氧气分压降低时，形成还原血红蛋白。

血氧饱和度就是指血液中氧合血红蛋白的含量占全部可结合血红蛋白的百分比，即血液中血氧的浓度。现在大多采用血氧饱和度（Blood Oxygen Saturation，SaO_2）来估计血红蛋白的携氧能力。其计算公式为

$$SaO_2 = \frac{HbO_2}{HbO_2 + Hb} \times 100\% \tag{5-1}$$

血氧饱和度取决于血氧分压的高低。正常人的动脉血氧饱和度为 93%~98%，静脉血氧饱和度为 70%~75%，临床上一般通过测量血氧饱和度来判断人体血液中的含氧量，血氧饱和度是临床医疗上的重要的基础参数。

血氧饱和度的检测手段分为有创测量和无创测量两种。有创测量是指抽取动脉中的血液，利用血气分析法或分光光度计法计算血氧。血气分析法是将采到的血样利用血气分析仪进行电化学分析，测出血氧分压进行计算，可为临床提供准确的血氧饱和度值，应用于很多需要准确的血氧饱和度的场合。分光光度计的方法是通过测定动脉血中血氧的光密度来计算血氧饱和度，这种方法适用于临床的准确测定以及体外血液循环机的监测。但是血氧饱和度的有创检测方法测量时间长，易对患者造成痛苦甚至感染，而且不能提供连续、实时地测量血氧饱和度数据，当病人处于危险状况时，不易使用此方法用于病人的及时抢救。因此，无损伤性、快速准确的血氧饱和度检测方法在临床方面具有广泛而实际的意义。

无创测量（Noninvasive Measurements）又称非侵入式测量或间接测量，其重要特征是测量的探测部分不侵入机体，不造成机体创伤，通常在体外，尤其是在体表间接测量人体的生理和生化参数。无创伤检测动脉血氧饱和度的方法，是一种采用脉搏血氧测量法（Pulse Oximetry）的动脉血氧饱和度测量方法（用该方法测得的血氧饱和度用 SpO_2 表示），与有创方法的最大区别就是将其传感器直接置于体表动脉处（如手指、耳垂、脚趾等），不需要插入血管，也不需要采血样，所以极易为临床应用场合所接受。它的传感器结构简单，使用极

为方便，可在无创伤条件下实现连续测量动脉血氧饱和度，其应用范围非常广泛。

脉搏血氧仪提供了以无创方式测量血氧饱和度或动脉血红蛋白饱和度的方法，其依赖于脉搏强度或脉动流来进行测量，因此被监视区域内必须具有良好的血流，任何阻滞都可能造成测量误差。脉搏血氧仪还能连带计算出脉搏频率，因此大多数脉搏血氧仪都具有这项功能。典型脉搏血氧仪的测量范围介于 70%～100% 的饱和度之间，低于 70% 时读数便不可靠。

5.2 脉搏血氧法基本测量原理

脉搏血氧仪是一种在不需要穿透血管的情况下，连续测量人体内动脉血氧饱和度的光电测量仪器，主要由光电感应器、微处理器和显示部分组成。其工作原理是监测动脉搏动期间光吸收量的变化，即利用手指或耳垂作为一个盛装血红蛋白的"透明容器"，将位于可见红光光谱（$\lambda = 660$nm）和红外光谱（$\lambda = 940$nm）的两个光源交替照射。在这些脉动期间所吸收的光强度与血液中的氧含量有关。通过微处理器计算所吸收的这两种光谱的比率，并将结果与存在存储器里的饱和度数值表进行比较，从而得出血氧饱和度。

脉搏血氧测量法是基于朗伯-比尔定律（Lambert-Beer Law），通过无创伤血氧饱和度测量的模型和光学脉搏容积描记法建立动脉组织的模型实现血氧饱和度测量的方法。脉搏血氧饱和度测量仪已经在临床实践中得到了广泛地应用，成为一种不可缺少的临床诊断设备。光通过物质时，它的强度会减弱，这种现象叫做光的吸收。光谱仪器就是利用溶液中物质对光的吸收，从而对该物质进行定性和定量研究的一种生化分析仪器。下面先讨论溶液对单色光的吸收规律，进而讨论物质对不同波长光的吸收特性。

当单色光通过溶液时，透射光的强度 I 符合如下规律（即朗伯-比尔定律，简称比尔定律）：

$$I(\lambda) = I_0(\lambda)\exp(-\varepsilon CD) \tag{5-2}$$

式中 $I_0(\lambda)$ ——入射光的强度；

C ——溶液的浓度；

D ——光程长；

ε ——吸收系数，由物质特性决定。

式 (5-2) 表明：当 I_0、C、D 不变时，物质的吸收系数越大，I 就越小，即该物质对光的吸收越强。透射光的强度 I 与溶液浓度 C 有确定关系；当 I_0、ε 和 D 不变时，C 越大，则 I 越小，透射光越弱。做浓度测量或血氧饱和度测量时，正是利用这个特性，通过测量光强从而求出浓度 C。在生物学和化学中，应用比尔定律时，通常把它写成另外的形式：

$$D = \ln(I_0/I) = \varepsilon Cd \tag{5-3}$$

其中 A 表示吸光度（absorbance）。此式表明吸光度 A 值与溶液浓度和光程长成正比，比例系数为光吸收系数 ε。

要想测量血液中多种物质的含量，所使用的光波长种类数必须至少等于物质的种类数。由于血氧饱和度主要由血液中氧合血红蛋白和还原血红蛋白的含量决定，使用两种光线便可以测量血氧饱和度。当使用光垂直照射透过人体手指末端时，若在另一端用光敏管接收（光敏管输出的电流与光强成正比），则发现光的强度明显减弱，用滤波器滤波后的电流可分为直流（DC）和交流（AC）两部分。血液中的血红蛋白（Hemoglobin，Hb）和氧合血红蛋白（Oxyhemoglobin，HbO_2）对不同波长的光的吸收系数不一样，在波长为600~700nm的红光（RED）区，Hb的吸收系数远比HbO_2的大；但在波长为800~1000nm的红外光（IR）区，Hb的吸收系数要比HbO_2的小；在805nm附近是等吸收点，如图5-1所示。

进一步观察发现，交流成分的波峰与波谷对应的是心血管系统的收缩与舒张，因此它对应的是动脉血液中的脉动的部分，这是一个与时间相关的量，而其余部分与时间无关，假定组织的脉动仅仅是由动脉血液而引起的，其结果导致光程的改变，使输出光强信号被调制而改变。皮肤、肌肉、脂肪、静脉血、色素和骨骼等的光信号吸收系数是恒定的，因此只影响光电信号中的直流分量；血液中的HbO_2和Hb浓度随着血液的脉动作周期性的改变，对光的吸收也周期变化（交流分量），引起光电检测器输出的信号强度随血液中的HbO_2和Hb浓度比周期性变化，透射光强度与电流成分的关系如图5-2所示。

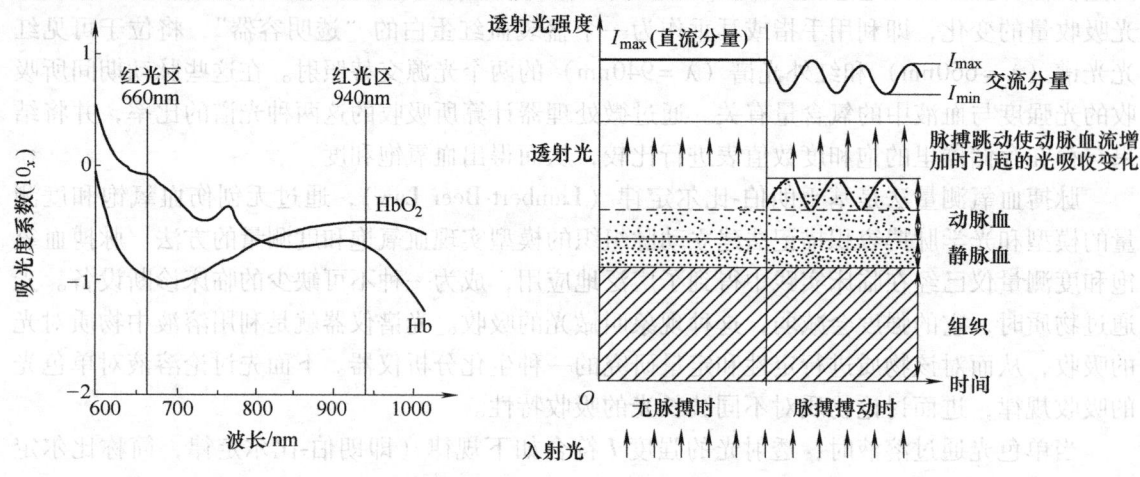

图5-1 氧合血红蛋白（HbO_2）和血红蛋白（Hb）的光吸收曲线

图5-2 光电检测器获得的信号的成分

假定HbO_2和Hb在波长为λ_1处的吸收系数分别为ε_{11}和ε_{12}，在波长为λ_2处的吸收系数分别为ε_{21}和ε_{22}，那么就有

$$\begin{cases} \ln[I_0(\lambda_1)/I(\lambda_1)] = D_1 = \varepsilon_{11}C_1 d + \varepsilon_{12}C_2 d \\ \ln[I_0(\lambda_2)/I(\lambda_2)] = D_2 = \varepsilon_{21}C_1 d + \varepsilon_{22}C_2 d \end{cases} \tag{5-4}$$

式中 I_0 和 I——分别表示入射光与透射光的强度；

D_1 和 D_2——分别表示波长为 λ_1 和 λ_2 的光通过物质时测得的吸光度；

C_1——HbO_2 的浓度；

C_2——Hb 的浓度。

式（5-4）联立可以解出C_1和C_2。由此可计算血氧饱和度：

$$SpO_2 = \frac{C_1}{C_1 + C_2} = \frac{\varepsilon_{22}\dfrac{D_1}{D_2} - \varepsilon_{12}}{(\varepsilon_{22} - \varepsilon_{21})\dfrac{D_1}{D_2} + (\varepsilon_{11} - \varepsilon_{12})} \tag{5-5}$$

从式（5-5）可以看出，只要测量两路透射光强以及由于脉搏搏动而引起的透射光强变化量,并根据相关吸收系数 ε_{ij},代入式(5-5)就可以算出动脉血液的血氧饱和度。当波长 λ_2 选取 805nm(氧合血红蛋白和还原血红蛋白的吸光系数曲线交点)时,$\varepsilon_{21} = \varepsilon_{22}$,代入式(5-5)可得

$$SpO_2 = \frac{\varepsilon_{22}}{(\varepsilon_{11} - \varepsilon_{12})} \frac{D_1}{D_2} - \frac{\varepsilon_{12}}{(\varepsilon_{11} - \varepsilon_{12})} = A\frac{D_1}{D_2} - B \tag{5-6}$$

脉搏波传感器接收的信号中包含着两种成分,分别以直流分量(DC)和交流分量(AC)的形式存在,可用电路的方法加以区分,以获得动脉波动的血液信号和参考直流信号。动脉搏动、血管舒张、动脉血的容积发生变化时,假设导致动脉血的光程由 d 增加了 Δd,而舒张期的吸收作为背景吸收保持不变光程 d,这时相应的透射光强由 $I(\lambda)$ 变化到 $I(\lambda) - \Delta I(\lambda)$,则式(5-3)可写成

$$\begin{aligned}\Delta D &= \ln[I(\lambda)/I_0(\lambda)] - \ln\{[I(\lambda) - \Delta I(\lambda)]/I_0(\lambda)\} \\ &= \ln\{I(\lambda)/[I(\lambda) - \Delta I(\lambda)]\} = -\ln[1 - \Delta I(\lambda)/I(\lambda)] \end{aligned} \tag{5-7}$$

考虑到透射光中交流成分占直流成分的百分比远小于 1 的数值,使用级数展开公式,则有

$$\Delta D = -\ln[1 - \Delta I(\lambda)/I(\lambda)] \approx \Delta I(\lambda)/I(\lambda) \approx AC(\lambda)/DC(\lambda) \tag{5-8}$$

对于脉搏波而言,不同波长下的背景(入射光强度 I_0)是一致的,可以使用相对变化来代替绝对值计算,而不影响公式的正确性,则式(5-6)可以改写为

$$SpO_2 = A\frac{\Delta D_1}{\Delta D_2} - B \tag{5-9}$$

将式(5-8)代入式(5-9),得到

$$SpO_2 = A \times \frac{AC(\lambda_1)/DC(\lambda_1)}{AC(\lambda_2)/DC(\lambda_2)} - B = A \times R - B$$

$$R = \frac{AC(\lambda_1)/DC(\lambda_1)}{AC(\lambda_2)/DC(\lambda_2)} \tag{5-10}$$

由于不同个体和不同部位的光吸收不同,一般使用标准化后的比值进行计算,即先求两种波长形成的脉动分量与直流分量的比值(AC/DC),直至标准化,再求红光 RD 和红外光 IR 吸收系数交流分量的比值。R 和 SO_2 之间呈线性关系,可以用线性回归方法求出待定系数 A 和 B。在红外光和红光的信号幅度完全相同时的血氧饱和度是 85%。光电信号的脉动规律是和心脏的搏动一致的,因此检测出信号的重复周期,还能确定出脉率。习惯上将脉搏血氧仪测得的血氧饱和度称为脉搏容积血氧饱和度(SpO_2),以区别于用其他类型的血氧计所测得的结果。

对于确定的波长 λ_1 和 λ_2,A 和 B 是常数,λ_2 应选在 Hb 和 HbO_2 的吸收系数相近的区段,这个等吸收点在 805nm 附近,但是光波长和吸收系数的变化梯度在该点附近较大,在发光二极管存在个性差异时,不利于调试替换。两曲线在 850~950nm 波长段近似重合并且变化缓慢,所以交点一般选择该波长区域比较适合。另一个测量波长 λ_1 选在 Hb 的吸收率大于 HbO_2 处,通常选择 660nm,因为在此附近两者之差有最大值。

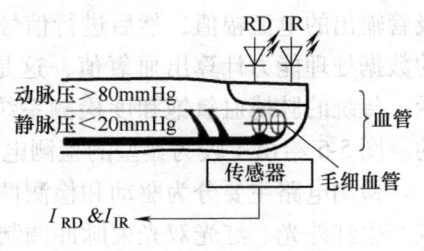

图 5-3 脉搏血氧仪所用的探头使用示意图

脉搏血氧仪所用的探头使用时是套在手指上的，如图 5-3 所示。上壁固定了两个并列放置的发光二极管（LED），发出波长为 660nm 的红光（RD）和 940nm 的红外光（IR）。下壁有光电检测器，将透射过手指动脉血管的红光和红外光转换成电信号。

5.3 脉搏血氧仪的硬件结构

5.3.1 总体设计方案与系统构成

脉搏血氧仪测量过程设计为全自动测量，开机后测量自动进行，因此脉搏血氧仪的输入设备包括一个电源按键，同时也是启动测量按键，输出部分包括一个数据显示装置。电源关闭采用软件关断方式，当探测器探测到指夹内没有物体时，此时接收到的光电信号幅值大幅增加，且没有交流分量，延时 5s 自动关机。根据上述测量原理和测量过程可以总体上确定典型组件包括：一个微处理器、存储器（ROM 与 RAM，现在基本都集成在处理器内部，不需要扩展）、两个 LED 的控制和驱动电路、对光敏二极管接收的信号进行滤波与放大的器件、将接收信号数字化以提供给微处理器的模-数转换器、一个电源按键、一个显示屏。

按照分解模块，光的发射和接收部分比较独立，只能用模拟电路实现，但需要单片机控制 LED 的开关。制造商已可提供带有 A-D 和 D-A 转换器、微控制器内核、存储器及其他外围功能的集成微控制器，仅有滤波、信号调节和放大等功能需要使用外部组件。如果所选 MCU 的功能足够强大，则可在数字域完成信号调节，从而进一步简化系统，但是集成意味着需要就采用哪种处理架构做出抉择。集成解决方案的选择颇具挑战性，因为这些微控制器的种类非常多（16bit 及 32bit 的 CISC 和 RISC 架构），同时还有多种 A-D、D-A 及其他外围选项。

对一个简单的脉搏血氧仪来说，8bit MCU 内核完全够用，但如果要求有复杂的滤波、数学计算或数据处理等更多功能，那么 16bit、32bit 器件可能是更好的选择。使用宽总线 MCU 比使用 8bit MCU 更容易处理宽字节数据，所以它们对 12bit、16bit 及 24bit A-D 数据的计算更容易、更快。凭借它们更快的操作速度，这些宽总线 MCU 在执行复杂算法方面比 8bit MCU 具有更高的效率。理想解决方案将是：一个带有内部程序 Flash 与 RAM（用于存储操作程序、饱和度查找表和捕获的数据）的 16/32bit MCU、两个用于驱动光源的 D-A 转换器、一个至少 12bit 分辨率的用以量化光敏二极管所接收数据的多通道 A-D 转换器，它还可用于监视电池电量等其他参数。

为了从光敏二极管输出的信号中提取出血氧信息，有两种设计方案，一种是检测光敏二极管输出的电流幅值，然后进行信号滤波，A-D 转换把信号转换成数字形式，再利用单片机的数据处理能力计算出血氧值，这是传统的血氧仪设计方案，具体的仪器结构如图 5-4 所示。传统的脉搏血氧饱和度检测系统多是通过模拟技术完成信号处理、检测等一系列工作的。图 5-5 给出了较为典型的检测电路结构框图。

检测电路主要分为驱动和检测两大部分。驱动部分主要通过单片机控制 LED 工作状态以产生红外光、红光双光束脉冲调制信号，另外完成光增益自动调节功能，光增益自动调节的目的是为了满足不同患者脉搏强弱、皮肤厚薄、皮肤光洁度以及皮肤颜色等存在巨大差异的要求。调控的方法一般是利用 DAC 等硬件设备通过调节 LED 驱动电流的大小分别将双光束直流透射信号调节在一个固定的电压或某个电压范围内。

检测部分主要通过一系列信号处理和检测环节消除各种干扰以及提取特征值。前级光电检测电路将光电流信号转换为光电压信号,后经放大和解调等环节将通过调制的信号重新恢复成模拟信号,然后经交直流分离电路分别将红外光信号、红光信号中的交流分量与直流分量分开,形成4路信号,其中直流分量直接送 ADC 采样,交流量先通过低通滤波和交流放大后送 ADC 采样,4 路信号采样后的结果送单片机。另外,在对红外光交流信号经过滤波放大后,还要有一路送给脉搏波检出电路进行特征值提取,然后送单片机。最后由单片机完成脉率和血氧饱和度计算。由此可见,传统的脉搏血氧检测系统设计主要是利用模拟技术来完成诸如 LED 驱动、增益调节、双光束分离、交直流分离、滤波放大、检出等一系列工作的。

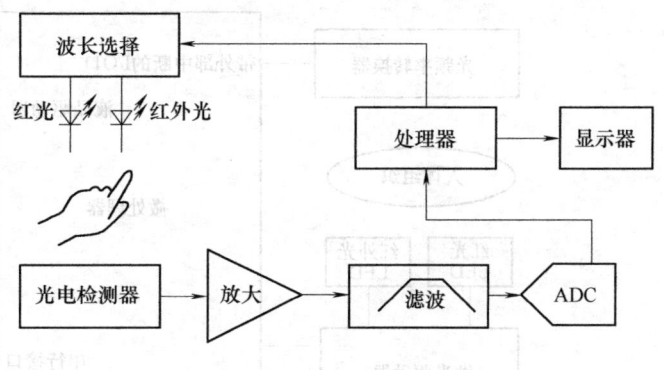

图 5-4 脉搏血氧仪的组成模块

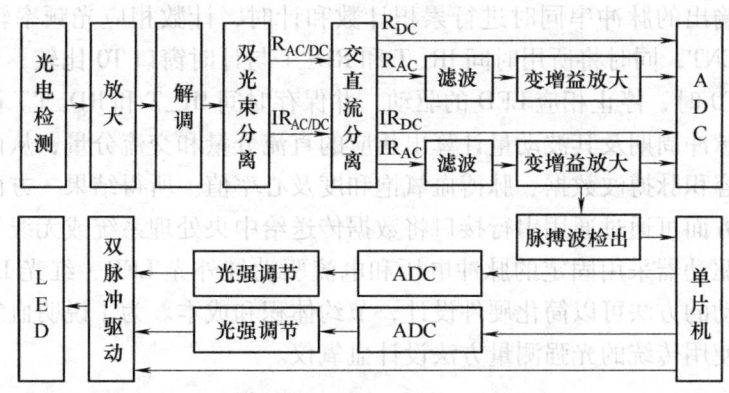

图 5-5 脉搏血氧饱和度典型检测电路结构框图

传统脉搏血氧饱和度检测系统采用了复杂的模拟电路来完成诸如调制解调、双光束分离、交直流分离、滤波放大、脉搏波检出和交直流分量获取等一系列工作。这些环节增加了系统的不稳定性和测量随机误差。随着新型器件的发展,脉搏血氧饱和度检测系统使用数字化设计的思想,采用现代微处理器和集成电路技术来简化硬件电路,由新型器件作为检测部件的仪器,结构如图 5-6 所示。

该系统包括:红光发光管、红外发光管、发光驱动器、光频率转换器、微处理器、LCD。红光 LED、红外光 LED 分别与发光驱动器的两路输出相连接,发光驱动器的输入与微处理器信号连接。该微处理器含有带外部中断功能的 I/O 口、通用串行接口。微处理器带外部中断功能的 I/O 口连接光频率转换器,其他 I/O 口连接 LCD 的输入口。微处理器的通用串行接口可连接中央处理系统或无线发射单元,在测量时,人体组织置于红光 LED、红外光 LED 和光频率转换器之间。

微处理器可以是任何一种具有外部中断功能的 I/O 口、通用串行接口,可计时的微处理

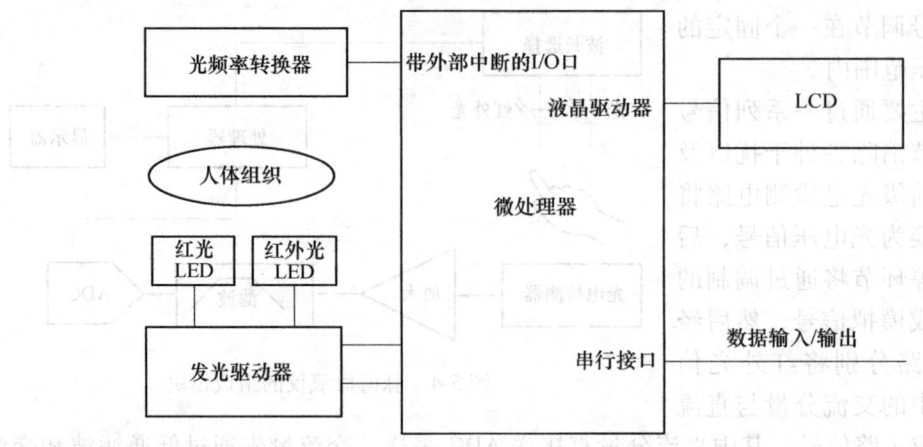

图 5-6 光频转换测量系统总体结构

器,应尽可能选用较高的系统时钟频率。系统时钟典型值为 8MHz,计时分辨率典型值为 125ns。微处理器周期性地按时序输出两路脉冲信号,通过发光驱动器依次驱动红外光 LED、红光 LED,发出的光脉冲经人体组织衰减和调制后被光频率转换器所接收,并转换成频率和脉冲光强成线性比例关系的脉冲串传送至微处理器 I/O 口。微处理器利用内部时钟和计时器对光频率转换器输出的脉冲串同时进行累积计数和计时,计数相应光频率转换器脉冲串数 IR_CNT 和 RD_CNT,同时将所用时间 IR_T 和 RD_T 与计时窗口 T0 比较,当 IR_T 或 RD_T 大于计时窗口 T0 时,停止相应 LED 的驱动,并保存时间 IR_T 和 RD_T。微处理器根据所检测到的每路光脉冲周期及其波动量计算出相应的直流分量和交流分量,从而按通常的脉搏血氧仪公式求得容积脉搏波数据、脉搏血氧饱和度及心率值。所得结果一方面可通过液晶显示器显示,另一方面可通过通用串行接口将数据传送给中央处理系统或无线发射单元,实现遥测功能。发光驱动器采用固定的脉冲电压和电流驱动红外光 LED、红光 LED 发光,这种固定脉冲电流驱动的方法可以简化硬件设计,节约体积和成本。为了说明血氧仪的典型设计过程,这里仍然使用传统的光强测量方法设计血氧仪。

5.3.2 光源及其驱动电路的设计

血氧仪不设计启动测量按钮,只有一个电源按键,开机后系统自动运行。电源开关需要实现硬件开机和软件自动关机的功能,使用传统的硬件开关是无法完成这一任务的。图 5-7 为使用与非门芯片 74HC00 实现开关电路的原理,电源按键按下后逻辑门工作,1A、1B 输入为逻辑高电平 1,1Y 输出 0,并连接到 2A 输入,不管 2B 输入何值,2Y 输出 1 并连接到 3A、3B、4A,由于 3A、3B 输入 1,引脚 3Y 输出低电平开通 MOS 场效应晶体管 VF_1,电源给整个系统供电,系统上电后单片机输出高电平信号 POW_KEY 到 4B。此时 4A 为 1,因此 4Y 输出 0 到 2B,不管 2A 输入何值,2Y 都输出 1 到 3A、3B,实现系统的自锁功能。关机时 POW_KEY(也就是 4B)输出低电平,4Y 输出 1 并连接到 2B,由于按键按下后即抬起,1A、1B 输入为 0,1Y 输出 1 到 2A,此时 2A、2B 输入均为 1,2Y 输出 0 给 3A、3B,3Y 输出 1,POWER_G 引脚输出高电平,VF_1 关断,系统掉电。

由于 HbO_2 和 Hb 对 600nm 以下波长光吸收系数过大,不适宜血氧饱和度测量。原理推导中要求其中一波长对 HbO_2 和 Hb 的吸收系数相等,该光波波长应该选在 805nm 左右,而

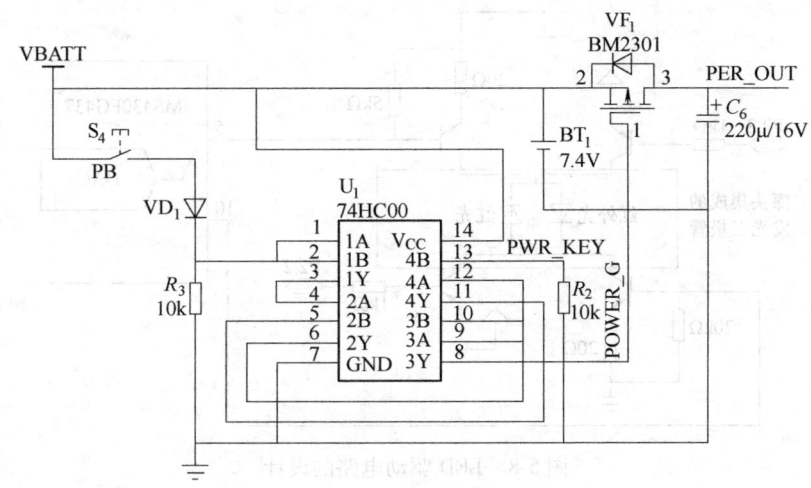

图 5-7 使用逻辑门实现软开关

该点的吸光系数随波长变化梯度较大,这样当 LED 存在个体差异时,不利于调试替换。而在 900nm 附近的波长段,两曲线变化较缓且接近重合,所以一般将交点选在该波长段。另一光波长选在 660nm 波长附近,检测光附近 Hb 表现出强烈的吸收特性,该波长处光对 HbO_2 和 Hb 吸收系数之差近似最大。综合系统的电路设计和价格等因素,在光源设计中选定波长为 660nm 和 940nm 的 LED,其性能足以满足本系统的需要。

光电器件选择的首要问题是波长,LED 和光敏二极管的选择都需要对所选波长有好的频率响应。对于 LED 来说,需要注意的是发光强度、所需的驱动电流和管压降,其中驱动电流是设计驱动电路的首要因素。LED 的带宽很窄,选择时要注意应尽量使峰值波长与所需波长一致,否则会因为频率响应的迅速下降降低光电转换效率,从而引起较大功耗。由于光敏二极管都有一个较宽且平坦的频率响应曲线,因此光电转换效率和光敏二极管的噪声水平是较重要的考虑因素,光敏二极管的等效噪声功率是光电测量精度的重要影响因素,噪声越低,测量能达到的精度越高。

脉搏血氧饱和度检测以光电检测技术为基础,因此,周围杂散光、暗电流等各种干扰对系统影响比较大。为了克服这一问题必须在系统设计中采用光调制技术,调制就是使光的强度、振幅、频率或相位等某一个(或几个)参数按一定规律变化,调制的任务是把所传输的信息以信号变化的形式加载到光波上去。从信息携带与检出要求看,采用调制光携带信息可使光信号自身具有与背景辐射不同的特征,有利于和背景辐射区分开,调制除了抑制背景光干扰外,还对抑制系统中各环节的固有噪声和外部电磁场干扰也有一定作用。

双波长发光二极管(红光和红外光 LED)的驱动电路如图 5-8 所示。探头驱动采用 H 桥电路,其中控制两个 LED 的电流分别来源于单片机的 5 和 10 脚,它们都是 DAC12 的输出端,可以通过软件控制不同时刻在不同引脚输出的脉冲来交替控制两个 LED 间隔地发光以及控制 LED 的亮度。P2.2 和 P2.3 输出驱动互补电路。在 MSP430FG437 中,内部的 12bit DAC_0 通过 DAC 控制寄存器的控制软件可以被连接到 MCU 的引脚 5 或引脚 10。当一个引脚没有被选择出来输出 DAC_0 信号时,它被设置为高阻或低电平。每个晶体管的基极有一个下拉电阻来保证 PNP 型晶体管和 NPN 型晶体管的导通特性,实现对红光 LED 和红外光 LED 工作状态的控制。

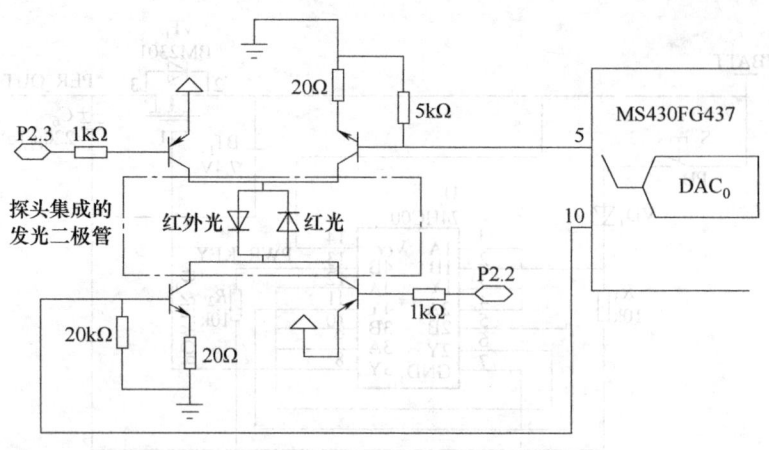

图 5-8 LED 驱动电路的设计

5.3.3　数据采集电路

光电式脉搏传感器采用不同的光敏元器件（如光敏电阻、光敏二极管、光敏晶体管和硅光电池），有着多种实现方法。在传统的光电式脉搏传感器设计中，通常采用独立光敏元器件，利用半导体和光电效应改变输出的电流。通常光敏元器件输出的电流极小，容易受到外界干扰，而且对后续的放大器要求比较严格，要求放大器空载时的电流输出较小，避免放大器空载输出电流对脉搏信号测量的干扰，这样普通的放大器就不能直接应用在光敏元器件的后端。

现在的接收管选用光敏器件 OPT101，该器件将感光部件和放大器集成在同一个芯片内部，这种集成化的设计方式有效地克服了后端运算放大器空载电流输出对光敏器件输出电流的影响，而且芯片输出的电压信号可以通过外部的精密电阻进行调节，这一特点使得芯片在整体电路的设计中具有更广的适应性，同时芯片的集成化设计也能够减小系统的功耗。

芯片 OPT101 输出的脉搏信号为直流和交流叠加的混合电压信号，其中交流信号中包含了脉搏信息，直流电信号大约为 1V，交流分量为 10mV，由于脉搏波信号较弱，动脉血充盈时信号幅度只有其直流分量的 1%，因此信号调理电路先要滤除叠加的直流信号，再对交流信号进行放大。滤除直流信号可以通过一个电容来实现，但是电容在隔直流的同时可能造成脉搏信号的部分失真。由于不同受试者的手指的透光率不同，测量到的直流电平不同，因此需要一个减法器滤除直流电平，从而采用可控直流电平输出和减法器来实现脉搏信号的提取。在得到包含有脉搏信号的交流信号后，只要通过简单的放大电路和低通滤波电路即可实现脉搏信号的提取，如图 5-9 所示（图中 DAC12-1 表示芯片内部集成的一个 12bit 数-模转换器，ADC12 表示芯片内的 12bit 模-数转换器。

光电接收器接收到的信号特点是包含直流成分和交流成分，直流成分占主要部分，交流成分也需要准确测量，我们需要的信号是交直流信号的分离，通过软件算法来实现。提取出不同波长下的交直流成分后即可以使用计算公式计算血氧饱和度值，这只需要按照公式编写程序即可，计算出的结果传到显示器显示。

信号检测处理单元可分为输入前端、输入中端和输入后端 3 部分。输入前端包含信号放大电路和 LED 发光强度控制电路；输入中端包含交直流信号分离电路和 A-D 转换电路；输

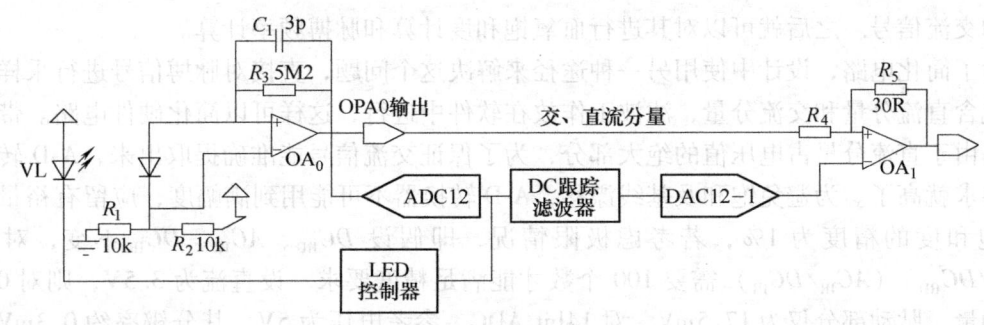

图 5-9 交直流分量分离电路

入后端包含数据采集和分析电路。MSP430FG437 单片机内部集成了相应的三级运算放大电路，分别对前端弱小信号进行放大、对中端直流、交流混合信号进行分离及 A-D 转换和对后端测量信号进行采集计算。这些信号检测处理电路被集成在了芯片内部，使得我们仅用软件编程即可对相应过程进行控制，这样既优化了电路设计，也提高了系统的稳定性和准确度。这也是采用该芯片作为 MCU 的一个重要因素。下面分别对这些电路做一下说明。

当 LED 交替发光的时候，光敏二极管接收透射光产生了相应的光敏信号，这一信号包含了直流和交流两部分。直流信号是由那些不受氧含量变化影响的因素产生的，如部分身体组织和光敏二极管周围的散射光。光线透过这些物质的时候不会产生变化，在光敏二极管产生的光敏信号中就表现为直流成分。它随 LED 的亮度而变化。交流信号是由那些对氧含量变化敏感的因素产生的，如动脉血中 HbO_2 和 Hb 的含量变化。另外，当使用交流电源时，50Hz 工频干扰产生的噪声信号也包含在交流信号中。这些因素的影响就表现为光敏信号中的交流成分。由于光敏信号一般比较微弱，需要对其进行放大，才能做进一步的处理。OA_0 作用就是放大光敏二极管的光敏信号，供后续的 OA_1 来进行二级运算放大处理。经过 OA_0 放大之后，光敏信号包含大约 1V 的直流成分和峰-峰值大约为 10mV 的交流成分。同时，正如在探头驱动单元所介绍的，我们需要对 LED 的亮度进行调节，以保证 OA_0 的输出信号保持在预定的范围内。亮度调节的控制也是在输入前端部分来实现。

从 OA_0 输出的交流信号的提取与放大由二级运算放大器 OA_1 来实现。DC 跟踪滤波器截取了信号的直流成分被用来作为差分运算放大电路 OA_1 的正向输入偏置信号。而经过 OA_0 放大的交直流混合信号则被作为反向输入信号连接到 OA_1 的反向输入端。这样经过该差分放大电路之后，OA_1 准确地将交流信号从混合信号中提取并做了放大处理，而直流信号则被完全滤掉了。OA_1 的偏置电流也被放大并成为输出信号的一部分，它将在后续电路中被滤掉。

信号经过 OA_1 的处理之后，就得到了需要的交流信号。接下来要对交流信号进行采集控制。后端交流信号的采集控制电路中，12bit 的 ADC 自动触发对交流信号进行采样，采样频率为 1000Hz。由于红光信号与近红外光信号是交替发光，因而每种 LED 信号的采样频率为 500Hz。OA_1 输出的信号仍然含有少量的直流成分，需要对其加以滤除。由于所需的截止频率相当低，因而简单的高通滤波器无法实现目标。芯片在 ADC_{12} 之后添加了一个 DC 跟踪滤波器。信号经过 DC 跟踪滤波器之后就变成了纯粹的交流数字信号了。此时，信号既包含我们所需的光敏信号，也包含 50Hz 工频干扰信号。为了滤除工频干扰，芯片内部还集成了一个 50Hz 工频陷波器，用来滤除 50Hz 工频干扰信号。经过一系列滤波放大之后，得到了需要的交流信号。之后就可以对其进行血氧饱和度计算和脉搏频率计算。

为了简化电路，设计中使用另一种途径来解决这个问题，直接对脉搏信号进行采样，信号中包含直流分量和交流分量，滤波工作放在软件中进行，这样可以简化硬件电路。带来的问题是由于直流分量占电压值绝大部分，为了保证交流信号能准确提取出来，A-D 转换的精度要求就高了。为避免饱和及基线漂移，A-D 转换器不可能用到满幅度，应留有裕量。假如氧饱和度的精度为 1%，若考虑极限情况，即假设 DC_{RD}、AC_{IR}、DC_{IR} 不变，对比值 (AC_{RD}/DC_{RD}) (AC_{IR}/DC_{IR}) 需要 100 个数才能满足精度要求。设直流为 3.5V，则对 0.5% 的脉动量，脉动部分仅为 17.5mV。对 14bit ADC，参考电压为 5V，其分辨率约 0.3mV，脉动电压对应只有 60 个数。对 16bit ADC，分辨率约为 0.07mV，则有 250 个数，需要选择 16bit ADC 转换器进行采样。一般单片机中集成的 ADC 采样精度是 10bit 或 12bit，也有集成 16bit 精度 ADC 的，但价格就比普通单片机高多了。使用这种结构的话需要选择单独的 ADC 芯片，单片机只负责处理数据，不负责转换数据。

5.3.4 显示器模块及其驱动电路设计

OLED（Organic Light Emitting Diode，有机发光二极管）显示技术是继 TFT-LCD（Thin Film Transistor Liquid Crystal Display，薄膜晶体管液晶显示器）之后的新一代平面显示器技术。OLED 是通过电流驱动有机薄膜本身来发光的，发出的光可为红、绿、蓝、白等单色，也可以达到全彩的效果，是一种不同于 CRT、LED 和液晶技术的全新发光原理。OLED 显示器由非常薄的有机材料涂层和玻璃基板构成，当有电荷通过时这些有机材料就会发光。有源阵列 OLED 显示屏具有内置的电子电路系统，因此每个像素都由一个对应的电路独立驱动。OLED 显示器具有构造简单、自发光（不需背光源）、对比度高、厚度薄、视角广、反应速度快、可用于挠曲性面板、使用温度范围广等优点。OLED 显示器需要由驱动 IC 控制，例如 SSD1351，驱动 IC 已经集成在 OLED 显示模块中，只需要给驱动 IC 接口提供电源、产生驱动指令信号和显示数据信号，就能点亮 OLED 显示器。

OLED 显示器内置显示存储器，用于存储显示数据，显示屏上各像素点的显示状态与显示存储器的各位二进制数据一一对应，显示存储器的数据直接作为图形显示的驱动信号。数据显示为"1"，相应的像素点显示；数据显示为"0"，相应的像素点不显示，需要显示的文字或图片，可以选用字模软件取模生成单个字符的点阵显示代码，把需要的显示内容全部取模即可得到所需字符库。通过 OLED 显示程序将字符代码写入图形数据存储器（Graphic Data Display RAM，GDDRAM）后，就可以稳定地显示出来。如果是显示数据，那么显示数据由控制电路通过单片机接口输入到 GDDRAM 缓存，然后通过局域色解码器对数据进行解码，最后将解码后的显示数据通过行列驱动器驱动 OLED 显示。

单片机通过 $\overline{RES}$、$\overline{CS}$、D/C、$\overline{WR}$、$\overline{RD}$ 和数据口 D0~D7 共 13 个接口控制驱动 IC，从而控制 OLED 显示器。$\overline{CS}$ 为片选信号，当 $\overline{CS}$ 接低电平时单片机才能与驱动 IC 通信；$\overline{RES}$ 是复位使能端，当接低电平时，所有控制寄存器均被设定为出厂时的默认状态，同时图像寄存器清零；D/C 为数据/命令选择信号；$\overline{WR}$ 和 $\overline{RD}$ 分别为写和读选择信号。控制命令通过 MCU 接口输入到控制命令解码器进行命令解码，单片机对 OLED 的控制有 4 种状态，见表 5-1。

OLED 显示器的数据宽度可选择为 8bit 或 16bit。8bit 数据线的缺点是每次写入、输出数据只有 8bit，数据量小，在显示更新内容较多时会出现刷新速度跟不上的情况，优点是占用单片机的端口数量少；16bit 数据宽度的特点与 8bit 正相反。如图 5-10 所示的数据连接方式为 8bit，利用了血氧仪数据刷新量小的特点，根据实际使用效果来看能满足显示要求。

表 5-1 单片机对 OLED 显示器的 4 种控制

D/C	$\overline{WR}$	$\overline{RD}$	指令类型
0	0	1	写命令
0	1	0	读命令
1	0	1	写数据
1	1	0	读数据

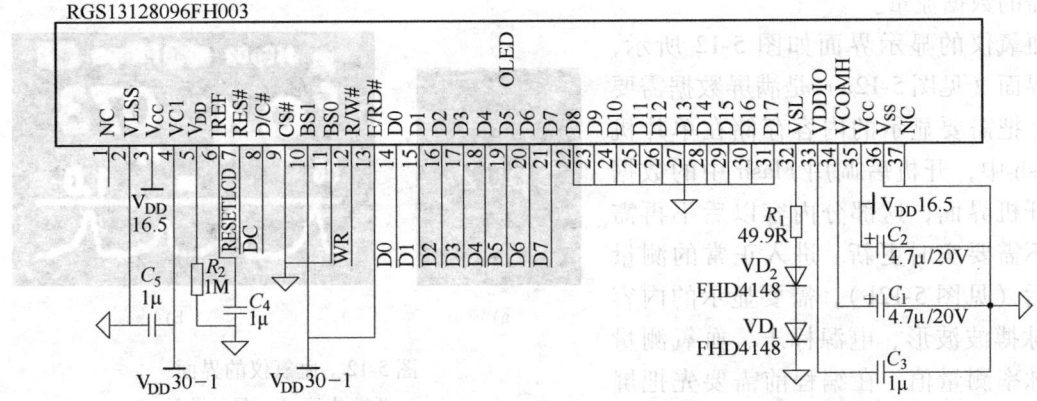

图 5-10 单片机与 OLED 显示器引脚的连接

整个单片机控制 OLED 显示器的显示程序用 C 语言编写，包括以下步骤：单片机初始化（包括关闭看门狗、时钟初始化、端口初始化，以及定时器和中断的初始化）、OLED 显示器初始化（包括开显示、设置显示模式、设置对比度控制器、对比度设置、设置行列起始地址、设置具体位置颜色、设置串口引脚配置）。通常 OLED 显示器都会给初始化的范例程序，实际使用时只需要把范例程序加入到单片机程序中，OLED 显示器的初始化即算完成，使用很方便。

血氧仪中选择 RSG13238096FH003 彩色 OLED 显示器，点阵大小为 128 像素×96 像素，最高支持 262K 色，支持 8bit、16bit、18bit 数据输入。内含 128×96×18bit 静态存储器。我们采用 8bit 数据输入，其接法为典型接法。根据所使用微控制器（MCU）的不同，它提供 8bit 6800 系列 MCU 并行、8bit 8080 系列 MCU 并行和 SPI 串行 3 种通信接口模式。6800 系列和 8080 系列的并行方式差别不大，编程时只需要按照规定好的通信协议编写即可。并行数据传输相比于串行通信方式传输速度快，但使用口线多。SPI 方法的特点是传输速度与并行口相比较慢，但使用的端口数量少得多。

OLED 显示器需要 TPS61041 升压芯片来供给高值电压，FB 端输出稳定偏置电压

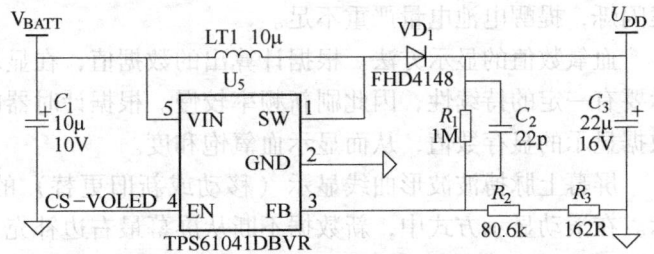

$U_{DD}=1.233\times[1000\div(80.6+12)+1]V=14.5V$
CS-VOLED 为 1 时，$U_{DD}=16.45V$(理论值)

图 5-11 OLED 显示器驱动电路设计

1.233V。经分压电阻 R_1、R_2 和 R_3 后，$U_{DD} = 1.233 \times [1000/(80.6+12)+1]$ V = 16.5V，得到液晶屏的偏置电压，如图 5-11 所示。

OLED 显示器的显示控制方法和点阵式 LCD 完全一样。屏的大小为 128 像素 ×96 像素，每个点需要的字节数为 2，每帧图像的数据量为 24KB，当然这是在满屏显示的情况下，实际情况下会有一些不需要刷新数据的部分，这部分不需要传输数据。每秒需要刷新显示屏的频率在 40 次以上，这里需要注意不是满屏的数据都要传输和刷新，一些不变化的显示内容不需要刷新，实际上每秒需要单片机送的数据大约为 14.2KB，显示对 RAM 的要求为大于 14KB。单片机和显示屏的通信采用并口通信方式，单片机的工作频率在 8MHz，能够提供显示所需的数据流量。

血氧仪的显示界面如图 5-12 所示，开机界面（见图 5-12a）是满屏数据需要显示，把需要显示的内容存储在单片机的 Flash 中，开机后调用 Flash 中的数据显示开机界面，这部分内容以后不再需要，不需要实时更新。进入正常的测量界面后（见图 5-12b），需要显示的内容包括脉搏波波形、电源标志、血氧测量值、脉率测量值，在编程前需要先把屏根据显示内容分区，不同的分区对应不

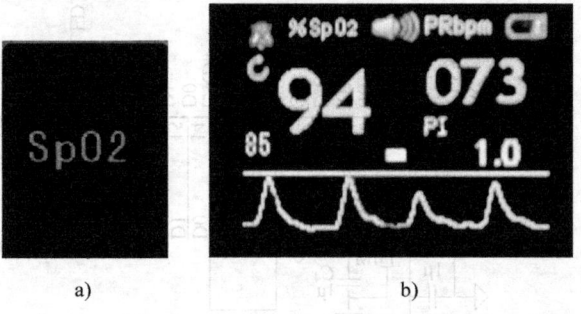

图 5-12 血氧仪的界面
a) 开机界面 b) 显示界面

同的显示内容，这样可以根据需要刷新需要修改的内容即可。电源符号显示电量的多少，需要一个 ADC 采集电源电压值，单片机根据电压值显示不同的电源状态，实际的显示方法可以采用叠加的方法实现，在单片机的 Flash 中存储一个电池的外形图，再存储 3 个（通常情况）填充符号，这几个部分都事先用取模工具转换成数据存储在 Flash 中，然后根据不同的电池状态调用，组合成电池的电量状态显示功能。在电池满电时，电池外形和 3 个填充图全部显示，电量不足时显示两个填充图案，电压更低时 3 个填充图都不显示，同时电池外形图案闪烁，提醒电池电量严重不足。

血氧数值的显示方法。根据计算出的数据值，在显示屏的固定位置显示数值，数据的显示要有一定的持续性，因此刷新频率较慢。根据计时器的定时值，在固定的时间间隔上刷新数据显示的显存数值，从而显示血氧饱和度。

屏幕上脉搏波波形曲线显示（移动或新旧更替）的方式有两种：滚动显示和擦除棒显示。在滚动显示方式中，新数据不断从屏幕最右边补充，旧数据从屏幕最左侧移出，整个波形以一定速度从右向左移动，与旧式记录器的显示方式相仿。在擦除棒显示方式中，擦除棒自左向右移动。棒的右侧是最老的数据，光的左侧是最新数据，擦除棒的作用是擦除老数据，引出新数据。擦除棒从屏幕最左侧开始移动到最右侧，然后再从最左侧开始下一次移动。血氧波形显示中采用擦除棒方法：计算出一个数值，就在屏上显示一个点，不停地计算脉搏波数值，不停地在屏上添加新的点，首先在屏上选择一个点，然后计算下一个点相对于前一个点的大小，如果数值变大，显示时在下一个位置把显示点向上画高一个点；同样计算下一个点的值，与刚画的点数值比较，数值大画高一个点，数值小画低一个点，只计算相邻点的相对值，不用考虑差值的大小，可以大大简化显示的工作量。由于脉搏波不会有剧烈变

动,所以这种显示方法能够满足脉搏波波形显示的要求。显示新数据的同时要将前一条曲线的数据擦去,在显存中就是计算清楚现在显示数据的位置,同时计算出现有位置之前的显存地址,在相应的显存中填入数据0,从而达到一边擦除曲线,一边显示新曲线,在两条线中间有一个分界带的显示效果。

5.3.5 外接存储设备设计

M25P40 是一款 4Mbit（512kbit×8）的串行 SPI 标准的 Flash 存储器（见图 5-13），M25P40 含有 8 个单元,每个单元有 256 页,每页有 256B 共计 4Mbit,并带有写保护机制。SPI 是英文 Serial Peripheral Interface 的缩写,中文含义为串行外围设备接口。SPI 是 Motorola 公司推出的一种同步串行通信方式,是一种四线同步总线,因其硬件功能很强。与 SPI 有关的软件相当简单,使 CPU 有更多的时间处理其他事务。SPI 总线系统是一种同步串行外设接口,它可以使 MCU 与各种外围设备以串行方式进行通信以交换信息。外围设备有 Flash、RAM、网络控制器、LCD 显示驱动器、A-D 转换器等。SPI 总线系统可直接与各个厂家生产的多种标准外围器件直接接口,该接口一般使用 4 条线:串行时钟线（SCK）、主机输入/从机输出数据线 MISO、主机输出/从机输入数据线 MOSI 和低电平有效的从机选择线 SS（有的 SPI 接口芯片带有中断信号线 INT 或 INT、有的 SPI 接口芯片没有主机输出/从机输入数据线 MOSI）。

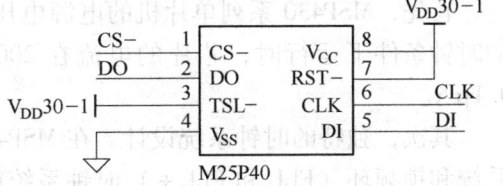

图 5-13 外接存储器设计

SPI 的通信原理很简单,它以主从方式工作,这种模式通常有一个主设备和一个或多个从设备,至少需要 4 根线（事实上单向传输时 3 根也可以）,也是所有基于 SPI 的设备共有的,它们是 SDI（数据输入）、SDO（数据输出）、CLK（时钟）、CS（片选）。TSL 端写保护是为了保护向存储器特定的存储单位写入数据。

5.4 基于 MSP430 的主控系统设计

5.4.1 MSP430 的特点

MSP430 系列单片机是 16bit 的单片机,采用了精简指令集（RISC）结构,具有丰富的寻址方式（7 种源操作数寻址、4 种目的操作数寻址）、简洁的 27 条内核指令以及大量的模拟指令;大量的寄存器以及片内数据存储器都可参加多种运算;还有高效的查表处理指令;有较高的处理速度,在 8MHz 晶体振荡器驱动下指令周期为 125ns,这些特点保证了可编制出高效率的源程序。在运算速度方面,MSP430 系列单片机能在 8MHz 晶体振荡器的驱动下,实现 125ns 的指令周期。16bit 的数据宽度、125ns 的指令周期以及多功能的硬件乘法器（能实现乘加）相配合,能够实现数字信号处理的某些算法（如 FFT 等）。

MSP430 单片机家族型号繁多,TI 公司用 3 位或 4 位数字表示型号,其中第一位数字表示大系列。目前有 4 个大系列:带有液晶驱动器的 MSP430F4××系列单片机、不带液晶驱动器的 MSP430F1××系列单片机、16MIPS 高速 MSP430F2××系列单片机、一次性写入（OTP）型低价 MSP430C 系列单片机。在每个大系列中,又分若干子系列,单片机型号中的第二位数字表示子系列号，一般子系列号越大，所包含的功能模块越多。最后 1 或 2 位数字表示存储容量，数字越大表示 RAM 或 ROM 容量越大。MSP430 家族还有针对热门应用而设计的一系列专用单片机，这些单片机都是在同型号的通用单片机上增加专用模块而构成，如 MSP430FG4×× 系列医疗仪器专用单片机在 MSP430F4×× 系列上增加了可编程差动放大器。

MSP430 系列单片机的中断源较多，并且可以任意嵌套，使用时灵活方便。当系统处于省电的备用状态时，用中断请求将它唤醒只需 6μs。MSP430 系列单片机之所以有超低的功耗，是因为其在降低芯片的电源电压及灵活而可控的运行时钟方面都有其独到之处。

首先，MSP430 系列单片机的电源电压采用的是 1.8～3.6V 电压。因而可使其在 1MHz 的时钟条件下运行时，芯片的电流在 200～400μA 左右，时钟关断模式的最低功耗只需 0.1μA。

其次，独特的时钟系统设计。在 MSP430 系列中有两个不同的系统时钟系统：基本时钟系统和锁频环（FLL 和 FLL+）时钟系统或 DCO 数字振荡器时钟系统。有的使用一个晶体振荡器（32768Hz），有的使用两个晶体振荡器。由系统时钟系统产生 CPU 和各功能所需的时钟。并且这些时钟可以在指令的控制下打开和关闭，从而实现对总体功耗的控制。

由于系统运行时打开的功能模块不同，即采用不同的工作模式，芯片的功耗有着显著的不同。系统中共有一种活动模式（AM）和 5 种低功耗模式（LPM0～LPM4）。在等待方式下，耗电为 0.7μA，在节电方式下，最低可达 0.1μA。

MSP430 系列单片机的各成员都集成了较丰富的片内外设。它们分别是看门狗（WDT）、模拟比较器 A、定时器 A（Timer_A）、定时器 B（Timer_B）、串口 0 和串口 1（UART0、UART1）、硬件乘法器、液晶驱动器、10/12bit ADC、I^2C 总线直接数据存取（DMA）、端口 0（P0）、端口 1～6（P1～P6）、基本定时器（Basic Timer）等一些外围模块的不同组合。其中，看门狗可以使程序失控时迅速复位；模拟比较器进行模拟电压的比较，配合定时器，可设计出 A-D 转换器；16bit 定时器（Timer_A 和 Timer_B）具有捕获/比较功能，大量的捕获/比较寄存器可用于事件计数、时序发生、PWM 等；有的器件更具有可实现异步、同步及多址访问串行通信接口可方便地实现多机通信等应用；具有较多的 I/O 端口，最多达 68 条 I/O 口线；P0、P1、P2 端口能够接收外部上升沿或下降沿的中断输入；14 位硬件 A-D 转换器有较高的转换速率，最高可达 200kbit/s，能够满足大多数数据采集应用；能直接驱动液晶多达 160 段；实现两路的 12 位 D-A 转换；硬件 I^2C 串行总线接口实现存储器串行扩展；以及为了增加数据传输速度，而采用的直接数据传输（DMA）模块。MSP430 系列单片机的这些片内外设为系统的单片解决方案提供了极大的方便。

5.4.2 单片机需要完成的任务和设计过程

系统选用 TI 公司的 MSP430FG437 单片机为处理核心，它是一款超低功耗的混合信号处理器。MSP430FG437 内部的 DAC_{12} 周期性地输出 2 路 100Hz、占空比为 1:4 的脉冲，经过电流放大的驱动电路驱动，交替点亮血氧探头中的红光和红外光 LED。探头中光电接收器将接收信号送到单片机内部的 OA 放大器进行放大，放大后的信号进入内部 ADC 进行采样。DAC_{12} 根据 ADC 采样信号的大小调节光源驱动的强度，从而维持光源的稳定，减少了由于光源不稳定带来的误差。处理后的信号再经去直流放大和数字滤波，得到的就是交流脉搏波成分，此时可以通过分析其周期和幅值对心率、血氧饱和度值进行计算。除此之外，硬件连接还需要液晶数据输出口、串行通信端口、同步 SPI 端口（用于与 M25P40 通信）、4 个 I/O（两个作为输出 LED 的驱动信号、两个作为关机输入和开机输入），它与硬件外设的连接如图 5-14 所示。图中 P1 口为液晶数据输出口，P2.4、P2.5 为串行通信端，P3.0、P3.1、P3.2、P3.3 为同步 SPI 端口与 M25P40 进行通信，P2.0 和 P2.1 为关机输出和开机输入。P2.2、P2.3 输出 LED 的驱动信号，5 和 10 引脚的输出控制 LED 的亮度，P6.0～P6.4 为 OA0 与 OA1 的输入输出引脚。

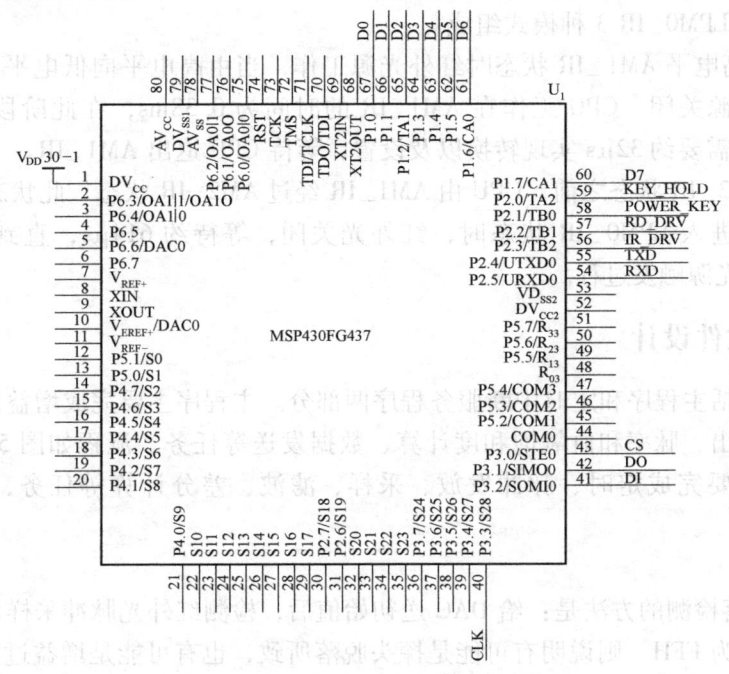

图 5-14　MSP430FG437 与外围设备连接图

单片机的外部输入只有一个电源启动按键、两个光敏二极的输入，输出有两个 LED 控制，还有两个自动调节发光强度的控制端，外接有一个显示器，所需外接引脚很少。单片机的主要任务是软件算法和显示屏控制。信号采集部分不需要控制，A-D 转换自动进行，单片机定时采集数据，几乎没有按键控制。

红光与红外光的时序控制主要是通过 MSP430FG437 单片机的通用定时器模块 Timer-A 实现的，而红光和红外光的光强度是通过 Timer-B 输出 PWM 来控制的，通过调节 PWM 的值使发光强度保持在一个可以测量的范围。红光和红外光的发光顺序每隔 2ms 交替一次，就将光强信号的频率调制到 500Hz。通过定时器设定光源的接通方式，采用 Timer-A 定时触发采样定时器，A-D 采样设置为单通道单次采样，采样频率为 120Hz，同时产生中断。由于 A-D 转换的速度相比于单片机的采样周期（1/120s）短得多，单片机有充足的时间在转换间期去处理别的任务，所以采用 A-D 转换时单片机等待的方式，转换完之后立即读入数据进行处理。

系统通过脉冲驱动对光源进行调制，其调制时序如图 5-15 所示。以往采用直流信号驱动时，要求检测电路有对应两个光源的两个光敏器件及两路性能匹配的处理电路，这种方法易受背景光或工频等低频干扰的影响。但采用脉冲信号驱动时，两路光源交替发光，检测电路可采用对两路光响应电平一致的单一光敏器件接收，再进行后续处理处理。这种方式的抗干扰能力强，同时可降低 LED 的平均电流，延长探头的使用寿命。图 5-15 中，红光光源和红外光源的工作状态比较相似，此处以红外光源为例对脉冲调制过程进行说明。红外光源的工作时序状态由 AM1_IR（Timer-A0 ISR）、AM2_IR（ADC_{12} ISR）和 LPM0_IR 3 种模式组成。

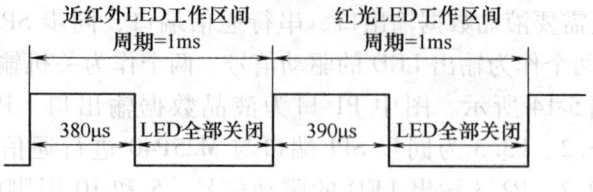

图 5-15　红光、红外光源调制时序

1）当处在高电平 AM1_IR 状态时红外光源工作，当由高电平向低电平过渡即 AM2_IR 状态时，红外光源关闭。CPU 工作在 AM1_IR 的时间为 0.38ms，在此阶段 Timer-A1 触发 ADC_{12}，ADC_{12} 将需要约 32μs 实现转换以及设置，等待 CPU 退出 AM1_IR。

2）进入 AM2_IR 状态之前，CPU 由 AM1_IR 经过 AM2_IR 状态，此状态时间约为 6μs。

3）当 CPU 进入 LPM0_IR 状态时，红外光关闭，等待约 614μs，直到 Timer-A0 打断 CPU，进入红光光源触发过程。

5.4.3　系统软件设计

软件主要包括主程序和定时中断服务程序两部分。主程序主要完成增益调节、探头脱落检测、脉搏波检出、脉率和血氧饱和度计算、数据发送等任务。流程如图 5-16 所示。定时中断服务程序主要完成定时、脉冲发放、采样、滤波、差分计算等任务，流程如图 5-17 所示。

1. 主程序

1）探头脱落检测的方法是：给 DAC 送初始值后，检测红外光脉冲采样值高 8 位，若该值达到满度，即为 FFH，则说明有可能是探头脱落所致，也有可能是增益过高而被测部位组织太薄造成脉冲幅度饱和；于是，减小 D 值（见图 5-16），检测红外光脉冲高 8 位是否仍为饱和；若探头未脱落，则只要当 D 小于某一阈值，脉冲幅度必然会脱离饱和状态；若探头脱落，即使 D 小于阈值，脉冲仍会处于饱和；为确定 D 的阈值大小，在探头中夹一张纸，能使其脱离饱和的最小 D 值，作为探头脱落检测的阈值。

2）考虑到实时性的要求，对运动伪差干扰的处理采用阈值判别法。通过对容积脉搏波信号的特征分析发现脉搏波相邻两波间的幅度、上升时间一般不会发生突变，经测试相邻两波幅度最大变化率一般不超过 40%，收缩期最大变化率不超过 30%。于是，设置光电容积脉搏波。幅度变化范围为：0.6×前 3 个波幅度均值，1.4×前 3 个波幅度均值。上升时间变化范围为：0.7×前 3 个波的上升时间均值，1.3×前 3 个波的上升时间均值。若检出的脉搏波幅度、上升支时间在变化范围以内，则认为是正常信号，予以保留；否则认为是干扰信号，予以剔除。

3）容积脉搏波检出采用 5 点差分来识别脉搏波上升支。检出方法是：首先进行自学。以心率 30 次/min 计算，要学习到一个完整的脉搏波大约需要 2s。因此，采集 7.5s 脉搏波，共 750 个点，分 3 段，每段 250 个点，这样可保证每段中至少有一个脉搏波。求出这 3 段的幅度平均值和差分最大值平均值，设定幅度范围和差分阈值。然后根据阈值判断后续波形的前沿（上升支）。当某处差分值大于差分阈值时，判定为脉搏波前沿。然后以该点为基准向前、向后搜索，根据差分判断波的拐点。两拐点之间的间期即为上升支时间。连续学习 3 个上升支时间，求出平均值，设置其变化范围，自学过程结束。在此过程中，要求测试者尽量处于静止状态。之后，对脉搏波开始连续检出。先根据差分阈值找到脉搏波前沿，进而搜索到两个拐点。两拐点分别对应脉搏波峰、谷值，之间的间期为上升支时间，两拐点之间对应值之差为波的幅度。然后分别判断上升支时间、幅度是否在所设定的变化范围以内。若不满足，则认为有干扰，予以剔除；若满足条件，则认为是正常波形，检出的参数可用作氧饱和度的计算。根据两相邻波的峰值之间的点数 n 可计算脉率（采样率 $=100\mathrm{Hz}$，脉率 $=6000/n$）。然后分别进行差分阈值、脉搏波幅度变化范围和上升支时间变化范围更新。更新采用移动平均的方法，即用当前的参量（最大差分、幅度或上升支时间）代替前面第 3 个波的相应值，再求平均值。根据对容积脉搏波的特性分析，在脉搏波峰值点后约 0.2s 内一般不会出现下一个容积脉搏波上升支，在该段时间内不进行脉搏波检出，0.2s 后才开始新一轮检测。如此循环，可不断进行容积脉搏波的检出。

4）考虑到实时性的要求，在不影响测量精度的条件下，采用近似法中的峰值法来计算氧饱和度，即利用公式 $R = (AC_{RD}/DC_{RD})/(AC_{IR}/DC_{IR})$ 先求出双脉冲交直流之比，然后查定标曲线确定氧饱和度。每一个心动周期计算一次瞬时值。为提高系统稳定性，采用 8 个移动平均的方法计算平均值作为输出的氧饱和度。

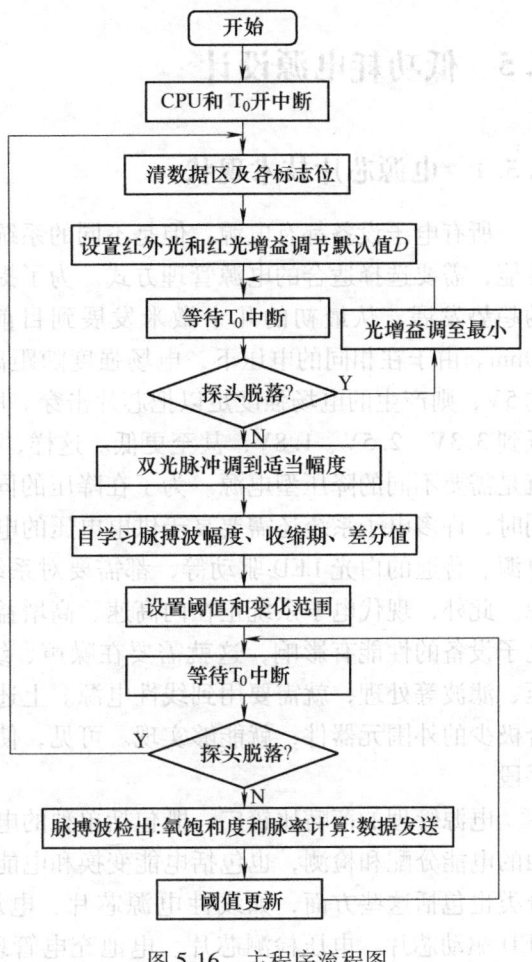

图 5-16　主程序流程图

2. 定时中断服务程序

1）定时器 T_0 设置为定时中断方式，每 10ms 中断一次。

2）为进一步消除电路噪声、环境光等的影响，用红光和红外光脉冲采样值分别减去暗光采样值。

3）对 A-D 采样得到的红外光和红光信号分别进行滤波处理。考虑到实时性的要求，使用简单整系数低通滤波器，传递函数为

$$y(N) = x(N) - 2x(N-6) + x(N-12) + 2y(N-1) - y(N-2)$$

它能较好地滤除噪声，获得光滑的容积脉搏波，同时对工频干扰也有良好的抑制作用。

4）红外光 5 点差分是为了主程序中脉搏波检出之用。中断服务程序流程图如图 5-17 所示。

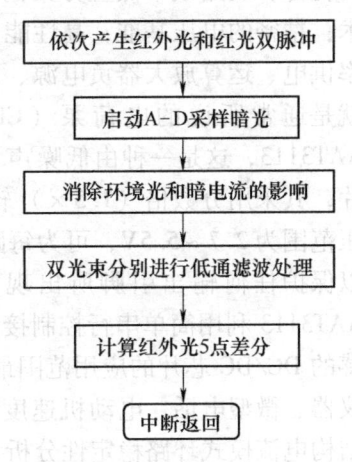

图 5-17　中断服务程序流程图

5.5 低功耗电源设计

5.5.1 电源芯片技术现状

所有电子设备都有电源，但是不同的系统对电源的要求不同，为了发挥电子系统的最佳性能，需要选择适合的电源管理方式。为了提高电路的密度，芯片的特征尺寸始终朝着减小的趋势发展，从最初的几十微米发展到目前的 $0.5\mu m$、$0.35\mu m$、$0.25\mu m$、$0.18\mu m$ 乃至 90nm。由于在相同的电压下，电场强度随距离的减小而线性增加，如果电源电压还是原来的 5V，则产生的电场强度足以把芯片击穿。所以，目前的芯片工作电压已经从以前的 5V 降低到 3.3V、2.5V、1.8V，甚至更低。这样，电子系统对电源电压的要求就发生了变化，也就是需要不同的降压型电源。为了在降压的同时保持高效率，一般会采用降压型开关电源。同时，许多电子系统还需要高于供电电压的电源，比如电池供电设备、驱动液晶显示的背光电源、普通的白光 LED 驱动等，都需要对系统电源进行升压，这就需要用到升压型开关电源。此外，现代电子系统正在向高速、高增益、高可靠性方向发展，电源上的微小干扰都对电子设备的性能有影响，这就需要在噪声、纹波等方面有优势的电源；对系统电源进行稳压、滤波等处理，就需要用到线性电源。上述不同的电源管理方式通过相应的电源芯片，结合极少的外围元器件，就能够实现。可见，使用电源管理芯片是提高整机性能的必不可少的手段。

电源管理的范畴比较广，既包括单独的电能变换（主要是直流到直流，即 DC/DC）、单独的电能分配和检测，也包括电能变换和电能管理相结合的系统。相应的，电源管理芯片的分类也包括这些方面，如线性电源芯片、电压基准芯片、开关电源芯片、LCD 驱动芯片、LED 驱动芯片、电压检测芯片、电池充电管理芯片等。下面简要介绍一下电源管理芯片的主要类型和应用情况。

如果所设计的电路要求电源有高的噪声和纹波抑制，要求占用 PCB 的面积小，电路电源不允许使用电感器，电源需要具有瞬时校准和输出状态自检功能，要求稳压器压降及自身功耗低，线路成本低且方案简单，那么线性电源是最恰当的选择。这种电源包括如下的技术：精密的电压基准，高性能、低噪声的运算放大器，低压降调整管，低静态电流。在小功率供电、运算放大器负电源、LCD/LED 驱动等场合，常应用基于电容的开关电源芯片，也就是通常所说的电荷泵（Charge Pump）。基于电荷泵工作原理的芯片产品很多，如 AAT3113，这是一种由低噪声、恒定频率的电荷泵 DC/DC 转换器构成的白光 LED 驱动芯片，其采用分数倍（1.5×）转换以提高效率。该器件采用并联方式驱动 4 路 LED，输入电压范围为 2.7~5.5V，可为每路输出提供约 20mA 的电流。该器件还具备热管理系统特性，以保护任何输出引脚所出现的短路，其嵌入的软启动电路可防止启动时的电流过冲。AAT3113 利用简单串行控制接口对芯片进行使能、关断和 32 级对数刻度亮度控制。基于电感的 DC/DC 芯片的应用范围最广泛，应用包括便携式计算机、照相机、备用电池、便携式仪器、微型电话、电动机速度控制、显示偏置和颜色调整器等。主要的技术包括：BOOST 结构电流模式环路稳定性分析，BUCK 结构电压模式环路稳定性分析，BUCK 结构电流模式环路稳定性分析，过电流、过热、过电压和软启动保护功能，同步整流技术分析，基准电压技术分析。除了基本的电源变换芯片，电源管理芯片还包括以合理利用电源为目的的电源控制类芯片，如 NiH 电池智能快速充电芯片，锂离子电池充电、放电管理芯片，锂离子电池过电压、过电流、过热、短路保护芯片；在线路供电和备用电池之间进行切换管理的芯片，USB 电源管理芯片；电荷泵，多路 LDO 供电，加电时序控制，多种保护，电池充放电管理的复杂电源芯片等。目前的很多产品都在朝这个方向发展，因为这类产品的应用更加广泛，特别是在消费类电子方面，如便携式 DVD、手机、数码照相机等，几乎用一、二块电源管理芯片就能够提供复杂的多路电源，使系统的性能发挥到最佳。

5.5.2 锂电池充电管理设计

干电池供电方式正在逐渐被锂电池代替，锂电池有很多与之相对应的充放电管理芯片，寿命比干电池长很多。锂电池的电压可由 ADC 实时采样，当电压过低时自动切断供电。大部分血氧测量仪选用 3.7V 的锂电池供电，为了满足器件正常工作所需的稳定电压的要求，这里设计了由 MAX1675、ICL7660、AS1117 芯片构成的电源管理模块，如图 5-18 所示。电源管理单元（PMU）是一种高度集成的、针对便携式应用的电源管理方案，即将传统分立的若干类电源管理器件整合在单个的封装之内，这样可实现更高的电源转换效率和更低功耗，及更少的组件数以适应缩小的板级空间。其中 MAX1675 是升压型 DC/DC 转换芯片，输出电压为 5V；ICL7660 是变极性 DC/DC 转换芯片，输出电压为 -5V；AS1117 也是 DC/DC 转换芯片，输出电压为 3.3V。

低压差线性稳压器（LDO）、直流/直流转换器（DC/DC），PMU 这一类产品几乎可以承担大部分电源管理的工作，主要负责对锂离子电池供应的电能源进行升、降压及稳压，将不同电压的能源供给不同的工作单元。而负责升压、降压及稳压工作的正是原来分立的 LDO 和 DC/DC，它们现在被集成，目前一个 PMU 中集成了七、八个 LDO 和 DC/DC 芯片。它是直流到直流的稳压器，包括 boost（升压）、buck（降压）、boost/buck（升/降压）和反相结构，具有高效率、高输出电流、低静态电流等特点。随着集成度的提高，许多新型 DC/DC 转换器的外围电路仅需要电感和滤波电容，但该类电源控制器的输出纹波和开关噪声较大，成本相对较高。

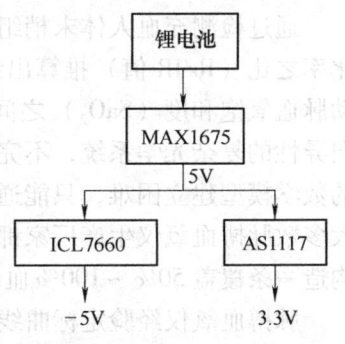

图 5-18 电源管理模块框图

LM3658 是一款专门为手持设备设计的电池管理芯片，它可以用壁挂式直流电源适配器或者 USB 进行充电，并对锂电池的充电过程及放电过程进行监测和管理。充电电源芯片本身可自动选择，当 AC 与 USB 同时接入时会自动选择直流电与适配器进行充电。当采用 AC 适配器充电时，可通过调节外部电阻使充电电流在 50~1000mA 之间，采用 USB 充电时，可通过外部引脚选择充电电流为 100mA 或 500mA，结束充电电压保持在 (4.2 ± 0.35) V。图 5-19 为电池充电芯片的电路连接图。当 USB_SEL 被拉低时，使 USB 电源的充电电流为 100mA，此引脚拉高时 USB 充电电流为 500mA。

START1 和 START2 为指示充电状态位，采用开漏输出，可驱动普通的 LED 或通用 I/O 口。START1 接一 LED，指示充电状态。该系统采用直流电源进行充电，充电电流为 $5V/10k\Omega = 0.5mA$。

MCP1702 为一常见的三端稳压器。由于考虑到带负载的原因，经试验得到光敏管、发光管驱动电路、单片机应该分别供电，使系统各部分具有更好的稳定性，得到的脉搏波形更趋于稳定，故本系统采用独立供电的方式。

为了减小体积和重量，低功耗便携式产品大都采用数量有限的电池供电。这就存在两个重要问题：首先随着电池放电，其端电压会明显降低；其次是电池具有一定内阻，而且随着放电内阻逐渐增大，在负载发生变化时，造成输出电压的变化。为了系统稳定、可靠地工作，需要一个稳定的电源电压。

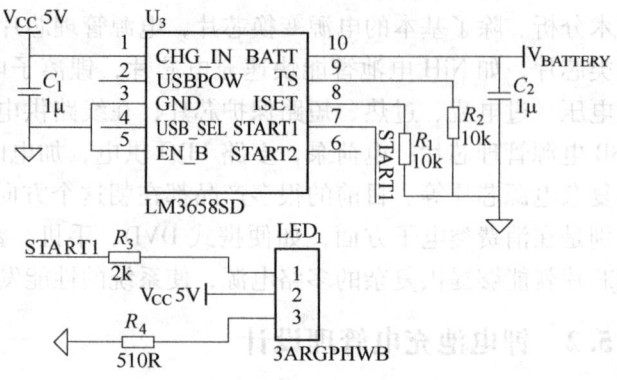

图 5-19 电池充电管理电路设计

5.6 脉搏血氧仪的校正方法

5.6.1 脉搏血氧仪的标定方法

通过检测充血人体末梢组织如手指或耳垂等部位对不同波长的红光和红外光的吸光度变化率之比（R/IR 值）推算出组织的动脉血氧饱和度（SaO_2），按照比尔定律，比值 R/IR 与动脉血氧饱和度（SaO_2）之间应为线性关系，但由于生物组织是一种强散射、弱吸收、各向异性的复杂光学系统，不完全符合经典的比尔定律，因而导致 R/IR 值与 SaO2 之间关系的数学模型建立困难，只能通过实验的方法来确定 R/IR 与 SaO2 的对应关系，即定标曲线。大多数脉搏血氧仪生产厂家都以实验方法获取经验定标曲线以完成产品出厂前的预定标，以构造一条覆盖 50%~100% 血氧饱和度的经验定标曲线。

脉搏血氧仪经验定标曲线获取的传统方法是：让志愿受试者吸入不同比例的氧、氮、二氧化碳混合气体，造成不同的动脉血氧饱和度状态，当其血氧饱和度稳定后，记录光电容积描记仪测得的 R/IR 值和在体血气分析仪测定的 SaO_2 值，即可得到一个数据点（R/IR，SaO_2），改变混合气体中氧的含量，得到不同血氧饱和度状态下的一系列数据点。由这些数据可建立脉搏血氧仪经验定标曲线，SaO2 低于 70% 的曲线由曲线外延得到。使用这种传统方法获取脉搏血氧仪经验定标曲线存在以下两个问题：

第一，低血氧饱和度段定标曲线合理性。在上述传统方法中，用于构造经验定标曲线的数据只能局限在动脉血氧饱和度 $SaO_2 \geq 70\%$ 范围内，而低段数据无法用此实验手段获取，因此低段定标曲线只能将高段数据进行曲线拟合后靠曲线外推得到，由于生物组织的光学特性的复杂，这种曲线外推所获得的定标曲线数据的合理性值得商榷。

第二，志愿受试者的健康损害。血液中血红蛋白携带的氧是维持人体正常生理功能的基本要素，从临床经验可知，当血液的血氧饱和度低于 90% 即会引起健康损害。因而在传统经验定标曲线获取实验中，获得低氧饱和度段的数据将不可避免地对受试者的健康造成很大伤害。由于在不同血氧饱和度状态获取实验数据时，均需要使受试者的血氧饱和度值稳定不变后才能进行测量,所以低血氧饱和度状态下对受试者造成的缺氧性伤害有时是不可恢复的。

5.6.2 脉搏血氧仪的噪声分析

在测量过程中,前端测量到的脉搏信号十分微弱,容易受到外界环境干扰,因此需要对脉搏传感器的干扰噪声进行分析,从光电式脉搏传感器设计的技术角度减少干扰,使之能够准确测量到脉搏信号,光电式脉搏传感器的干扰主要有测量环境光干扰、电磁干扰、测量过程运动噪声,下面对上述情况作进一步的分析。

1. 环境光对脉搏传感器测量的影响

在光电式脉搏传感器中,光敏器件接收到的光信号不仅包含脉搏信息的透射光的信号,而且还包含测量环境下的背景光信号,由于动脉波动引起的光强变化要比背景光的变化微弱得多,因此在测量过程当中要保持测量背景光的恒定,减少背景光的干扰。

测量环境下的背景光包含环境光和在测量过程中引起的二次反射光。为了减少环境光对脉搏信号测量的影响,同时考虑到传感器使用的方便性,采用密封的指套式包装方式,整个外壳采用不透光的介质和颜色,尽量减小外界环境光的影响,为了避免测量过程中的二次反射光的影响,在指套式传感器的内层表面涂上一层吸光材料,这样能有效减少二次反射光的干扰。

图5-20为脉搏传感器测量的脉搏波形,由图可知,加上指套式外壳后的脉搏传感器测量到的脉搏波形比较平滑。这是因为加指套式的脉搏传感器中

图5-20 不加指套和加指套采集到的脉搏波形

环境光在测量过程中基本不受外界环境光的影响,而且能够有效减少二次反射光,使照射到手指上的光波长单一,所以得到的脉搏信号较为稳定,没有明显的重叠杂波信号,能够很好地体现出脉搏波形的特征。

2. 电磁干扰对脉搏传感器的影响

通过光电转换得到的包含脉搏信息的电信号一般比较微弱,容易受到外界电磁信号的干扰。在传统的光电式脉搏传感器电路中,由于光敏器件和一级放大电路是分离的,在信号的传递过程很容易受到外界电磁干扰,通常采用一级放大电路电磁屏蔽的方式来消除电磁干扰。

工频干扰是电路中最常见的干扰,脉搏信号变化缓慢,特别容易受到工频信号的干扰,因此对工频信号干扰的抑制是保证脉搏信号测量精度的主要措施之一。通常脉搏信号的频率范围在0.3~30Hz之间,小于工频50Hz,因此通过低通滤波器可以有效地滤除工频干扰,这在信号调理电路中容易实现;同时可以在控制电路中对光源进行脉冲调制,这样不但能够降低系统的功耗,而且能够在一定程度上减小外界的电磁干扰,在脉搏信号数据采集后,可以通过数据处理法方法进一步滤除工频信号的干扰。本系统采用了新型的光敏器件,在芯片内部集成光敏器和一级放大电路,有效地抑制了外界电磁信号对原始脉搏信号的干扰。

3. 测量过程中运动噪声

在测量过程当中,通常情况下手指和光电式脉搏传感器可能产生相对的运动,这样对脉搏测量产生误差,可以通过两个方面减少运动噪声误差:一是改善指套式传感器的机械抗运

动性，比如说使指套能够更紧的夹在手指上，不易松动；二是从脉搏信号处理的角度，通过算法来减小误差，对于传感器的设计，现在采用的主要是第一个途径。脉搏检测中关键技术是传感器的设计与传感器输出的微弱信号提取问题。无创脉搏血氧饱和度测量是以光电检测技术为基础。因此，外界环境的杂散光，暗电流对于检测系统的影响较大。尤其在较强的外界环境光照射下，无创血氧仪几乎无法正常工作。为了克服这个问题，在本系统设计中采用光调制技术。采用调制光携带信息可使光信号自身具有与背景辐射不同的特征，有利于和背景辐射区分开。除了抑制背景光干扰外，调制对于系统中各环节的固有噪声和外部电磁场干扰也有一定抑制作用。

第 6 章 血压测量仪器设计

6.1 血压的监测意义

人体的血管分为容量血管和阻力血管两种。容量血管指静脉系统而言；阻力血管由动脉和小动脉组成，其血管壁平滑肌发达，收缩时对血流产生阻力作用，形成动脉血压，我们所测出的血压是发生在阻力血管里的血流对其管壁产生的压力。

正常的血压是保证身体健康的重要条件，血压（Blood Pressure, BP）是一个重要的生命参数，是指血液对血管壁的压强，通常用相对压强表示。动脉血压测量的单位常用 mmHg，而静脉血压常用 cmH_2O。当我们说血压 100mmHg 时，是指血压比大气压高 100mmHg。通常，主动脉血压约为 130/75mmHg，而臂动脉为 120/80mmHg，临床血压检测通常是测量臂动脉的血压。

心脏收缩时所达到的最高压力称为收缩压，它把血液推进到主动脉，并维持全身循环。心脏扩张时所达到的最低压力为舒张压，它使血压能回流到右心房。收缩压和舒张压的差称为脉压，它表示血压脉动量，一定程度上反映了心脏的收缩功能。血压波形在一周内的积分除以心周期称为平均压，正常情况下，平均压用舒张压加上 1/3 的脉压来表示。

动脉压波形如图 6-1 所示。平均压的数学表示公式为

$$\overline{P} = \frac{1}{T}\int_0^T P(t)\,dt \quad (6\text{-}1)$$

有时为了计算简单，取经验公式：平均压 = 舒张压 +（收缩压 – 舒张压）/3。

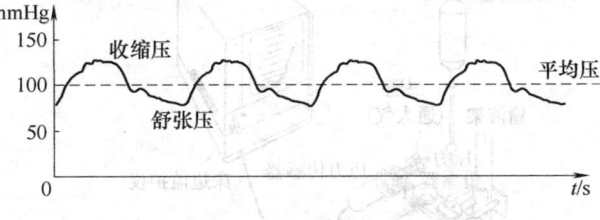

图 6-1 动脉压波形

血压测量的方法有直接测量法和间接测量法。间接测压通常仅能测得收缩压和舒张压，而直接测量法可以测得血压波形曲线，由于测量方法和部位不同，测量值不能直接比较。

6.2 血压的直接测量方法

血压的直接测量是通过将测压导管插入被测体的血管内来进行的，测压导管经皮由动脉穿刺后留置固定，由测压导管上的压力传感器将压力信号转换成电信号，并在监视器上显示动脉压力波形。它不仅可以连续测压，还可反复采集血标本以检测血气。由于直接测量血压是有一定创伤的，用该方法测得的血压也被称为有创压（Invasive Blood Pressure, IBP）。

依据传感器元件所安放的位置，可以将测压装置分为两类：一类是把血管内的血压经过

充满液体的导管传递到体外的压力传感器，即液体耦合法；另一类是把传感器安装在导管的顶端，直接插入到血管中，不需要耦合液体，这种装置称为血管内压力传感器。临床上目前常用的是液体耦合测压法。

液体耦合法的测量装置如图6-2所示。测压导管的一端插入到体内的血管中，另一端与压力传感器相连。导管内注满生理盐水。血压通过导管内液体的耦合传导给传感器的膜片，液压的变化可造成膜片中心的弹性位移，由传感器把压力信号转变成电信号送入血压监护仪进行处理和显示。测压导管和压力传感器之间通常由一个三通接头连接，它既可以起到开通或关闭导管的作用，也可以作注射药物或与其他导管相连用。很多测压导管系统中还接有冲洗阀，利用压力为300～400mmHg的生理盐水冲洗导管系统及去除液体内的气泡。在测压过程中，上述高压冲洗瓶与测压管道之间的阀门是关闭的，高压的生理盐水不会影响血压的测量。

直接血压测量中有几个共性的问题需要考虑，首先是测量装置的校正问题，包括零位校正（调零）和传感器灵敏度校正。血压是大气压的相对值，所以在血压测量前应把压力传感器上的调零开口打开，以测量外界的气压。压力传感器通常由两个开口，一个用于调零，另一个接测压导管，在调零开口通大气之前应先把接测压导管的开口关闭，以防血液冲出或使空气进入患者血管内。如果仪器显示血压不为零，则应进行调零。另一方面，由于各个传感器的灵敏度有差异，零位调整后还应进行灵敏度调整。通过调节放大器的静态增益来实现对灵敏度调整，如图6-3所示，调整增益使测压设备的血压输出值与血压计相一致。测试压力可使用压力模拟器或者水柱作为压力源（136cmH_2O相当于100mmHg）。

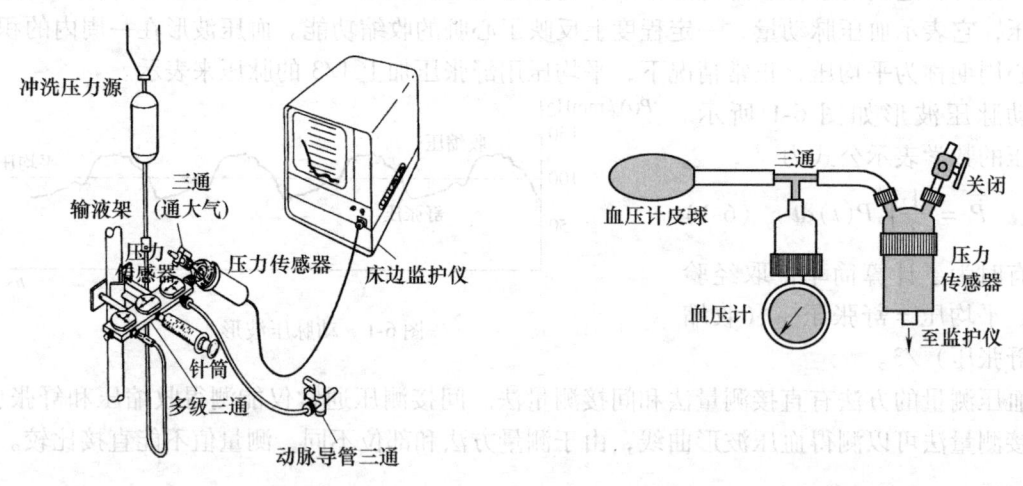

图6-2　直接法血压测量　　　　　　　　图6-3　血压放大器的校正装置

在用液体耦合法测压时，应注意到测压导管内的液体会形成一个附加压力（正或负），也就是静水压的影响，这使得测量的血压值与实际血压不相符合，尤其在测量中心静脉压时，会造成较大的误差。如果置于血管内的测压导管头端（即测压点）的高度大致与传感器的高度相同，就可去除静水压差的影响。在测量中心静脉压时，一般要求把传感器安放在与心房同一水平的高度。

测量过程中会产生波形的畸变，选择合适的测压导管系统才能防止波形的畸变。整个测

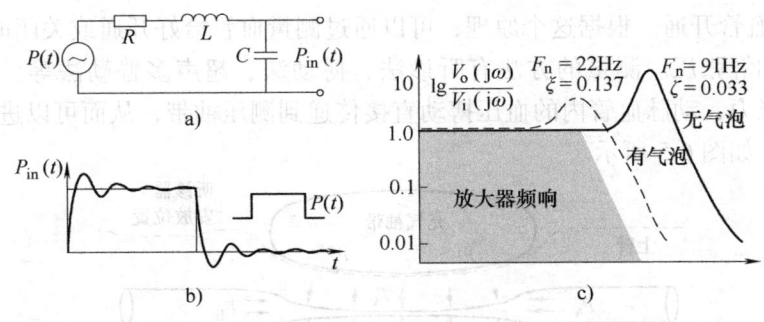

图 6-4　导管系统的电学模拟、阶跃响应和频率响应
a) 电学模拟　b) 阶跃响应　c) 频率响应

压导管系统，由传感器、导管和其中的液体组成，由于传感器的压力感受膜片有弹性，导管材料也有弹性，而导管中的液体运动，则既有一定的惯性，又受到一定的阻力。这个力学系统可以用电学系统来模拟，如图 6-4a 所示。其中 R 代表液体受到的阻力，L 代表液体的惯性，C 代表导管和传感器的柔性（弹性），所以导管系统是一个二阶系统，它的动态特性可以通过阶跃响应来测得。为获得阶跃信号，可将测压导管连到有活塞的密闭容器中，由活塞往复运动产生压力方波信号，从而可以测量导管系统的阶跃响应，如图 6-4b 所示。使用不同类型的导管、导管材料或者传感器，都会造成系统响应不同。图 6-4c 为导管系统的频率响应曲线，当导管系统中有微小气泡时，因气体的可压缩性，使系统的频响降低，输出血压波形变形。由于频响曲线左移，也有可能造成振荡部分移入放大器的频响范围内，最终造成血压波形畸变。而过长的测压导管则会使血压波形变成欠阻尼振荡，使得收缩压变高。另外，测压导管受外界因素影响振动时也会造成波形畸变。为了得到良好的血压波形，测压导管系统应符合以下要求：选用较大口径的导管；导管的材料应使用较硬而无弹性的，常用聚四氟乙烯塑料；导管长度尽可能短（≤100cm）；简化导管系统结构（减少接头数量）。此外，导管系统和传感器需要固定，不宜有碰击或摇动，同时排除导管系统内的气泡。

导管头端会发生凝血。尽管耦合液体中可加入抗凝药物，但测量时间长了以后，导管头端附近的血液浓度仍会升高而产生凝血块，导致血压波形变得平坦，甚至完全阻塞导管。所以必须定时冲洗导管系统，去除渗入到导管头端内的血液，以防血液凝结。现在常采用的方法是：保持导管内的液体以很小的流速（2~3ml/h）向血管端流动，防止血液渗入导管内而造成凝血。在传感器组件上附加一个直径为 0.05mm、长度为 1cm 的长毛细管，将冲洗瓶中的高压液体通过毛细管与测压导管相通，使少量的液体不断经导管推向导管头端。由于毛细管提供了相当大的流体阻力，使冲洗瓶中的液压不会影响到传感器对血管内血压的测量。此法可以有效地抑制血液凝结，甚至不必在耦合液体中加入抗凝药物，应用相当广泛。

6.3　血压的间接测量方法

间接测压法是一种非创伤性血压测量技术，常称为无创压（Non-Invasive Blood Pressure，NIBP），它可以测得收缩压、舒张压和平均压。

间接测压法通过测压袖带实现：将袖带绑定在上臂，对袖带充气，对上臂加压，这个压力 p_C 可通过机体组织传递到动脉上。假定动脉压是 p_A，当 $p_C > p_A$ 时，血管被压扁而关闭，

当 $p_C < p_A$ 时，血管开通。根据这个原理，可以通过测量血管恰好开通或关闭时的袖带内压，来测量收缩压和舒张压。测量的方法有听诊法、搏动法、超声多普勒法等。当 $p_C = p_A$ 时，忽略血管壁的张力，动脉血管内的血压搏动直接传递到测压袖带，从而可以进行连续血压搏动的无创监测，如图 6-5 所示。

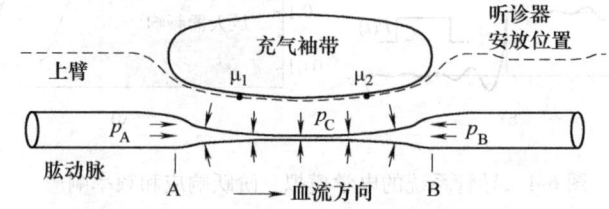

图 6-5　间接测压法中充气袖带的作用示意（μ 为压力传感器）

6.3.1　柯氏音法

柯氏音法也称为听诊法（Auscultatory），1905 年苏联医生 Korotkoff 发现了柯氏音，奠定了柯氏音听诊法血压测量的基础，并成为临床上血压测量事实上的标准。水银血压计是临床上常用的测压器具，它有一个充气袖带，通过用听诊器听柯氏音的方法进行测压，水银柱的高度表示气袖的压力，气袖压能传递到动脉壁。给气袖加压直到使动脉壁闭合，然后再逐步降低气袖压力，当气袖压刚好等于收缩压时，血管被冲开，听诊器能听到柯氏音，此时的气袖压就是收缩压。气袖压继续下降，直到刚好低于舒张压时柯氏音消失，这样也就测得了舒张压（见图6-6）。如用程序控制气泵给袖带充气和控制气阀逐步放气，用

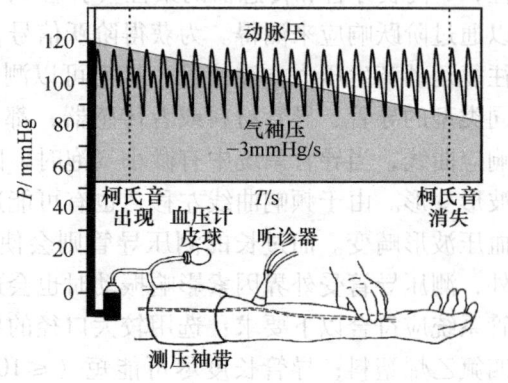

图 6-6　间接测压法原理

传感器测压并显示血压数值，就构成了自动测压系统。柯氏音法的原理简单明了，但易受外界声音的干扰。

6.3.2　测振法

测振法的测量过程与柯氏音法相同，也需要采用充气袖套来阻断动脉流，但在放气过程中不是检测柯氏音，而是检测气袖内气体的振荡波（测振法由此得名），振荡波起源于血管壁的搏动。当气袖内压（静压）高于收缩压 p_s 时，动脉被压闭，此时因近端脉搏的冲击而呈现细小的振荡波；当气袖内压小于收缩压 p_s 时，则波幅增大；气袖压等于平均压 p_m 时，动脉管壁处于去负荷（Unloading）状态，波幅达到最大值 A_m；当气袖压力小于舒张压 p_d 以后，动脉管腔在舒张期已充分扩展，管壁刚性增加，因而波幅维持在较小的水平。图 6-7 显示的是袖带内压、搏动波和柯氏音的时相关系。只要在气袖放气过程中连续测定振荡波（振荡波一般呈现近似抛物线的包络），振荡波的包络线所对应的气袖压力就间接地反映了动脉血压。振荡法是根据袖带在减压过程中，其压力振荡波的振幅变化包络线来判定血压的。

电子血压计工作原理的基本思路是还原包络线,它首先采集一定量的人群包络线,经过统计归纳确定出一条典型的包络线,这条包络线隐含着收缩压和舒张压的量值,即它标称着收缩压和舒张压的值。采用振荡法进行无创血压测量的具体实现过程如下。用袖带捆绑在患者的上臂,通过充气泵向袖带充气以阻断血管中脉动的传播,再以阶梯放气(5mmHg/阶梯)方式逐步对袖带放气,借助连通于气路的压力传感器和相应的放大、滤波电路、ADC、CPU 控制等将通过袖带传递到气路中的脉动信号和压力信号转换成数字信号,进一步对这个脉搏波、袖带压进行数据处理,得到包含脉搏波变化趋势的系列脉搏波和对应的参数值(收缩压、舒张压、平均压、脉率)。根据测量过程设计的测量仪器结构如图 6-8 所示。

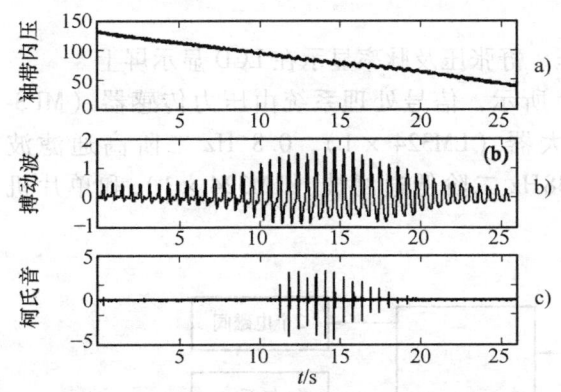

图 6-7 袖带内压、搏动波和柯氏音的时相关系

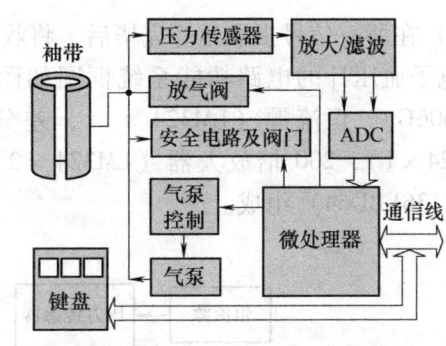

图 6-8 典型电子血压计的结构框图

振荡法的主要优点包括:排除了操作者的主观因素,也不受环境的噪声干扰;便于计算机自动处理及数据统计分析;可以准确测量出平均压。

6.4 电子血压计的电路设计

6.4.1 血压信号提取过程

微处理器控制气泵和阀门形成阶梯形下降的袖带内压,压力传感器安放在袖带内,压力传感器采集的压力信号包含了代表袖带内压力的直流分量和脉搏波波动叠加在袖带内压上的交流分量,经滤波器分离出气袖内压和搏动压力波。安全阀门在袖带内压超过安全限制时起作用,以保证患者不受过度挤压。袖带充气压力是有限制的,成人为 270mmHg,儿童为 180mmHg,新生儿在 90~140mmHg,如不能达到设定的压力,则应在 2min 内自动放气。为了测量准确,要求袖带宽度应为手臂周长的 40%(新生儿 50%),或上臂的 2/3 充气部分应至少包绕手臂的 50%~80%。

血压信号提取的具体过程为:

1) 由恒流源电路提供压力传感器稳定的电流,以提高测量准确度。
2) 由压力传感器产生差动电压信号。
3) 由集成运算放大器 LM324 及可变电阻组成前置差动放大线路。
4) 此信号在经过 0.8Hz 一阶高通滤波后,去除 DC 值(静态压所对应的电压),避免在血管脉动信号放大时,放大器进入饱和区。

5）信号再经过放大，成为血压脉动波形，再经过 38Hz 二阶低通滤波去除电源及皮肤与臂带摩擦的高频干扰，而后进入系统。

6）在 MCU 内做信号处理及自动控制充气泵开关及放气阀动作。

7）通过放大器所产生的振荡血压，先找出最大振幅值 A_{max}，往前找 $0.5A_{max}$ 的值即为收缩压，往后找 $0.8A_{max}$ 的值为舒张压，将上述两点与 DC 电压（静态压所对应的电压）做对照，把 DC 电压值（静态压所对应的电压）换算为所对应的压力值，则为收缩压与舒张压的值。

8）在脉动波形出现的时间内计算出有多少个波形，然后乘以 60，即为每分钟的心跳数。

9）在所有信号摄取运算完毕后，将收缩压、舒张压及脉率显示在 LCD 显示屏上。

电子血压计的电路功能系统框图如图 6-9 所示，信号处理系统由压力传感器（MPS-3100-006G），恒流源（LM324×1），差分放大器（LM324×1），0.8Hz 二阶高通滤波（LM324×1），200 倍放大器（LM324×2），38Hz 二阶低通滤波（LM324×1）和单片机（LPC2136FBD64）组成。

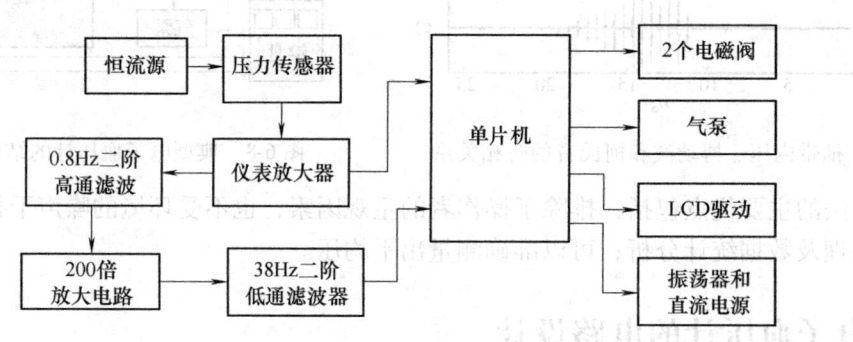

图 6-9 电子血压计系统

随着电子设计的发展，上述电子血压计还可以添加 USB 模块、电容触摸屏模块、存储模块，以及无线通信模块、报警模块等，这些模块一方面可以方便用户使用，另一方面可以起到测量数据的保存和传输，为以后的远程医疗提供保障。

6.4.2 传感器及模拟信号电路

压力传感器是血压计的信号采集元件，它的性能好坏决定着处理电路的复杂程度和血压计的测量精度，需要精心挑选，以下为 3 种血压计中常用的传感器。

BP01 型压力传感器是为监测血压而专门设计的，主要用于便携式电子血压计。它采用精密厚膜陶瓷芯片和尼龙塑料封装，具有高线性、低噪声和外界应力小的特点。BP01 采用内部标定和温度补偿方式，从而提高了测量的精度、稳定性以及可重复性，在全量程范围内精度为 ±1%，零点失调不大于 ±300μV。

FGN-605PGSR 是日本专业传感器供货商 fujikura 公司推出的专门用于血压计的气压传感器，可测压力范围为 −34.47 ~ 34.47 kPa，符合所要量测的压力范围。FGN-605PGSR 的原理是在恒流源供电的文氏电桥上的电阻随气压变化而输出双端差分电压信号。

MPS-3100-006G 压阻式压力传感器是由 4 个等值电阻组成的惠斯顿电桥，其输出电压和输入压力成正比,理想状态下当压力输入时,电阻值就跟着改变,但实际上温度的改变也会影响其阻值输出结果。另外,由于晶体和电路设计制作的误差,加上封装过程等方面的影响,零点偏移不是零。所以必须由外加元件来进行个别温度补偿电路校正。

根据传感器的类型和特性,选择通用的传感器驱动电路,采用恒流源驱动,使用直流单臂惠斯顿电桥,把微弱的电阻变化转换成电压变化值,如图6-10前端所示。LM324-11运算放大器输入正端为可设定的直流偏置电压U_{ref},LM324-11输出端和输入负端提供了压力传感器电桥恒流偏置的回路。回路电流为

$$I_{\text{sensor}} = \frac{U_{\text{ref}}}{R_3} = \frac{1}{R_3}\frac{R_2}{R_1+R_2}U_{\text{CO}} \tag{6-2}$$

传感器输出的血压信号在几个毫伏到十几毫伏之间,放大器的放大幅度约1000倍,需要有中间放大级放大电压信号。因为血压信号取自手臂,测量的信号容易受袖带的位置、手臂的挪动而带来的直流干扰,根据这些特点,要求系统具备高输入阻抗、高增益、高共模抑制比、低噪声以及低漂移等特征,在前置端采用差动放大器提高共模抑制比。

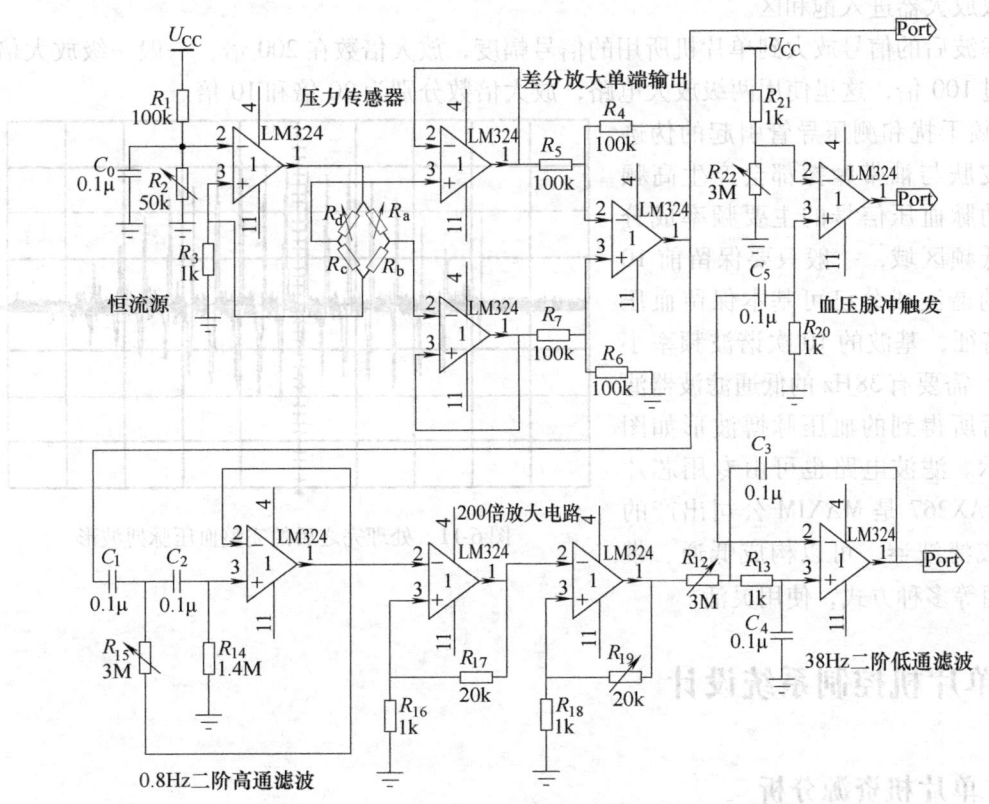

图6-10 电子血压计电路

压力传感器的应变电阻为桥式连接,从传感器输出端输出为差动电压,电压幅值只有5mV,需要进行放大才能作进一步处理,采用输入阻抗高的差动电压放大器,选用通用放大器LM324组成差分放大电路,考虑到传感器的输出电阻高,而差动放大电路的输入电阻值不高,在差分电路前使用两个电压跟随器来实现阻抗匹配,即将传感器的高输出阻抗转换成运算放大器的低输出阻抗,作为输入送给后级差分放大电路。

由于传感器输出电压值只有5mV，而单片机的处理信号是5V，因此需要有1000倍左右的放大，这么大的放大倍数是不可能在一级放大中实现的，必须分成两级放大，为了不使后级电路饱和，并且减小噪声的影响，前置放大倍数应当控制在5倍。此级电路也可使用通用仪表放大器AD620实现，但价格稍高。AD620的增益计算公式为 $G = \frac{49.4k\Omega}{R_G} + 1$，对于所需的增益，外部控制电阻值为 $R_G = \frac{49.4}{G-1}$，单位为 $k\Omega$。

袖带的压力通过压力传感器转换成电压信号，经过标准的差动放大电路进行前级放大、中间级放大后，分成两路。一路是袖带的静压力，另一路则是通过滤波电路检出并再放大的脉搏波信号。这两路信号都将进入A-D转换单元，A-D转换结果进入单片机进行数据处理得出测量结果。

为了控制放大器的直流漂移还要有0.8Hz的高通滤波器滤除直流噪声，信号经过0.8Hz的二阶高通滤波，主要是为了去除直流分量，避免在后级的血管脉动信号放大时，因为信号太大导致放大器进入饱和区。

将滤波后的信号放大到单片机所用的信号幅度，放大倍数在200倍，一般一级放大倍数不能超过100倍，这里使用两级放大电路，放大倍数分别为20倍和10倍。

工频干扰和测压导管引起的伪迹以及人皮肤与袖带摩擦都会产生高频信号，动脉血压信号的主要频率成分集中在低频区域，一般只要保留前10次左右的谐波成分已可基本保留血压信号的特征，基波的10次谐波频率小于20Hz，需要有38Hz的低通滤波器滤除。最后所得到的血压脉搏波形如图6-11所示。滤波电路也可由专用芯片组成，MAX267是MAXIM公司出产的一个集成滤波器，可以构成低通、带通、高通等多种方式，使用灵活。

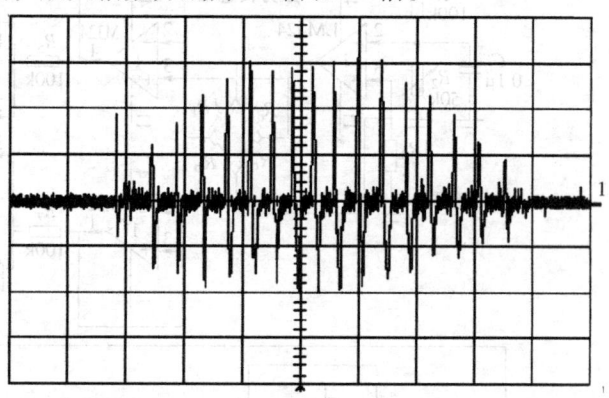

图6-11 处理完之后的完整血压脉搏波形

6.5 单片机控制系统设计

6.5.1 单片机资源分析

一次测量血压的过程为：按激活键，单片机PWM输出控制气泵充气至200 mmHg高，慢慢以每秒下降约5mmHg的速度阶梯放气。压力传感器输出信号经差分放大器后变单端信号，一路送入单片机ADC监视直流分量，另一路送入0.8Hz二阶高通滤波器滤除直流分量；交流分量经200倍放大后输入38 Hz二阶低通滤波器去除电源及皮肤与袖带摩擦的高频噪声和工频干扰并将此信号维持在0~5V之间，滤波后的交流分量送入单片机ADC计算幅值，先找出最大振幅值 A_{max}，再往前找幅值为 $0.5A_{max}$ 的瞬态位置对应血压直流分量即为收缩压，

往后找幅值为 $0.8A_{max}$ 的瞬态位置对应血压直流分量即为舒张压,将计算出的收缩压和舒张压结果输出至液晶驱动器显示。

单片机的外设主要有键盘和显示。键盘很简单,只有两个按键,一个是电源开关,一个是测量开关,仪器的开机使用硬件按键控制,关机也使用同一电源按键控制,或者在按键没有动作 2min 自动关机。电源开关需要实现硬件开机和软件自动关机的功能,使用传统的硬件开关是无法完成这一任务的,选用可以软件控制的模拟开关,具体型号选择 SGM3005XMS。SGM3005XMS 是一个供电电源在 1.8~5.5V、带有矢量端的双刀双掷开关,其接通时间为 $T_{ON}=16ns$,关

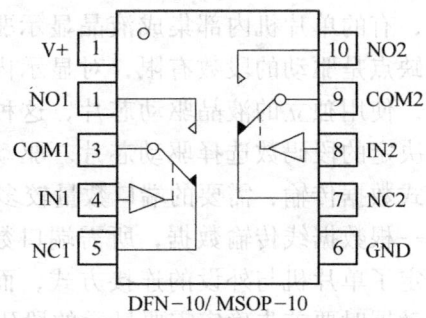

图 6-12　SGM3005XMS 的原理图

断时间 $T_{OFF}=15ns$,等效阻抗为 0.5Ω,内部连接原理如图 6-12 所示,图 6-13 为电源控制电路。当系统开机时,长按下开关 S_1 时 SGM3005XMS 的 IN1 接高电平,即 COM1 与 NO1 相连,NO1 接电源,所以 COM1 接电源,COM2 也接电源,开始为系统供电。开关断开后 COM1 接 NC1 悬空,但 COM2 被单片机输出信号 KEY_HOLD(连接到模拟开关的 IN2 端)控制,仍接电源继续为系统供电。系统关机时,长按电源键,单片机内部的定时器判断按键按下的时间长度,达到关机设定的时间长时,单片机给引脚 KEY_HOLD 一低电平,COM2 与电源断开,停止为系统供电。

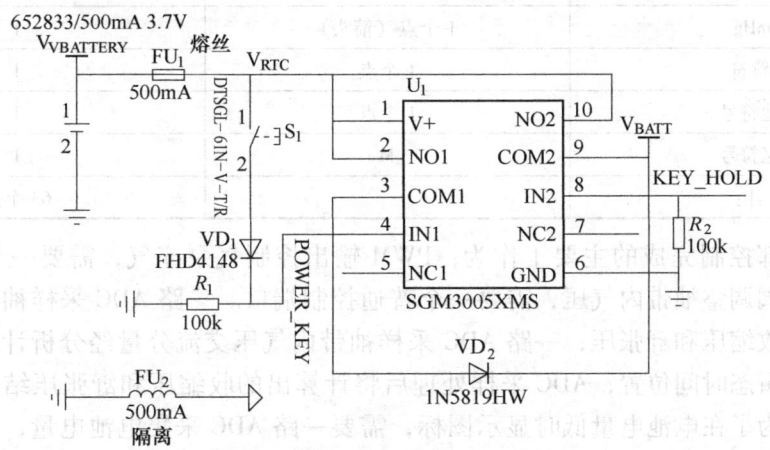

图 6-13　电路板供电设计图

无论是血压仪还是血氧仪的开关电路,这种软开关的设计思路都是一样的,首先仪器内部要有电源,通常情况下是电池,电池要始终给一个逻辑开关供电,这样才能响应开机按键动作,随着芯片低功耗技术的发展,这种始终给芯片供电的方法并不会额外消耗太多电量。系统供电后产生自锁功能,保证按键抬起系统的供电仍然正常,这需要单片机的一个普通引脚(GPIO)完成。关机时单片机判断电源按键是否长按,如果符合既定条件,单片机把控制自锁的引脚电压置低,整个系统的电源切断,完成关机功能。即使在关机后,模拟开关也是在工作的。

显示由一个段码式 LCO 完成,显示内容包括测量压力值、高压、低压、日期、时间、

心率等内容。段码式显示器一些固定显示内容在显示器开模时做出来，比如显示心跳的心脏符号，控制时只需要一个端口输出高、低电平即可。段码式显示可以有多种显示方式，有的单片机内部集成液晶显示驱动器，这样就不需要专门的驱动芯片，但这种方式的缺点是驱动的段数有限，对显示内容有限制。另一种连接方式是单片机没有液晶驱动器，使用独立的液晶驱动芯片，这种方式的优点是显示内容比较自由，然后根据显示内容决定的段码数选择驱动芯片。驱动芯片与单片机的连接方式也有两种方式：一种是并行式数据传输，需要的端口数量较多，典型值是 8 位并行数据；另一种是串行方式，只通过一根数据线传输数据，所需端口数量比并行式要少得多。可以看出，选择不同的外设决定了单片机与外设的连接方式，而连接方式又决定了所需要的端口资源。在选择液晶驱动器时要首先确定需要显示的段码数量，典型血压计 LCD 内容及控制点数的计算见表 6-1，驱动器所能控制的点数必须大于 63 个点。在这里选择内置段码式液晶驱动器的单片机，以减少化系统的结构并降低成本。

表 6-1　LCD 显示项目及内容

显示项目	显示内容	显示段码数
收缩压	888	21
舒张压	888	21
脉搏	188	15
加/减压	2 个点（箭头）	2
mmHg	1 个点（箭头）	1
心跳符	1 个点	1
电池符号	1 个点	1
记忆符号	M	1
总计：		63 个点

单片机内部控制完成的主要工作为：PWM 输出控制气泵充气，需要一个 PWM 端口；控制放气电磁阀调整袖带内气压，需要一个普通控制端口。一路 ADC 采样袖带内气压直流分量以便取得收缩压和舒张压；一路 ADC 采样袖带内气压交流分量经分析计算后确定收缩压和舒张压的瞬态时间位置；ADC 采样处理后将计算出的收缩压和舒张压结果输出至液晶驱动器显示。为了在电池电量低时显示图标，需要一路 ADC 采集电池电量，总共需要 3 路 ADC 来满足要求。

气泵使用直流电动机驱动，控制时只要给气泵两端加上直流电压即可，由于电动机电流较大，正常工作时典型值可以达到 0.8A，单片机的输出电流不能够直接驱动气泵工作，还需要通过一个 MOS 驱动管来放大电流值，以满足气泵的功率需求。气泵选择是要根据电源电压选择气泵型号，应当使气泵的工作电压和电源电压一致。例如使用两节 5 号电池，可以选择 3V 电压的型号；如果选择 4 节电池，可以选择 5V 电压的气泵型号。气泵是感性元件，在瞬间打开时电流会突然增大，在开关状态时电流会比正常工作状态大很多倍，如果直接用开关管控制会烧坏驱动管。为了消除这种现象，使用单片机的 PWM 引脚缓慢增加电流控制气泵充气，防止直接的开关气泵损坏控制气泵启动的 MOS 场效应晶体管。

根据设计要求，血压计电路应当有以下功能，各功能及需要的单片机性能见表 6-2。

表 6-2 血压计电路端口

功 能	资源要求
血压脉搏信号的数字变换，压力值的采样，电源电压采样	3 个 ADC
液晶显示功能	12 个 I/O 端口
电源开关	I/O 端口，定时器
测量开关	I/O 端口
控制充气泵充放气	单片机 PWM 波输出
控制电磁阀打开或关闭	I/O 端口
蜂鸣器	I/O 端口
脉搏波的采样和压力分析	数据处理能力，对主频和存储器有一定要求

可以看出，血压计对单片机的控制要求不高，用到单片机的硬件模块有：I/O 口、3 路 ADC、定时器等；运算量也不大，一般性能的单片机即可满足要求，考虑到结构的精简，最好选择单片机内自带 ADC 的型号。本设计选用 LPC2136FBD64 型号 ARM7 微控制器。

LPC2136FBD64 是周立功单片机有限公司推出的产品，此芯片是一个支持实时仿真和嵌入式跟踪的 32bit ARM7TDMI-STM。ARM7TDMI-STM 是一个通用的 32bit 微处理器，它可提供高性能和低功耗。ARM 结构是基于精简指令集计算机（RISC）原理而设计的。指令集和相关的译码机制比复杂指令集计算机要简单得多，这样使用一个小的、廉价的处理器核就可实现很高的指令吞吐量和实时的中断响应。

LPC2136FBD64 型单片机，内置 256KB Flash、32KB RAM，具备 9 个外部中断引脚、两个 8 路 10bit A-D 转换器、1 个 10bit D-A 转换器、2 个 32bit 定时器/计数器、PWM 单元（6 路输出）、2 个 UART、2 个 I^{2}C、2 个低功耗模块，封装为 64 引脚 LQFP，这些特点使特别适用于工业控制和医疗系统。

本血压计使用 LPC2136FBD64 的功能大致如下：

1）10bit A-D 采样，用于电量、静态压力及脉搏波的测量。

2）定时器功能，用于定时 A-D 采样数据并计算自动关机时间。

3）采用数字信号处理的技术对 A-D 采样的信号进行处理，主要有数字低通滤波和相关的计算。

4）电源开启采用硬件控制的方法。电源关闭有两种途径：一是接受电源按键的信号立即关机；另一种是采用软件定时器延时控制的方法。单片机内设有一个专门的定时器，按键的每一个动作都使定时器清零，然后开始计时，如果在设定的时间内没有按键动作，定时器发出指令自动关闭电源，一般自动关机的时间设定为 2min。

6.5.2 单片机软件的工作流程

上电后首先完成系统的初始化工作，中断打开，检测到测量键按下，单片机控制启动气泵充气，让袖带迅速充气至 200mmHg 左右。之后单片机通过 1 路 A-D 开始采集袖带的气压，并根据袖带内气压下降的速度来控制排气阀阶梯放气，使袖带内匀速降压（3~5mmHg/s）。与此同时，另外 1 路 A-D 开始采集经过隔直的脉搏波。当脉搏波的振幅最大时，袖带的压力就是动脉的平均压。具体单片机的各部分流程如下所述。

1. 初始化工作

接通开机按键，上电电路工作，给单片机供电，单片机进行初始化工作，如初始化寄存器、SRAM、系统时钟，为 PWM、ADC、Timer、RTC、UART、GPIO 等的设置做必要的初始化，开中断，显示全部段码 1s，然后关闭显示，等待开始测量的信号。

2. 按键输入

未按键时输入端口为大电阻上拉状态，有按键按下时低电平脉冲通过此端口输入，单片机中断服务子程序每隔 10ms 判断一次端口状态，连续读到 3 次（消除按键抖动处理）低电平，则判断按键有效，按键有效后控制启动一次血压测量，对 LCD 输出显示测量过程画面，将袖带压的值在屏幕上显示。

3. 气泵充气

系统采用自动充气及放气，判断开始测量按键有效后启动血压测量功能，微控制器输出控制指令气泵进行充气，当充气到达一定压力值时，血流被完全阻断，系统将自动转入放气阶段。充气泵使用电动机驱动，电动机需要较大的功率驱动，单片机的输出端口的主要作用是提供控制信号，不能提供电动机运转所需要的驱动功率，因此单片机引脚后需要接功率放大器件，最简单的解决方法是用晶体管，如果有特殊要求可以用专门的驱动芯片。电动机的启动阶段有较大的过载电流，如果直接加阶跃信号会产生很大的电流变化，通过 PWM 功能模块给气泵充气可以缓慢增加电动机电流，从而平稳启动气泵。停止充气的条件是 ADC_0 测到的血压直流分量大于 4V（200mmHg），电压值是根据传感器检测到得袖带压 200mmHg 经放大再加上零点电压得到的，一般此时气压略大于 200mmHg。放气的速率由微控制器进行控制，通过单片机内的定时器控制气阀的放气时间可以平稳地降低袖带气压。气泵及气阀均为感性负载，需并联续流二极管以防止烧坏器件。

4. 测量血压

测量阶段，单片机控制电磁阀间断放气，实现方法是单片机的端口定时开关，具体放气时间根据选用阀的放气口大小确定。单片机的端口使用普通 I/O 口即可满足要求，需要注意的是电磁阀也是感性元件，需要的驱动电流也较大，单片机控制引脚后也要接功率管以提供大电流。心跳脉冲通过输入捕捉/输出比较/脉宽调制模块触发 ADC 信道 1 采样血压交流分量，测出每个脉冲的峰-峰值，同时计算出这个脉冲时间段内 ADC 信道 0 测到的血压直流分量的平均值。把峰-峰值和直流平均值作为一对数据记录起来，每个心跳脉冲会对应一对数据。ADC 信道 0 测到的血压直流分量小于 1V 表示气压低于 50 mmHg，是单次测量结束的标志。这时需要完全放掉袖带内的空气，给电磁阀控制端一个长时间连续放气的信号就可以实现这个动作，不需要额外的控制端口，整个过程需要定时器的参与。

本血压计测量信号为 2 路，首先对压力传感器的信号进行低通滤波处理，排除因外界干扰造成的信号读数的误差，之后放大送至一路 AD，作为静态血压信号；隔直后经再次放大送至另一路 AD，作为脉搏波信号。由于 LPC2136FBD64 的 ADC 为 10bit，因此最高精度可达 1/1024。为了最大限度地利用 A-D 转换的采样速度，用中断来采集 A-D 转换后的数据。当 A-D 转换完毕，在中断程序中，用防脉冲干扰移动平均值法来实现简单有效的数字滤波，使测量更加准确。具体做法为在一次定时中断内连续进行 5 次 A-D 转换，去掉最大值和最小值，剩余 3 个数据求算术平均值，该算术平均值作为此次 A-D 转换结果。

为了找到脉搏波的峰值，应采用定时 A-D 转换的方法。定时器每 2ms 启动一次 A-D 转换过程，启动完 A/D 之后单片机通过中断读入采集到的数据，并把得到的数据存入数据存储器中，这样就得到脉搏波的一系列数据。下一步是根据时间序列数据找出每个脉搏波的最大值，这可以有多种算法实现，一般来说需要与数字滤波结合起来。在找到各个波的最大值之后，再比较各个波的峰值的大小，这样就可以找到脉搏波的最大值。应当注意，采集到的原始数据都是从一个压力传感器得到的，因此每个转换周期的数据都包含了袖带压的直流分量和脉搏波的交流分量，每次得到的数据都是袖带压和脉搏波的数据对。在得到脉搏波的最大值的同时，也就可以确定袖带中的压力值。

5. ADC 数据处理

ADC 信道 1 测量血压交流分量的采样率为 2 kHz，其取值原由为：心跳脉冲频率上限约为 2Hz，定义峰值出现的时间约占心跳脉冲周期的 1%，在峰值附近 ADC 测量 10 次，所以 ADC 的采样率 =（2Hz/1%）×10 = 2 kHz。因为 ADC 测量到的数据含有电源及皮肤与袖带摩擦的高频噪声，必须经过 ADC 多次测量才可将噪声造成的异常数据去除，这里采用的做法是将多次测量的数据先做比较，去掉个别与大多数数据相差较大的数据，对剩下的数据中取偏大（小）的几个数据取平均，从而得到高（低）峰值。本设计将 LPC2136FBD64 单次

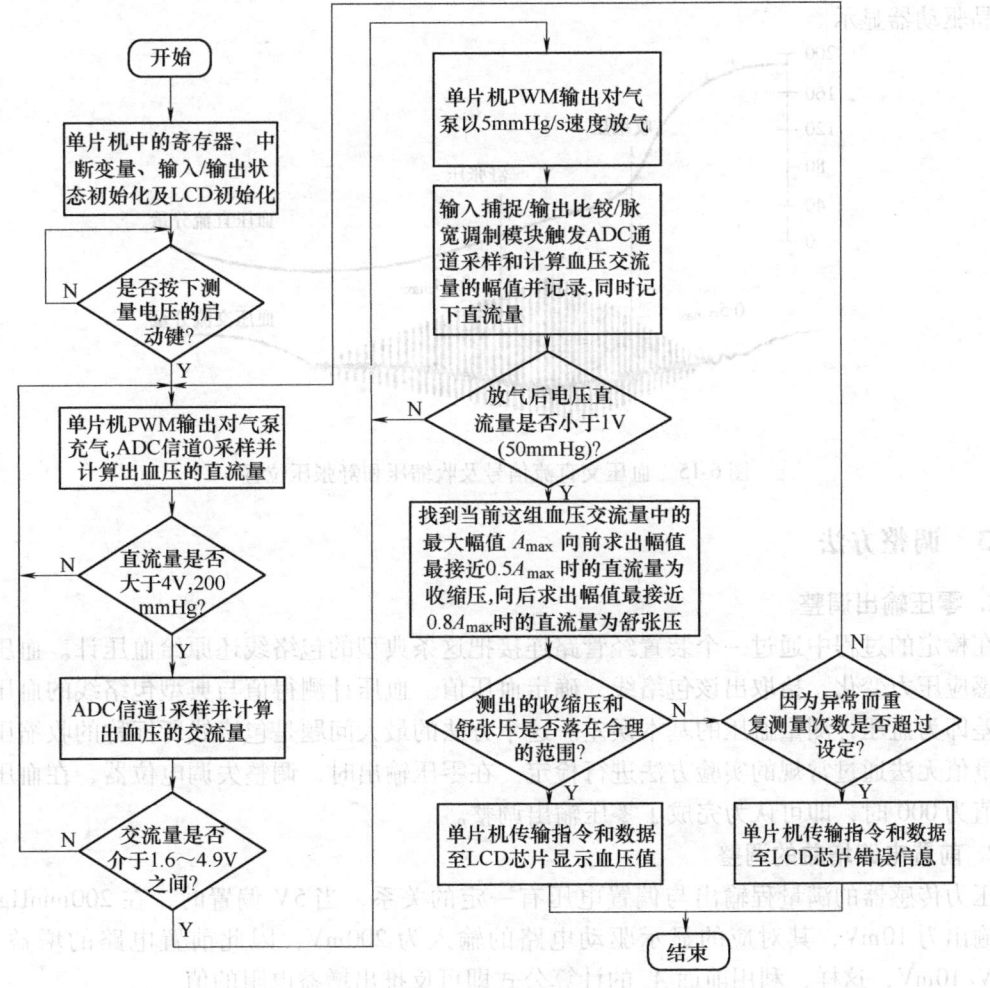

图 6-14 单片机软件流程

数-模转换时间设置为 48μs，具体条件为 $F_{USC}=8MHz$，$T_{OSC}=125ns$，$T_{AD}=32T_{OSC}$，故单次模-数转换时间 $T_{ADC}=12T_{AD}=12\times32\times125ns=48\mu s$。实际上在模-数转换前还必须保留 20μs 采样保持时间。这种设置的采样率最大值可做到 1/（48μs + 20μs）= 14.7kHz，远大于要求的 2 kHz，故满足要求。ADC 信道 0 测血压直流分量模-数转换时间设置与 ADC 信道 1 相同，每次采样紧接着 ADC 信道 1 采样后进行。图 6-14 是单片机的软件流程。

6. 计算收缩压和舒张压

袖带气压和脉搏波经信号处理模块处理后，得出如图 6-15 所示的数据。图中的下方为被测者的脉搏波，上方为血压计升压和压降过程中的袖带压力。在此基础上分析信号，实现收缩压、舒张压、平均压和心率的计算。单片机在测量过程中已经存储各个脉搏波的峰值，以及每个脉搏波的间隔时间。然后开始统计记录若干组峰-峰值和直流平均值，找出峰-峰值最大的值 A_{max}，再往前找峰-峰值最接近 $0.5A_{max}$ 的一对数据，其中血压直流分量即为收缩压，往后找峰-峰值最接近 $0.8A_{max}$ 的一对数据，其中血压直流分量即为舒张压。然后判断测出收缩压和舒张压的值是否落在合理的数据范围内，如：收缩压应在 80～190mmHg 范围内，舒张压 50～120mmHg 范围内。将计算出落在合理数据范围内的收缩压和舒张压结果，并输出至液晶驱动器显示。

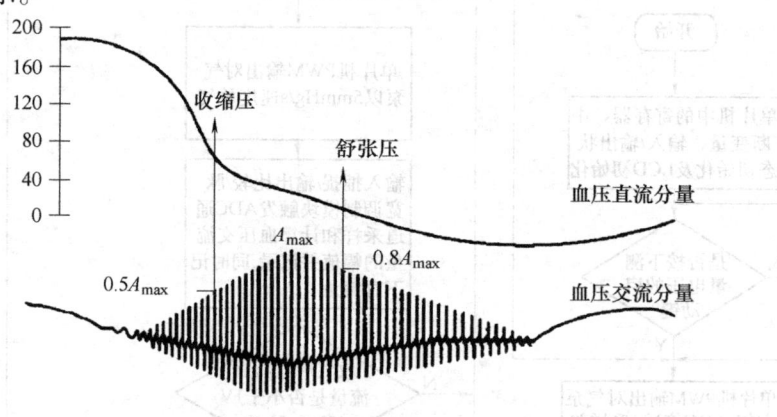

图 6-15　血压交直流信号及收缩压和舒张压位置

6.5.3　调整方法

1. 零压输出调整

在检定的过程中通过一个装置经管路连接把这条典型的包络线还原给血压计。血压计传感器感应压力变化，拾取出该包络线，确定血压值。血压计测得值与典型包络线的血压标称值之差即为血压计测量血压的基本误差。这个方法的最大问题是包络线所标称的收缩压和舒张压量值无法通过常规的实验方法进行检定。在零压输出时，调整失调电位器，在血压计的显示值为 000 时，即可认为完成了零压输出调整。

2. 前置电路增益的调整

压力传感器的满量程输出与偏置电压有一定的关系，当 5V 偏置时，在 200mmHg 压力下的输出为 10mV，其对应的显示驱动电路的输入为 200mV，因此前置电路的增益 A_u 为 200mV/10mV，这样，利用前面 A_v 的计算公式即可反推出增益电阻的值。

若选取电阻 R_1 为 10kΩ，则增益电阻 R_T 应为 1.1kΩ。调试时可先用电位器调整输出值，再用万用表测出该电位器的阻值，最后再换成固定电阻。

3. 满量程调整

满量程调整时，先在显示电路的输入端加上200mV电压，然后调整放大器的反馈可调电阻，使其读数为199.9mmHg即可。上调整完成之后，一般应多重复几次，以使显示值可靠地符合精度要求。

6.6 动态血压监测

6.6.1 动态血压的测量意义和内容

一个人昼夜24h内，每间隔一定时间内的血压值称为动态血压。动态血压监测全称为佩戴式血压监测（Ambulatory Blood Pressure Monitoring，ABPM），测量内容包括收缩压、舒张压、平均动脉压、心率以及它们的最高值和最低值，大于或等于21.3kPa、12.6kPa（160mmHg、95mmHg）或/和18.7kPa、12.0kPa（140mmHg、90mmHg）的百分数等项目。通过受检查者佩带血压记录仪连续记录设计模式要求的白昼、夜间血压，避免了单次测血压之间的客观差异和"白大衣现象"，它有助于筛选临界及轻度高血压；评价降压药物的降压效果和探讨器官损伤程度并估计预后等。动态血压监测（ABPM）是让受检者佩带一个动态血压记录仪，回到日常生活环境中去正常活动，记录仪会自动按设置的时间间隔进行血压测量，提供24h内多达数十次到上百次的血压测量数据，为了解患者全天的血压波动水平和趋势，提供了极有价值的信息。

动态血压记录仪分袖带式和指套式两类。袖带式动态血压记录仪由换能器、微型记录盒、回收系统组成，可定时给袖带充气，测量肱动脉血压，并自动存储数据，一天最多可存储200多个血压值，然后在全机回收系统分析、打印出血压值。这类仪器的主要缺点是袖带频繁地充气和放气会影响病人晚间休息。此外，肢体活动可能干扰测量，使测量结果不准。指套式动态血压记录仪有两种，一种是在指套上安装一个压力传感器，测量左手指的动脉血压。用这种血压仪测量时，虽然不影响休息，也可以在立位时测量血压，但是手指活动较多，可能会使血压有较大误差。另一种指套式动态血压仪是测量脉搏传导时间并输入计算机，计算出收缩压、舒张压和平均压。它不受体位和肢体活动的影响，测量时病人无感觉，因此也不影响病人休息，每天可测量2000次以上。所以，这种血压计测得的一系列血压，可以真正反映病人日常活动时的血压变化情况。

动态血压监测与偶测血压监测相比有如下优点：

1）去除了偶测血压监测的偶然性，避免了情绪、运动、进食、吸烟、饮酒等因素的影响，能较为客观真实地反映血压情况。

2）动态血压监测可获知更多的血压数据，能实际反映血压在全天内的变化规律。

3）对于早期无症状的轻高血压或临界高血压患者，动态血压检测能够提高了检出率，使患者得到及时治疗。

4）动态血压监测可指导药物治疗。在许多情况下可用来测定药物治疗效果，帮助选择药物，调整剂量与给药时间。

5）判断高血压病人有无靶器官（易受高血压损害的器官）损害。有心肌肥厚、眼底动态血管病变或肾功能改变的高血压病人，其昼夜之间的差值较小。

6）预测一天内心脑血管疾病突然发作的时间。在凌晨血压突然升高时，最易发生心脑血管疾病。

7）与常规血压相比，24h 血压偏高者的病死率及第一次心血管病发病率，均高于 24h 血压偏低者。特别是 50 岁以下，舒张压小于 16.0kPa（105mmHg），而以往无心血管病发作的患者，测量动态血压更有意义，可指导用药，预测心血管病发作。

动态血压监测发现 24h 内血压是有规律地变化的。血压的这种规律性变化（即昼夜节律）的特征是白昼血压升高，夜晚血压下降。自动测量血压是系统按照特定的时间间隔定时的、自动开始每次血压测量，时间间隔一般设置为 5min、10min、15min、30min、60min、90min、120min。

随着动态血压测量方法的应用，人们对血压的易变性、环境刺激对血压的影响、从诊所测得血压值相近的人群中区别高危和低危病人以及降压治疗效果的观察方面提高了认识，为高血压病的临床与流行病学研究提供了新的途径。但目前动态血压监测技术本身还有不少局限性，仍不是严格意义上的动态检测，动态血压值尚无统一标准，且检查费用较贵，因此若在临床上广泛使用这项检查方法仍需积累更多的经验。

6.6.2 仪器结构

动态血压计的结构如图 6-16 所示，其中包括一个无创血压测量模块，这部分与单独的电子血压计基本相同。差别主要是控制系统，控制单元是记录仪的核心，负责控制整机的有序工作。

无创血压测量模块接受控制单元的命令，进行血压测量并将测量结果发送到控制单元。

PC 接口用于血压测量仪与 PC 的通信。

液晶显示用于显示记录仪系统时间、测量状态、测量结果等。

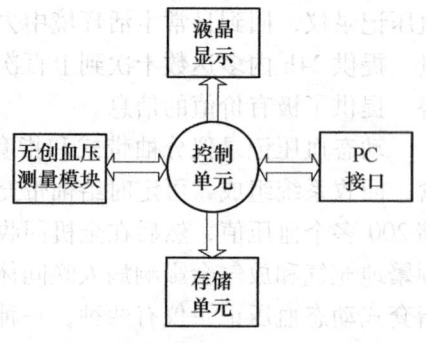

图 6-16　动态血压记录仪的仪器结构

存储单元用于存储测量结果，包括每次血压测量的时间、收缩压、舒张压、平均压、脉率以及测量的错误信息等。

6.6.3 单片机控制系统

单片机控制系统组成记录仪的核心控制单元。开始使用记录仪时，通过 PC 设置测量参数（如系统时间、测量间隔等）；测量过程中定时向血压模块发送测量命令、接收测量结果，然后在记录仪的 LCD 上显示和存储到内部的存储器中；连接 PC 时将存储器中的数据读出后上传到 PC 上。

在选择外部存储器时，考虑到动态血压记录仪要长期反复擦除、写入所设置的工作参数和测量到的重要信息，并保存大量的历史数据，因此必须使用容量较大的存储器，且保证掉电后数据不丢失，故选用 EEPROM 存储器。动态血压记录仪需要保存的数据设计依次为收缩压（2B）、舒张压（1B）、平均压（1B）、脉搏（1B）、每次记录的时间（5B）、错误信息等，每次测量共需要 13B 存储数据。假设按最小测量间隔 5min，则 24h 需要 3744B。存储器除用于保存测量结果外还保存一些系统参数,如:参数报警上下限值、报警开关等,防止掉电后设置的参数值丢失。与存储器的通信可使用单片机的标准硬件 I^2C 接口,或按照硬件 I^2C 通信时序模拟 I^2C。I^2C 总线的 SCL 连接 24C64 存储器的引脚 SCL,引脚 SDA 与 24C64 的 SDA 连接进行数据交换(读写数据)。

6.6.4 单片机软件的工作流程

图 6-17 为典型动态血压计的程序流程,具体设计说明如下。

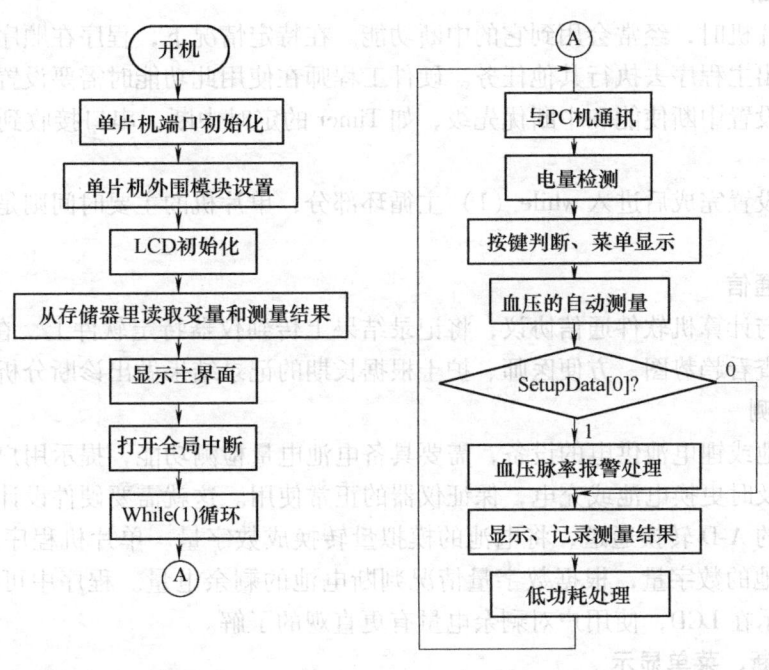

图 6-17 动态血压计的软件流程图

1. 端口初始化单元

单片机的某些功能模块对应相应的输入/输出功能引脚,而且一个单片机的引脚数量有限,对于功能复用的引脚,在使用之前需要进行相关引脚功能连接的设置,作为普通端口使用的引脚需要设置其输入/输出属性。不同类型的单片机有不同的设置方式,应该酌情处理。

2. 单片机外围模块设置

此软件单元功能为设置各功能模块的相应参数。单片机外围功能模块包括 Timer、UART、ADC、RTC 等,功能模块在使用时需要进行相关参数设置,如设置 Timer 的定时时间,设置 UART 的波特率等。

3. LCD 初始化

此软件单元功能为 LCD 驱动,不同型号、种类的 LCD 需要的驱动程序不同,在使用 LCD 时需要发送控制指令进行如下内容设置:扬声器设置、电源设置、低功耗设置、点亮背光、设置扫描方向、读写数据等。

4. 从存储器里读取变量和测量结果

用于长时间检测人体生理状况的仪器，存储部分的存储尤其重要。仪器的存储单元需要存储系统参数的设置情况和长期的测量情况，如报警开关状态、报警参数的上下限值、存储的测量次数、每次测量时间、测量结果等。仪器每次开机后需要从存储单元读取这些参数用于在 LCD 上显示或后期测量，使用户时刻清晰掌握仪器的工作状态。

5. 显示主界面

仪器每次上电开机后，需要在显示屏上显示一些参数和信息，用于指导用户操作使用和提示用户测量情况。显示内容大多为：参数测量结果、系统时间、报警信息、电量指示等。

6. 全局中断

在使用单片机时，经常会用到它的中断功能。在特定情况下，程序在顺序执行过程中会产生中断，跳出主程序去执行其他任务。硬件工程师在使用此功能时需要设置单片机的向量中断控制器，设置中断使能和中断优先级，如 Timer 的定时中断，串口接收到数据后产生中断等。

以上内容设置完成后进入 while（1）主循环部分，单片机的主要时间则是执行此循环里的任务。

7. 与 PC 通信

按照仪器与计算机软件通信协议，将记录结果上传到仪器特定软件上，在 PC 软件上可查看、编辑、查看趋势图，方便医师、护士根据长期的记录结果做出诊断分析。

8. 电量检测

使用干电池或锂电池供电的设备，需要具备电池电量检测功能，提示用户在电量低或电量不足情况下及时更换电池或充电，保证仪器的正常使用。这就需要硬件设计时将电池电压连接到单片机的 A-D 转换通道，将电池的模拟量转换成数字量。单片机程序定时（以秒为单位）检测电池的数字量，根据数字量情况判断电池的剩余电量。程序中可将剩余的电量以图片形式显示在 LCD，使用户对剩余电量有更直观的了解。

9. 按键判断、菜单显示

硬件上不同功能按键连接到单片机的不同端口，也有同一按键完成不同功能的情况（称为按键复用）。程序中定时扫描按键端口状态（高、低电平），检测按键的按下和抬起，根据按下的按键进行相应的操作处理，如翻看菜单、修改参数设置、启动血压测量等。

10. 血压的自动测量

主程序中循环判断是否到达血压测量时刻，判断依据是之前设置好的血压测量间隔。满足条件时则自动打开血压模块电源、发送测量命令，启动一次血压测量。

11. 血压脉率报警处理

在 SetupData［0］条件满足时，主程序判断参数测量结果是否超过设置的报警上、下限值，超过时会控制扬声器发出特定频率的声音报警，提示用户进行相应处理。在 SetupData［0］条件不满足情况下，主程序中不进行报警判断。

12. 低功耗处理

不同仪器的供电情况不同，便携式仪器使用的电池容量有限，且要求使用的时间要相对较长，这就对单片机的功耗要求较高。单片机一般具有几种低功耗处理方案（如睡眠模式、停止模式、掉电模式等），开发者可根据具体情况选用低功耗处理方法，在选定好后，程序中则需要在进入低功耗模式时，设置使能进入此低功耗模式。除单片机现有的低功耗模式外，硬件工程师也可通过降低单片机系统主频率来降低功耗。每种低功耗模式都有相应的限制条件，使用时要根据具体情况选择。

6.6.5 PCB 设计

血压测量时的最大工作电流可超过 600mA，而且泵启动的瞬间还有更大的尖峰电流。这就要求放置元器件时充分考虑到流过电路各部分的电流情况。具体说来，PCB 的设计需要注意以下问题：

1）采用 4 层电路板设计，其中内电源层只作为接地平面，不走信号线；同时打过孔时要注意保证有可靠的地回路。

2）放置模拟电路与数字电路元器件时也要有效的分开。

3）将流过大电流的元器件或插头（如充气泵、放气阀门等）放置在一起，远离模拟和数字电路元器件。

4）布线时尽量增加通过大电流的导线的宽度［一般要求 50mil（1mil = 0.0254mm）以上］。

5）布线时要对电流的回路有足够的判断，尽量减小回路面积。

6.6.6 液晶显示控制

通常动态血压记录仪的显示采用段码 LCD，通过 MSP430F413 单片机内部液晶控制单元进行显示控制。待机时 LCD 显示记录仪的系统时间；测量过程中显示实时的袖带压力；每次测量结束后可以显示收缩压、舒张压、平均压、脉率等数据信息。如果测量失败还可以显示失败原因的代码。

6.6.7 电源模块及其相关电路设计

血压计选用 2 节 5 号电池作为电源的输入，具备电源极性检测电路，当电池极性装反时不会烧坏记录仪内部的元器件。血压测量模块在不测量血压时处于关闭状态以节省电量。电池电量低时记录仪通过声音提示用户更换电池。在更换过程中记录仪使用内部的电容给 RTC 供电，更换电池后系统时间不会紊乱，记录仪可继续按时监测。

为了达到较好的供电质量，此电源电路中选择了 DC/DC 升压芯片 RN5RK331A，将 2 节串联的 1.5V 5 号电池构成的 3V 左右的电压升压到 3.3V，供给系统中的模拟电路电源，也作为数字电路的正电源供给 MCU。考虑到气泵、气阀如果与模拟电路、数字电路直接共用一个电源，会引入比较大的干扰，从而影响压力传感器、运算放大器以及 MCU 的正常工作，所以设计成气泵、气阀不与其他器件接在一起，直接由电池供电。

另外，血压计的重要采集数据包括运算放大的袖带气压和隔直后的脉搏波，由于它们都是通过微小的信号放大后得到的，所以 A-D 转换的设计也极为重要。系统采用智能充气测量、自动降压，在降压的过程中进行测量。由于在气阀工作降压的时候，电源受到波动，如果用系统电源直接作为 A-D 的参考电压基准，必然会给测量带来误差。采用 National Semiconductor 的 LM385 作为 A-D 转换的电压基准连接到芯片的 V_{REF+} 引脚，可确保采集的数据转换准确。

6.7 影响动态血压监测的因素

影响无创血压监测的因素有：①合适的测量袖带和测量模式；②袖带不能绑在太厚的衣服上（尤其是棉毛衣服）进行测量；③测量部位应与心脏保持水平；④袖带松紧应合适；⑤测量过程中手臂不可有挤压、放松袖带的动作；⑥过于频繁的测量会影响测量准确度；⑦不适用于血压严重偏低或血压很不稳定的危重病人。大部分血压测量方面的故障源于上述某方面的操作不当。因此，在无创血压测量过程中，应尽量保证有一个良好的测试条件。

第 7 章 半自动生化分析仪设计

7.1 生化分析仪概述

生化分析仪是临床诊断常用的重要仪器之一，用来对人体中的血液、尿液等体液中的各种生化成分进行定量检测和分析，常见的测量内容有包括：肝功能12项，常测的有谷丙和谷草2项；肾功能3项（尿肌酐、尿素氮、尿酸），血脂4项（甘油三酯、胆固醇、高密度脂蛋白、低密度脂蛋白），心肌酶，血糖浓度，微量元素及其电介质，同时还能测量激素及微量蛋白。人体体液的生化指标在临床疾病诊断和治疗上具有重要的参考价值，是临床医生诊断所依赖的第一手资料。结合其他临床资料，进行综合分析，可帮助诊断疾病，对器官功能作出估价，并可鉴别并发症以及决定今后治疗的基准等。

7.1.1 生化分析过程

生化分析过程一般包括：样品的识别、处理和存储，样本和试剂的存储、传送，化学反应过程和反应物检测，信号处理、数据报告和结果分析等步骤。样品是从待测试对象采集的血液、尿液等，在将样品放入生化分析仪进行分析前，需要对其加以标记、处理。样品经过处理进入生化分析仪后称为样本。

样品的识别开始于采样品处，标记所取得的样品，使其和受试者联系起来，这部分工作主要由护士完成。目前绝大多数生化分析仪不以全血而是以血清（浆）为研究对象，血清由检验人员从全血中分离出来并转放到另一个仪器，然后再放入分析仪。在存储时为防止样品由于体积减小而浓缩，一些分析仪在样品放置部分加盖，并将其控制在低温的环境中。

样品和试剂的采集、输送可分为流式和分立式。流式是将样品引入一个连续流动的液体管道中。流式仪器中广泛使用分配泵，根据管道口径粗细不同，决定了标本和试剂的相对比例。分立式是将样本放入独立的反应容器中，加入试剂后混匀进行化学反应。反应容器使用比色杯，它既是化学反应发生处又是光度测量处，在反应容器中加入反应液（标本和试剂），并对其进行充分混匀，在不同时间分别测定其吸光度。反应容器存放在恒温水浴中，保证整个反应在一定的恒温（大多为37℃）下进行。

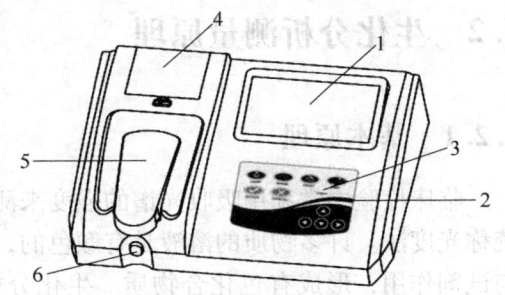

图 7-1　半自动生化分析仪部件结构图
1—LCD　2—键盘　3—电源指示灯　4—打印机
5—比色池　6—吸液键

计算机作为生化分析仪的控制核心，对整

个分析仪工作进行调控，并完成信号处理、数据报告和结果分析。计算机能够对系统的工作状态进行实时监控，及时发现错误并自动纠正或通知操作人员。在进行检验时，计算机可以自动安排测定步骤和程序，接收并存储测量结果数据，经过分析得出检验结果。图 7-1 为某种型号的半自动生化分析仪的部件结构。

7.1.2 生化分析仪的分类

生化分析仪的种类较多，可从不同的角度进行分类。

1）按反应装置的结构分可为连续流动式、分立式和离心式 3 类。连续流动式的特点是：待测样品与试剂混合后的化学反应是在同一管道中经流动过程完成的；分立式是指按手工操作的方式编排程序，并以有节奏的机械操作代替手工，各环节用传送带连接，按顺序依次操作；离心式生化分析仪的特点是化学反应器装在离心机的转子位置，先将样品和试剂分别置于转头内，由于离心力的作用而相互混合发生反应，当离心机开动后，圆盘内的样品和试剂流入圆盘外圈的比色槽内，通过比色计进行检测。

2）按自动化程度可分为半自动和全自动两类。其中，半自动生化分析仪指在分析过程中的部分操作（如加样、保温、吸入比色、结果记录等某一步骤）需要手工完成，而另一部分操作则可由仪器自动完成。这类仪器的特点是体积小、结构简单、灵活性大，既可分开单独使用，又可与其他仪器配合使用，价格便宜。

自动生化分析仪就是把生化分析中的取样、加试剂、去干扰物、混合、保温反应、检测、结果计算和显示，以及清洗等步骤以自动化形式实现的仪器，实现自动化的关键在于采用了微机控制系统。目前，绝大多数生化分析仪都是基于光电比色法的原理进行工作的，其结构可粗略看成是由光电比色计或分光光度计加微机两部分组成。

3）按同时可测定项目可分为单通道和多通道两类。单通道每次只能检测一个项目，但项目可以更换。多通道每次同时可以测多个项目。

4）按仪器的复杂程度及功能可分为小型、中型和大型 3 类。小型一般为单通道、半自动及专用生化分析仪。中型为单通道（可更换几十个项目）或多通道，常同时可测 2~10 个项目。大型均为多通道仪器，同时可测 10 个以上项目，分析项目可自选或组合，不仅能进行临床生化检验，而且可进行药物监测及进行免疫球蛋白的测定。

5）按规定程序可变与否，可分为程序固定式和程序可变式生化分析仪两类。

7.2 生化分析测量原理

7.2.1 基本原理

临床检验中常利用吸收光谱的强度来测定体液或组织中某一成分的含量，这类分析方法统称光度法。许多物质的溶液是有颜色的，更多的物质虽然本身无色，但在一定条件下，能与试剂作用，形成有色化合物质。生化分析仪就是利用比较液体颜色的深度（即吸光度）以进行物质含量的测定，因而又称为比色分析法，用这种方法构成的生化分析仪基本原理如图 7-2 所示。

朗伯-比耳定律（Lambert-Beer）是光吸收的基本定律，俗称光吸收定律，是分光光度法定量分析的依据和基础。公式为：$A = KCL$，其中吸光度 $A = -\lg(I/I_0)$，I_0 为入射光的发光强度，I 为出射光强度，L 为比色池厚度。如果浓度以 mol/L 为单位，液层厚度以 cm 为单位，此时的 K 称为摩尔消光系数，用 ε 表示。其意义是物质的量浓度为 1mol/L 的溶液在厚度为 1cm 时的吸光度。不同物质的摩尔消光系数不同。ε 越大，表示该物质对某波长光的吸收能力越强。可见影响吸光度的主要因素有 3 个，即浓度、光程及波长。在光程及波长都不变的情况下，吸光度就只与浓度有关了。

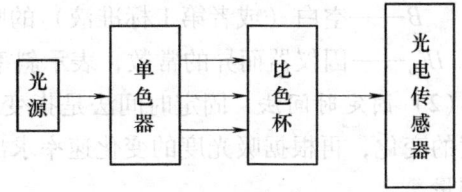

图 7-2　生化分析仪基本原理图

朗伯-比尔定律成立的前提是：①入射光为平行单色光且垂直照射；②吸光物质为均匀非散射体系；③吸光质点之间无相互作用；④辐射与物质之间的作用仅限于光吸收，无荧光和光化学现象发生。设计中应当使光路结构尽量满足这些要求。光电比色计和分光光度计的比色分析法是根据朗伯-比尔定律来进行的。若先配制一已知浓度的标准溶液，并用同样方法处理标准溶液与被测溶液，使其成色后在同样的实验条件下用同一台仪器分别测定它们的吸光度，则在标准溶液中 $A_s = K_s C_s L_s$，在待测溶液中 $A_x = K_x C_x L_x$，如测定时选用相同厚度的比色皿使 L 相等，并使用同一波长的单色光和相同的环境温度，则 K 也相等，即有 $A_s/A_x = C_s/C_x$ 或 $C_x = (A_x/A_s)C_s$，只要能测出吸光度值就能测出被测溶液的浓度，这就是光电比色计的基本原理。

另外，还可通过检测一定波长下某一发色基团吸光度的变化，辅以微机软件系统的计算来完成检测任务。紫外吸收光谱法就是根据物质分子对于 200~800nm 光区电磁辐射的吸收特性进行分析的方法，这种分子吸收光谱产生于价电子和分子轨道上的电子在电子能级间的跃迁，广泛用于有机和无机物质的定性和定量测定。

7.2.2　信号采集方法

生化分析过程中需要在样品中加入试剂，通过检测发光强度的变化情况来测量物质浓度，不同测量对象的反应和测量过程是不同的。根据反应过程中进行测量的时间点的不同，可以得到不同的信号采集方法，归纳起来主要有终点法、固定时间法和连续监测法。

（1）终点法　终点法指经过一段时间，溶液的反应达到平衡（终点），反应液的吸光度不再变化，只与被测物的浓度有关，即可进行测定。终点法是使用最多的方法，常用的检测项目包括甘油三酯、胆固醇、高密度脂蛋白、低密度脂蛋白、尿酸、血糖浓度、血清白蛋白、微量蛋白。

终点法的测量过程是在下位机吸入试剂到比色池而且温度控制好后，启动一次测试并传回一组数据到单片机，经过算法处理，得到该次测试的吸光度 A_x 后，采用式（7-1）计算浓度。

$$C_x = [K(A_x - B) + C_1]IF_A + IF_B \tag{7-1}$$

式中　A_x——待测溶液吸光度；
　　　C_x——待测溶液浓度；
　　　C_1——空白（或者第 1 标准液）的浓度；
　　　K——固定系数；

B——空白（或者第 1 标准液）的吸光度；

IF_A，IF_B——因仪器而异的常数，表示斜率和截距，用于调整仪器造成的偏差。

（2）固定时间法　固定时间法是指变换测光点测试 2 次，求出在单位时间内 2 点的吸光度的变化，再根据吸光度的变化速率求出浓度的一种方法。尿肌酐、尿素氮常用固定时间法测量。

固定时间法的测量过程是在吸入试剂到比色池而且温度控制好后，在一指定时间，启动一次测试并采集数据到单片机，单片机得到得到该组数据后，经过算法处理，得到该次测试的吸光度 A_1。然后继续控制比色池的试剂温度，在另一指定时间，再次启动一次测试并采集数据到单片机，单片机得到得到该组数据后，经过数据处理，得到该次测试的吸光度 A_2。A_2 与 A_1 相减，取其差并除以时间 t 作为 A_x，其中 t 是两测试时间点的间隔时长，可用式（7-2）表示：

$$A_x = (A_2 - A_1)/t \tag{7-2}$$

然后同样采用式（7-1）计算浓度。

（3）连续监测法　连续监测法又称为速率法，是根据各测光点之间的吸光度的变化速率来得到浓度的一种方法。比色池中的试剂是在进行化学反应的，理论上其吸光度的变化和时间的关系是线性关系。为了客观地找出此线性关系，首先测量其反应过程中各个不同的点 (A_i, t_i)，然后采用回归分析，如最小二乘法，分析结果。酶活性测定常用该方法，测量内容有谷丙、谷草、心肌酶。

连续监测法的测量过程是在吸入试剂到比色池而且温度控制好后不断测试，每采集一组数据给单片机后重新控制温度，如此重复测试直到时间结束。单片机根据每组数据得到一个 A_i 和对应的测量时间 t_i，再利用最小二乘法算出从开始到结束每分钟吸光度的变化量速率 A_x，然后同样采用式（7-1）计算出试剂的浓度。

7.2.3　葡萄糖氧化酶法测量原理

葡萄糖氧化酶法用于测量血清中的葡萄糖浓度。血清中的葡萄糖在葡萄糖氧化酶（GOD）的作用下，生成葡萄糖酸和过氧化氢（H_2O_2）。H_2O_2 与 4-氨基安替吡啉（4-AAP）、酚在过氧化物酶（POD）的催化下生成红色醌亚胺。醌亚胺的最大吸收峰在 500nm 左右，吸光度的变化与样本中的葡萄糖浓度成正比。反应式如下：

$$葡萄糖 + O_2 + H_2O \xrightarrow{GOD} 葡萄糖酸 + H_2O_2$$

$$2H_2O_2 + 4\text{-氨基安替吡啉} + 酚 \xrightarrow{POD} 醌亚胺 + 4H_2O$$

实际检测的过程中，首先取静脉血 3ml，置于玻璃试管中，经离心机分离血细胞和血清。使用的样本为新鲜无溶血血清，如果样本中有溶血现象或混浊现象都可能影响检测结果。遇上述情况应重新采集样本。将试剂和待测物用移液器取规定体积并混匀，通常的使用量一般在 1ml 以下，37℃ 预保温 10min，上机测定，生化分析仪自动给出检验结果。不同的化学物质需要用不同的单色光检验，例如测定人体血清中磷的含量时，一般需使用 340nm 波长的单色光；测定人体血清中谷丙转氨酶活力时，一般需使用 505nm 波长的单色光，本例测定中使用 505nm 波长的光。

7.2.4 生化分析仪总体结构

半自动生化分析仪具备了生化分析仪的所有基本功能，设计思路和方法很有代表性，因此本节以半自动化生化分析仪作为典型代表来介绍仪器的总体结构。生化分析仪由光路和电路部分组成。

光路部分包括光源和透镜、比色池、单色装置（光栅和滤光片）等（见图7-3）。生化分析仪光路设计方面，有前分光和后分光两种。所谓前分光，是指在光源灯和样品之间用滤光片、棱镜或光栅进行波长选择，取得与样品"互补"的单色光之后，照射到样品上，再用一个光电池或光敏二极管作为传感器，测定样品对单色光的吸收量（吸光度）。而后分光则是将一束白光（混色光）先照到样品上，然后再分光。通常使用的分光方式是前分光，光源发出稳定的白光，由前置光学系统来选择特定波长的单色光，其波长分别为340nm、405nm、505nm、546nm、578nm、620nm、660nm，得到的单色光照射装有标准液和样本的比色池，经过比色池的传播后，带有样本浓度信息的单色光就到达了光电探测器。

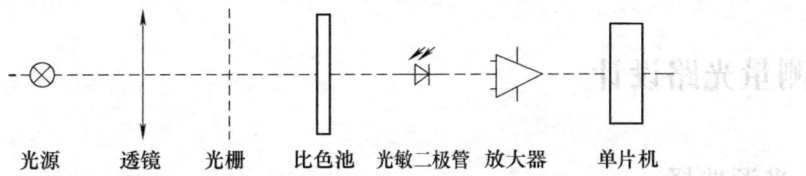

图7-3 半自动生化分析仪光路设计

光源采用卤钨灯，用于提供初始光源，其适用的波长范围是320～2500nm。透镜用于光的聚焦，将卤钨灯发射的光线汇聚成一点后照射在比色池的小孔上。单色装置采用光栅或滤光片将光源发出的光分离成所需要的单色光。光源发出的白光经光栅衍射后彼此分开，经滤光片后只出射某一波长的光，其余的光线被滤光片吸收。

比色池是盛装检测溶液的器皿，由透明的材料组成，主要有硅酸玻璃、石英玻璃或其他晶体材料等。不同的检测波长可选用不同材料制成的比色池。可见光区或红外光波区应选用普通光学玻璃、有机玻璃、石英玻璃比色池，紫外光波区检测应选用石英玻璃。比色池的特点透光性好，对化学试剂具有高度的惰性，即比色池本身不与试剂发生化学反应。

电路部分除光电接收、信号放大、数据处理等核心模块外，还包括电源模块、蠕动泵、温度控制模块、显示模块、按键输入模块、打印模块等部分。

电源模块将交流市电转化为各种电压值的直流电，为整个电路的数据处理、温度控制和电动机驱动等环节提供电能。蠕动泵采用步进电动机驱动，用于完成对样本液体的吸取和排放操作，使样品在仪器内运动至指定位置。温度控制模块的作用是保证试剂在某一恒定的温度下进行检测。光电接收和信号放大模块的主要作用是将经单色装置分离所得的单色光信号转化为电信号，通过放大后转化为数字信号传递给负责数据处理的中央控制器；显示模块用于显示人机交互界面和测量结果；按键输入模块用于接收用户的输入指令，如实验项目、测试方法、所需试剂等项目的选择和对仪器自身参数的设定等；打印模块用于将测试项目、方法、试剂、结果等信息进行输出；数据处理和中央控制模块将上述各功能模块按照一定的业务和逻辑关系组织在一起，以保证高效、有序地完成整个测试，各模块之间的连接关系如图7-4所示。

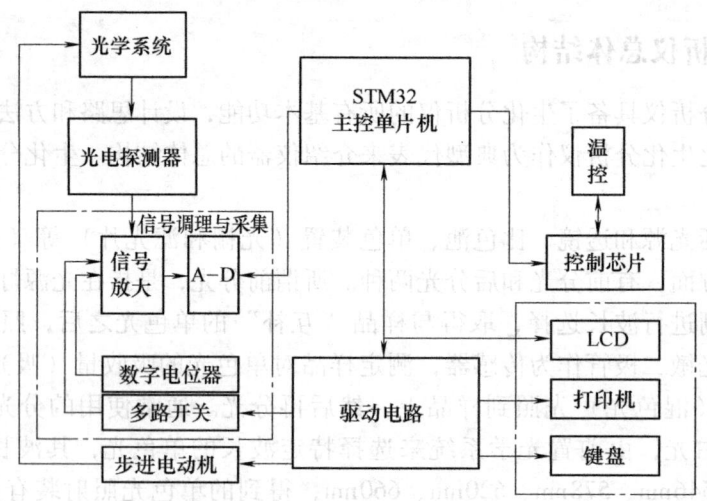

图 7-4 生化分析仪系统组成框图

7.3 测量光路设计

7.3.1 光源选择

在光学检测中,光源无疑占着举足轻重的地位。理想的光源应该具有使用寿命长、价格低的优点,除此之外不同的应用场合对光源会提出不同的要求,例如分光光度计要求光源能提供宽范围的连续辐射、光强度足够大、波长稳定、光谱强度在整个光谱区内不随波长有明显变化。光源从大类上可以分为连续光源和单色光源两种。

连续光源是指发射光的光谱是连续的,最典型的连续光源是白炽灯,它发光的光谱符合黑体辐射定律,在可见光谱段中部和黑体辐射曲线仅相差 0.5%,在整个光谱段内和黑体辐射曲线平均相差也不过 2%。白炽灯由于价格低、寿命长,因此被作为光电测量中最常用的光源之一。但是由于灯丝材料钨的熔点只有 3680K,进一步增加钨的工作温度将会导致钨的蒸发率急剧上升,从而使用寿命大大下降。因此在生化分析仪中,通常用卤素灯取代白炽灯。如现在常用的卤钨灯,即是在钨灯泡中充以卤钨循环剂(如氯化碘、溴化硼等),当灯丝的温度超过钨的熔点导致钨蒸发时,蒸发的钨和玻璃壳附近的卤素结合生成卤钨化合物,当卤钨化合物扩散到温度较高的灯丝周围后分解为卤素和钨,这样钨就又重新积淀在了灯丝上,分解出来的卤素还可以扩散到温度较低的灯泡壁上与钨再结合实现卤钨循环。上述的卤钨循环过程延长了灯泡的寿命,提高了灯的色温和发光效率。卤钨灯的波长和能量均较稳定,价格也较低,但缺点是能量低,尺寸也较大。

另一种重要的气体放电灯是氘灯,它属于真空管器件,其工作原理为:阴极被加热后发射电子,电子由于受阳极电压的加速作用不断与氘气体高速碰撞,氘原子获得能量,从而使氘原子内层电子跃迁到高能级,处于激发态的氘原子返回到低能级时将发射光子,对应的辐射波长范围是 195～400nm,因此氘灯可提供连续和稳定的紫外辐射。目前氘灯的主要缺点是寿命有限,例如某些型号国产氘灯的寿命仅 500h。

7.3.2 光电探测器

1. 光电探测器的类型

光电探测器特指利用材料在紫外到红外波长范围的光电效应制作成的探测器,是能够把入射微弱光转换为电子线路可以测量的电信号的光电转换器。光电检测器在光学检测系统中占有重要的地位,选择检测器应该首先注重其波长响应范围和噪声水平,其次如果是时间分辨检测或高频检测还要考虑检测器的响应时间,再次要考虑所要完成的是单点信号还是图像信息的检测。光电检测器的检测种类很多,按工作原理可被分为热探测器和光子探测器两类。

红外光具有很强的热效应,探测器吸收了红外辐射后,其温度就会有所升高并引起某种物理性质的变化。当已知这种变化与吸收的红外辐射功率的关系后,就可利用这一特点探测热辐射强度。例如,利用温差电动势原理制成的热电堆红外探测器、利用热释电效应制成的红外热电探测器,以及利用电阻率随温度变化制成的热敏电阻等利用的都是这一原理。

光子探测器利用的光子效应有光电效应、光生伏特效应、光电磁效应、光电导效应等。光子探测器与热探测器相比具有如下特点:热探测器对各种波长都能响应,光子探测器一般只对一段光波长区间有响应;热探测器响应时间比光子探测器长,光子探测器具有响应快的优点,它的响应时间一般在微秒或纳秒数量级,因此在一些快速测量的场合,只能选用光子探测器。

光电导探测器是利用光电导效应工作的探测器。当光照射在外加电压的半导体时,如果光能量足够大,则在半导体中激发出新的载流子即非平衡载流子,非平衡载流子将使半导体的电导增加,因此光电导器件会在光照下改变自身的电阻率,光照越强,光电阻越小。一般来说,光敏电阻的暗电阻在 $10M\Omega$ 以上,光照后电阻值显著降低。

利用 PN 结的光伏效应而制成的光电探测器是光伏探测器。光伏效应是半导体材料的一种结效应。光伏器件包括光电池和光敏二极管两种类型。光电池又称为光伏电池,它常常用于太阳能转换为电能,可作为能源器件使用,如卫星上使用的太阳电池;也可作为光电子探测器件,广泛地应用于红外辐射探测、光电耦合等。以光导模式工作的结型光伏探测器称为光敏二极管,它在微弱、快速光信号检测方面有非常重要的应用。性能比较优越的器件主要有硅光敏二极管、PIN 硅光敏二极管、雪崩光敏二极管(APD)等。光敏二极管具有频率响应宽、灵敏度高、时间响应快等优点,是一种常用的光电检测器件。

2. 光电探测器的性能参数

光电探测器的主要性能参数有光谱响应范围、暗电流、响应率、噪声等效功率、响应时间和响应度等。

(1) 光谱响应范围 保持功率恒定,改变光波波长,光电探测器输出的光电流降低到峰值一半时所对应的两个入射激光波长分别称为光电探测器的短波波限和长波限,短波限和长波限之间的波长范围即为其光谱响应范围 $\Delta\lambda$。

光子探测器一般都工作在特定波段,例如硅光敏二极管一般工作在 $0.7 \sim 1.1\mu m$ 波段;铟镓砷(InGaAs)通常工作在 $0.9 \sim 1.7\mu m$ 范围内,部分红外扩展器件长波段甚至可达 $2.2\mu m$;锑化铟(InSb)、碲镉汞探测器(HgCdTe)工作在 $8 \sim 14\mu m$ 波段;而量子阱探测器(QWIP)则可工作在远红外($16\mu m$ 以上)波段。

(2) 暗电流　暗电流 I_D 是指光电探测器在无光照下的反向电流，主要来源于穿通势垒的隧道电流和表面漏电流。暗电流是一个噪声源，且受工作电压的影响，例如 PIN 硅光敏二极管的工作电压的波动对暗电流没有明显影响，而 APD 的暗电流对工作电压非常敏感，因此暗电流的数值大小应该标明测试电压，工作电压下测试结果一般为 nA 级。

(3) 响应率　响应率的也被称为灵敏度，是光电探测器光电转换光谱特性和频率特性的度量。其定义为探测器在偏置电压一定的情况下，输出电流（电压）和入射光功率之比。

$$R = \frac{di}{dP} \text{ 或 } R = \frac{du}{dP}$$

响应率的单位为 V/W 或 A/W。从响应率的定义可以看出，如果作一条输出电压（电流）相对于输入光功率的曲线，则相应率就是该曲线的斜率。

由于光电检测器具有光谱选择性，不同波长的光功率谱密度在其他条件不变下所产生的光电流和光波长有关，因此还经常会用到光谱响应率的概念。所谓光谱响应率即探测器在单色光照射下输出电压或电流与入射的入射光功率之比。

(4) 噪声等效功率　若投射到探测器上的光功率所产生的输出电压（电流）的方均根恰好等于探测器本身的噪声电压（电流）的方均根时，则此时所对应的辐射功率就叫做噪声等效功率。其定义为

$$NEP = \frac{\phi_e V_n}{V_s}$$

式中　ϕ_e——入射到探测面积上的辐通量；

　　　V_n——噪声的方均值；

　　　V_s——信号的方均值；

　　　NEP——噪声等效功率，W。

(5) 响应时间　探测器的响应时间表明探测器对发光强度变化的响应速度。如果光源能够瞬间接通并照射到探测器上（阶跃光输入），一般来讲，探测器的输出信号并不能完全跟随输入信号的变化，需要一定的时间达到稳定值，同样如果光源能够瞬间被关断，探测器的输出也需要一定时间回复到零。通常用响应时间和恢复时间来度量探测器的这种惰性，响应时间被定义为当光被接通时探测器的输出从零上升到其稳定电流的 63.2% 所需要的时间，而恢复时间是指当光被切断时光电流下降到稳态值的 36.8% 时所对应的时间。

(6) 线性度　线性度表明探测器的输出与输入光辐通量成比例的程度和范围。理想的探测器应该在一个很宽广的范围与输入发光强度成线性变化，也就是如果将探测器的输出相对于其输入作图，应该得到一条直线，直线的下限是由噪声和暗电流决定的最小可探测功率，上限是使探测器不饱和时的最大输出。到达饱和之后探测器的输出不再跟输入发光强度的变化而变化，也就是说探测器的输出不能够真实地反映输入的变化情况，因此在实际中保证探测器工作于线性区是十分重要的。

7.3.3　分光方法选择

分光光度计采用的光源一般是发射宽波段范围的连续辐射，然而在实际测量时希望采用窄谱段或单色光，这是因为：①采用窄谱带辐射才可能将彼此非常接近的吸收带分开；②采用窄谱带才有可能在最大吸收波长处进行测量；③定量分析时，采用窄谱带才能较好的遵守

朗伯-比耳定律。

因此，必须采用合适的装置将复合光分解为窄谱带或单色光，单色器就是将光源辐射的复合光分解为单色光并可以从中分出任意波长单色光的光学装置。单色器由入射狭缝、准直装置（透镜或反射镜）、色散元件（棱镜或光栅）、聚焦装置（透镜或凹面反射镜）和出射狭缝等5个部分组成一个完整色散系统，安装在一个不透光的暗盒中。

色散元件是单色器的核心元件，棱镜和光栅是应用最广的两种色散元件，有时也可用滤光片获取单色光。对于经典的光谱仪器，色散率表明从色散系统中输出的不同波长的光线在空间彼此分开的程度，可用角色散率表示。

(1) 光栅　光栅作为分光元件是工作在平行光束中，当一束平行的复合光入射到光栅上，光栅使用衍射原理能将不同波长在空间分为光谱。

(2) 滤光片　滤光片是一种简单而价廉的波长选择器，其作用是选择性地透过一定波长范围的光。滤波片的滤光特性用最大透光波长（中心波长）和光谱带半宽度（有效宽度）来描述。最大透光波长是指在该波长处辐射有最大透光率，而光谱带半宽度是指最大透光率一半处谱带的波长范围。谱带宽度越小，则单色光的纯度越高。在分光光度计中滤波片可以消除杂光，在光栅单色器中可以消除光谱级的重叠，在双波长分光光度法中用以平衡不同波长光束强度。

(3) 折射棱镜　各种透明介质具有不同的折射率，而同一种介质对于不同波长的光也有不同的折射率。棱镜对不同波长的光的折射率不同，复合光通过棱镜后，不同波长的光产生不同的偏向角，从而将不同波长的光分开。在以棱镜为色散元件的仪器中，最小偏向角位置极为重要。在设计和使用时，都是使色散棱镜处于最小偏向角上工作。

在这些分光元件中，光栅的分光效果最好，滤光片次之，折射棱镜的效果最差，一般不用于测量仪器的分光设计中。

7.3.4　光学系统设计

设计光学系统，首先需要确定所使用的光波段，随着波长的不同，光学系统的材料有很大的区别，这里要注意不同材料的透光区间，通常玻璃材料对可见光和近红外光是透明的，但对于紫外光和远红外光等远离可见光区的波段是不透明的，需要选择特殊的透光材料。发光元件和检测元件也都有各自的光谱曲线，在选择时应当首先考查在需要的光谱区间它们的光谱响应情况。

测量中需要平行光，由于光源都有一定的大小，它本身是一个扩展光源，所以实际上平行光很难得到。通常是通过在光路中加光阑的方法来近似得到平行光，光源发出的光经透镜成像，在成像点加光阑，使发光点近似为点光源，然后把点光源放在透镜的焦点，经透镜出射的光就是近似的平行光。

卤素灯设计中首先看它的光谱曲线，还要注意空间光场分布，发光管的发光强度分布在空间中不是均匀的，参照器件给的参数图可以知道分布情况，光源正面肯定是强度最大的。通常强度需要根据吸光度和检测器的灵敏度以及有效发光强度来决定，一般情况需要多次试验，然后选择型号，再根据型号配备电源，需要满足电压和功率要求。卤素灯的发热量较大，会使靠近它的元件因受热而变形，通常会将卤素灯隔离，起到光隔离和热隔离两个作用。

光电管需要注意的除了波段还有噪声水平，指标通常是等效噪声功率（NEP）。NEP越低，可检测的光越弱，但肯定价格越高。还有就是线性区间，主要看高、低限之间相差的倍数，这从器件上决定比尔定律的适用浓度区间。通常说来响应时间是不用考虑的，由于响应时间很快，如无特殊要求，肯定能满足要求。

现在通常使用的分光元件是光栅，角色散和线色散是光谱仪的重要指标，光谱仪的色散越大，就越容易将两条靠近的谱线分开，由于光栅常数通常很小，所以光栅有很大的色散本领，可以提供连续变化的匀排光谱。滤光片能提供一种波长的单色光，如果需要几个单色波长，则需要相应数量的滤光片，并在仪器中加以选择。滤光片有两种类型：光学薄膜滤光片和干涉滤光片，它们都只允许一个波长通过，其余波长不通过。

7.4 生化分析仪电路的设计

7.4.1 信号采集和处理模块

信号采集和处理模块的功能包括对光的强度进行采集、放大和转换，用于数据分析处理。信号检测电路将采集的光信号转化为电流信号，经过运算放大器放大和 A-D 转换芯片转化为数字电信号，最后送入单片机进行处理。

1. 光信号检测电路

光信号强度采用硅光电池进行检测。硅光电池是一种直接把光能转换成电能的半导体器件，核心部分是一个大面积的 PN 结，当二极管的 PN 结受到光照时，两端会有电压出现，这个现象称为光生伏特效应。硅光电池的 PN 结面积要比二极管的 PN 结大得多，所以受到光照时产生的电动势和电流也较大。硅光电池可以不需要外围电路直接产生电压，匹配最佳负载时，硅光电池输出功率最大，输出的短路电流与光照强度成正比，具有较好的检测线性，采样负载两端的电压即得到系统需要调理检测的物理量。本节以欧光公司生产的 OSD1133 硅光电池为例。

单色器产生的单色光被硅光电池接收，根据光电池的光照特性可知，短路电流在很大范围内与光照强度成线性关系，而开路电压随光照强度的变化是非线性的，并且当照度在 2000lx 时就趋于饱和。因此把光电池作为测量元件时，主要把它作为电流源来使用，硅光电池输出的微弱电流信号经运算放大器构成的电流电压变换器，使得输出电压与光照强度成正比。

在实际测量中，硅光电池输出光电流，通常情况下其电流数值是极小的。为了获得高精度的变换器，必须选用输入电阻高、偏置电流小的场效应晶体管输入型运算放大器。通常的精密运算放大器有以下几种：低输入偏置电流放大器（<100 pA）、低失调电压放大器（U_{os}<1mV）、低功耗放大器（<1mA）、低电源电压放大器（<6V）、低电压噪声放大器（≤10nV/$\sqrt{Hz}$）。对于硅光电池的放大来说，应当选用低失调电压型放大器，这里选择精密轨到轨、超低失调集成运算放大器 AD8677 实现。AD8677 的典型失调电压只有 40μV，输入偏置电流只有 0.2nA，采用改进型电流-电压变换器（即 T 形反馈电路）组成电流-电压变换电路，如图 7-5 所示。

由于 T 形反馈电路的等效电阻 R_F 为

$$R_F = R_1 + R_3 + \frac{R_1 + R_3}{R_2} = R_3 + R_1\left(1 + \frac{R_3}{R_2}\right)$$

通常情况下 $R_1\left(1 + \frac{R_3}{R_2}\right) >> R_3$，所以上式可以简化为

$$R_F = R_1\left(1 + \frac{R_3}{R_2}\right)$$

输出电压为

$$U_o = -I_1 R_1 \left(1 + \frac{R_3}{R_2}\right)$$

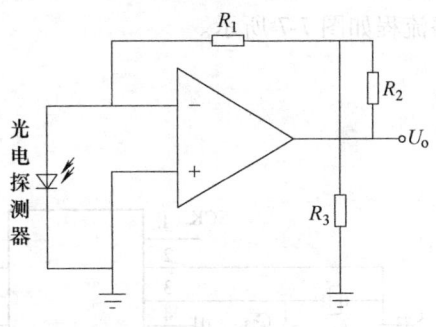

图 7-5 电流-电压转换电路

由上式可知，只要改变 R_2 的大小，就能方便地改变电流电压转换电路的灵敏度。由于硅光电池产生的光电流比较微弱，一般为几十微安级别，因此要求有较大的放大倍数，上述电路中可以选取 $R_1 = 10\text{k}\Omega$，$R_2 = 100\Omega$，$R_3 = 51\Omega$，转换系数可达到 15000 倍，放大电路的输出电压可以达到几百毫伏。

2. 电压放大电路

为了方便后续电路处理，需要将电流电压转换电路输出的信号转换为后续电路所需要的信号。经过第一级放大后信号幅度一般在 0.2~0.5V 之间，为得到较高的信噪比，同时得到较好的模-数转化效果，需要进行第二次放大，使信号强度达到 2.5V。

采用集成运算放大器 AD8677 实现此放大功能，将电流-电压转换电路输出的信号输入到运算放大器的同相输入端，经过反馈放大后在输出端得到所需放大电压。反相端电阻为 1kΩ，反馈电阻为可调电位器阻值为 51kΩ，可得电路的放大倍数在 1~52 之间可调，满足设计需要。

经过放大电路放大后的信号是模拟信号，而处理器仅能处理数字信号，为了能把该模拟信号的数值用处理器进行计算处理，需要先用 A-D 转换模块把放大后的模拟信号转换成数字信号，再传给处理器。A-D 转换时可以使用单片机自带 A-D 模块，有利于降低成本，降低电路和程序的设计难度，但单片机内部 A-D 和其他数字电路部分没有隔开，容易受到干扰，产生误差。采用外置 A-D 会增加成本、电路的复杂度，但受到的干扰小，更能实现超高速转换。

考虑到生化分析仪的处理精度和和转换速度要求，采用外置 A-D 模块方案，选用 Analog Devices 公司生产的 16bit 可编程 ADC——AD7715。AD7715 在 2.4576MHz 时钟模式下转换速度可达到 500kHz，还需要外部基准电压参考和时钟源信号。AD7715 的数据输出采用串行输出方式，利用单片机的 SPI 接口即可实现 A-D 编程设置及数据读取，简化了 A-D 与单片机的接口电路，同时，利用硬件读取数据，可以大大节省单片机的软件资源。

本设计中 A-D 的时钟采用 2.4576MHz 的陶瓷晶体振荡器，基准电压参考源采用 Analog Devices 公司生产的 REF192，输出基准电压为 2.50V，该参考源电路简单、功耗低、精度高，电路连接如图 7-6 所示，转换后的数据通过 SPI 接口输入到单片机。

3. 数据采集子程序

数据采集模块的主要任务是读取测光值，并进行测光量程判断。读取 ADC 数据后判断数值大小，通过程控开关选择合适的量程进行采集，读取转换结果并保存在数据缓冲区，程

序流程如图 7-7 所示。

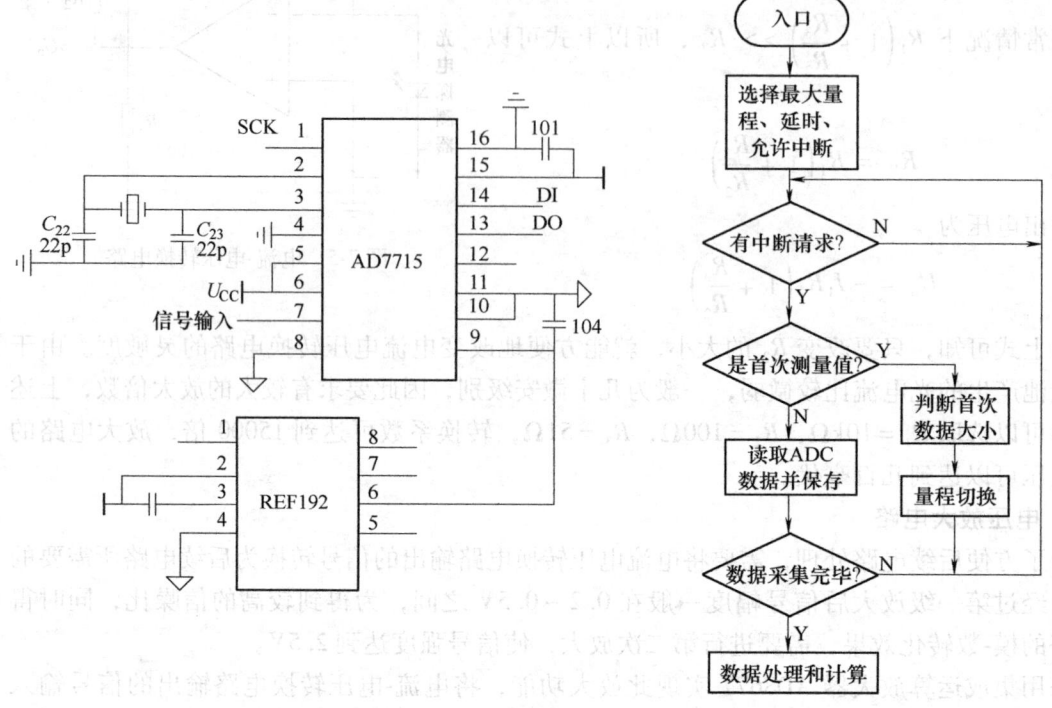

图 7-6　ADC 接口电路　　　　图 7-7　数据采集子程序流程图

7.4.2　中央控制系统设计

中央控制系统应用程序由主程序、中断服务程序和其他子程序组成，核心部件为单片机。

单片机的选择主要从以下 3 个方面来考虑：

1）单片机在整个系统中的所承担的任务复杂程度：在本设计中，MCU 要负责信号的采集、处理、显示、外设控制、数据存储及通信等功能。

2）单片机的处理速度：本设计中，单片机在进行数据处理和外设控制的同时要实时显示人机界面和检测结果，在某些情况下还同时要与外设进行通信，处理器要有很高的处理速度。

3）尽可能简化整个系统的设计：一个系统中所使用的元器件越多，电路结构越复杂，则系统的出问题的概率越大，可靠性与稳定性越差。因此在选择单片机的时候，希望单片机内部集成功能单元越多越好，这样就能简化系统设计，增加系统的可靠性及稳定性。

出于以上因素考虑，综合比较市场现有单片机产品，最终选用 STM32 系列单片机。STM32 系列基于专为要求高性能、低成本、低功耗的嵌入式应用专门设计的 32 位 ARM Cortex-M3 内核，其增强型处理器封装采用 LQFP100，哈佛总线结构，90MIPS 运行速度，72MHz 主频运行的 CPU，能够满足上述要求。

主程序主要完成数据采集、生化过程检测控制、数值显示等功能，软件模块组成框图如

图 7-8 所示。开机后首先执行初始化子程序,进入检测初始化页面,然后根据按键处理或页面跳转条件进入不同的操作流程,执行相应的操作。主程序执行流程如图 7-9 所示。

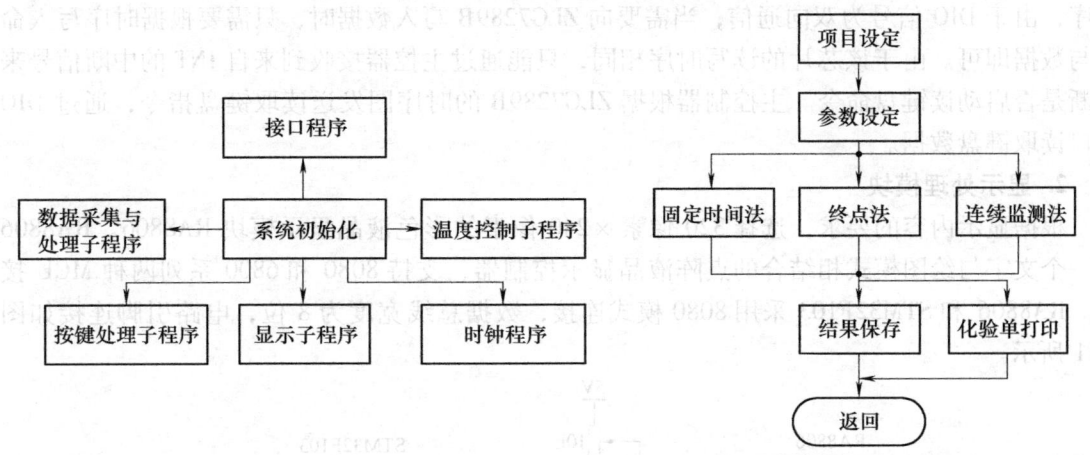

图 7-8 控制系统软件组成框图   图 7-9 生化分析仪主程序流程图

1. 按键处理模块

键盘模块用于人机交互操作,此处采用 ZLG7289B 键盘扫描管理芯片。ZLG7289B 与微控制器的接口采用 3 线制 SPI 串行总线。按键接口电路如图 7-10 所示,CS 为片选输入信号低电平有效,CLK 为时钟输入信号上升沿有效,由微控制器提供。DIO 信号是双向的,必须接到微控制器上具有双向功能的 I/O 口上,只有当 INT 引脚出现下降沿时才允许去读取按键值,否则将得不到有意义的数据。

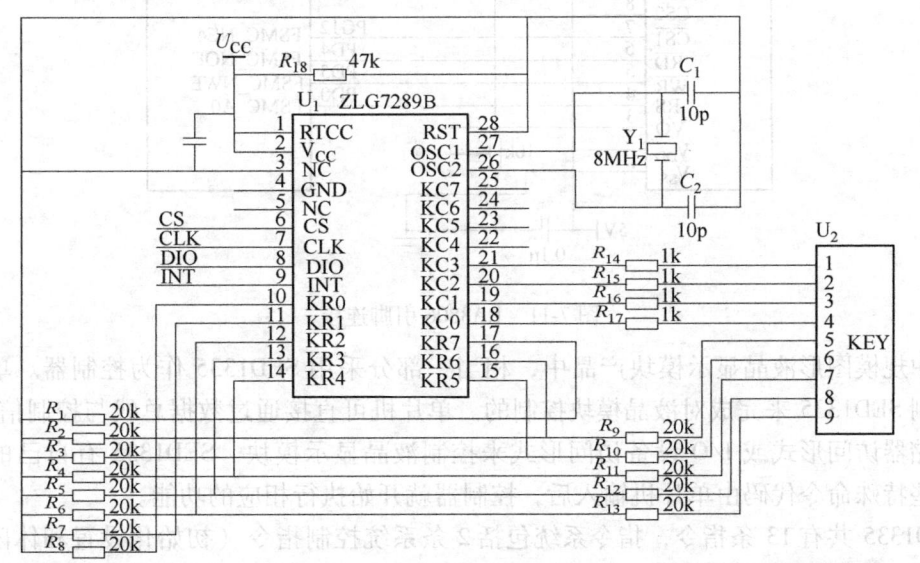

图 7-10 按键接口电路

U_2 连接矩阵键盘,当某个按键按下时,ZLG7289B 的引脚 INT 会出现低电平,向主控制器发出中断请求,当主控制器接收到来自 INT 的中断响应后,利用中断方式处理按键。主控制器需要将外部中断的触发方式设置为负边沿触发才能正确接收到 INT 的中断响应。主控器进入中断程序读完键值后不必等待即可退出，返回主程序后也不会再次触发中断。ZLG7289B 芯片在扫描键盘时，已经采取了消抖动措施，因此在程序中不必另外编写消抖动程序，由于 DIO 信号为双向通信，当需要向 ZLG7289B 写入数据时，只需要根据时序写入命令与数据即可。由于该芯片的读写时序相同，只能通过主控器接收到来自 INT 的中断信号来判断是否启动读键盘命令。主控器根据 ZLG7289B 的时序图发送读取键盘指令，通过 DIO 接口读取键盘数据。

2. 显示处理模块

根据显示内容的要求，选择 320 像素 ×240 像素的彩色液晶显示模块 RA8806。RA8806 是一个文字与绘图模式相结合的点阵液晶显示控制器，支持 8080 和 6800 系列两种 MCU 接口。RA8806 和 STM32F103 采用 8080 模式连接，数据总线宽度为 8 位，电路引脚连接如图 7-11 所示。

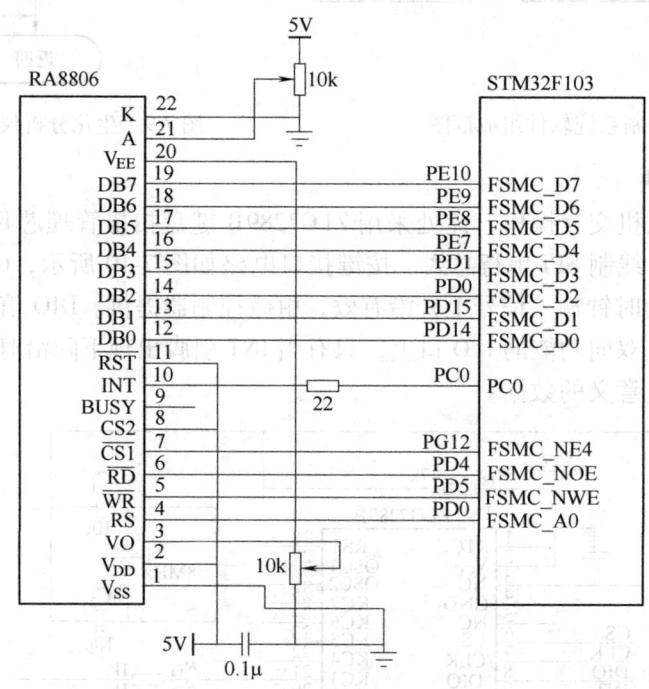

图 7-11　RA8806 引脚连接

在中规模图形液晶显示模块产品中，相当一部分采用 SED1335 作为控制器。单片机是通过控制 SED1335 来完成对液晶模块控制的。单片机可直接通过数据总线与控制信号一起，采用存储器访问形式或 I/O 设备访问形式来控制液晶显示模块。SED1335 有自己的特殊命令，这些特殊命令代码由单片机输入后，控制器就开始执行相应的功能。

SED1335 共有 13 条指令，指令系统包括 2 条系统控制指令（初始化设置和休闲方式设置）、7 条显示操作指令（设置显示状态、显示域、光标形状、显示合成方式、点位移、CGRAM 首址、光标移动方向）、2 条绘图操作指令（光标指针设置、光标指针读取）、2 条存储器操作指令（数据写入和数据读取操作），每条指令后都有若干参数。写程序时要注意顺序问题，先写指令代码，然后再写参数，若指令后的参数很多，可以用参数表的形式给出。

3. 蠕动控制模块

样本和试剂混合反应后，要进入比色池进行测量，现在通用的手段是使用蠕动泵吸取液体进入比色池。蠕动泵用于液体的吸取和排放，提供能使样品在仪器内进行运动的压力，它的作用是代替手工操作时的各种吸管。蠕动泵的机械原理是通过对泵管进行交替挤压和释放来泵送流体，如图 7-12 所示。就像用两根手指夹挤一根充满液体的软管一样，随着手指的移动，管内形成负压，液体随之流动。蠕动泵就是将软管装卡在转子和定子之间，以此达到泵送的目的。工作中，两个滚轮之间的一段泵管形成泵室，泵

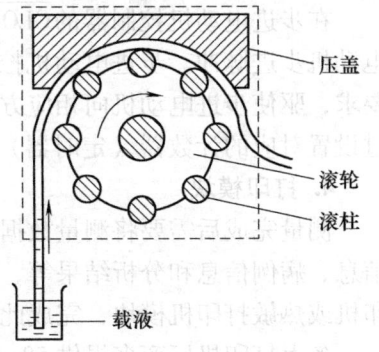

图 7-12 蠕动泵输送原理

室的大小取决于泵管的内径和转子的尺寸。理论流量为泵室的容积、360°内泵室数量和泵速三者间的乘积。拿回转直径相同的泵相比较，产生较大泵室的泵，其转子每转一圈所输送的流体容积也较大，但产生的脉冲较大。相反，产生较小泵室的泵，其转子每转一圈所输送的流体容积较小，但产生的脉冲也较小，快速、连续的泵送可以非常理想地降低脉冲。

蠕动泵的驱动采用步进电动机。步进电动机是一种将电脉冲转化为角位移的执行机构，当步进驱动器接收到一个脉冲信号，它就驱动步进电动机按设定的方向转动一个固定的角度，因此非常适合于单片机控制。可以通过控制脉冲个数来控制角位移量，从而达到准确定位的目的；同时可以通过控制脉冲频率来控制电动机转动的速度和加速度，从而达到调速的目的。由于它没有积累误差，被广泛应用于各种开环控制。

采用专用芯片 L298 作为电动机驱动芯片。L298 是一个具有高电压、大电流的全桥驱动芯片，且带有控制使能端，稳定性好，性能优良。使用 L298N 集成块能充分发挥步进电动机的功能，稳定地驱动步进电动机，且价格不高，故选用 L298N 驱动电动机。使用 L298N 时可以用 L297 来提供时序信号，以节省单片机 I/O 口的使用。步进电动机驱动电路如图 7-13 所示。

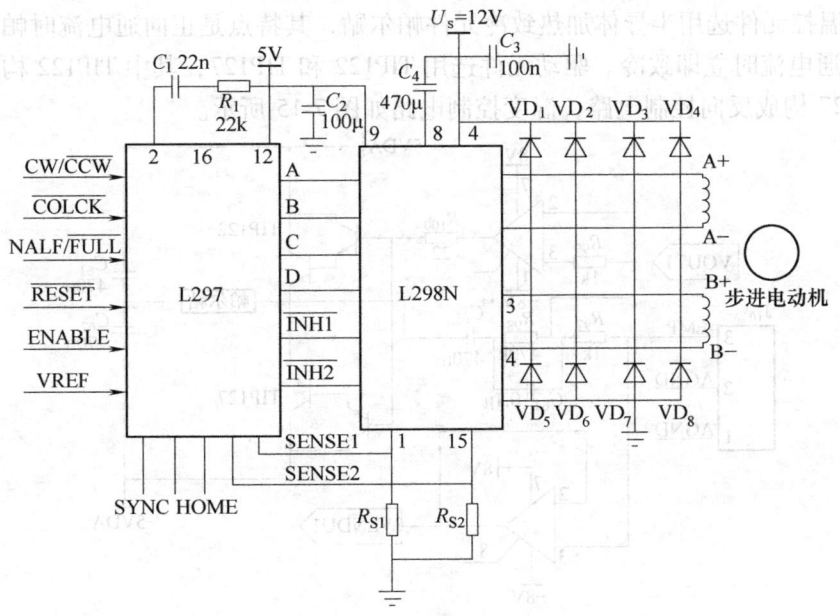

图 7-13 步进电动机驱动电路

在步进电动机控制器的 $\overline{\text{CLOCK}}$ 端给出一个有一定宽度的脉冲信号，即为所需要的步进电动机步进脉冲。步进电动机控制器在得到步进脉冲信号以后，自动根据 CW/$\overline{\text{CCW}}$ 信号的要求，驱使步进电动机向相应方向转动。步进电动机的转速由步进脉冲的频率来控制，并通过设置对应的计数器（定时器）的初始值来改变步进脉冲频率。

4. 打印模块

测量完成后需要将测量数据打印输出，打印内容有数据信息、病例信息和分析结果等，可将数据输出至专用针式打印机或热敏打印机模块，完成此功能。

各大打印机厂商多提供 58mm 热敏打印模块，模块内部元器件采用低功耗小封装，驱动主板集成的高速单片机，集成标准并行接口和标准 RS-232 串行接口，集成中文字库及条码打印功能，打印机最高打印速度最快达 60mm/s，能够满足生化分析仪的打印质量和速度要求。STM32 通过 RS-232 通信模块将打印数据发送至打印机控制器。当打印机控制器接收到数据时，首先要判断是命令字还是字符数据。如果是命令字，则打印机按照命令动作；如果判断为字符数据，则从字库中提取字符点阵，按行打印，然后走纸，如图 7-14 所示。

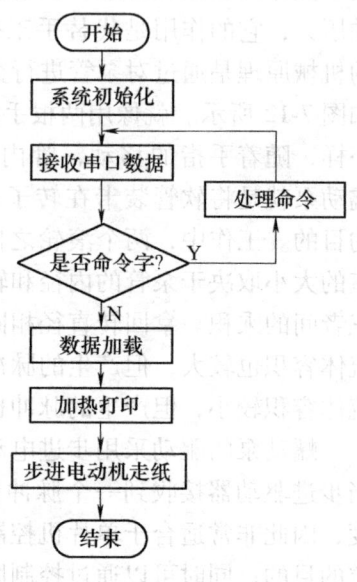

图 7-14 打印机控制程序流程图

5. 温控模块

各类生化反应（尤其是酶类）对温度波动非常敏感，只有在恒定的温度下，才能取得可靠、准确的结果。由于反应液与比色池有迅速的温度交换，因此通过控制比色池的温度就可达到控制反应液温度的目的。系统出于简化电路的考虑，通过 STM32 内部 ADC 读入当前温度所对应的电压值，而 D-A 转换器则选用 TI 公司的 DAC7512。温控元件选用半导体加热致冷元件帕尔贴，其特点是正向通电流时帕尔贴会立即加热；反向通电流时立即致冷。驱动元件选用 TIP122 和 TIP127，其中 TIP122 构成正向控制电路，TIP127 构成反向控制电路，温度控制电路如图 7-15 所示。

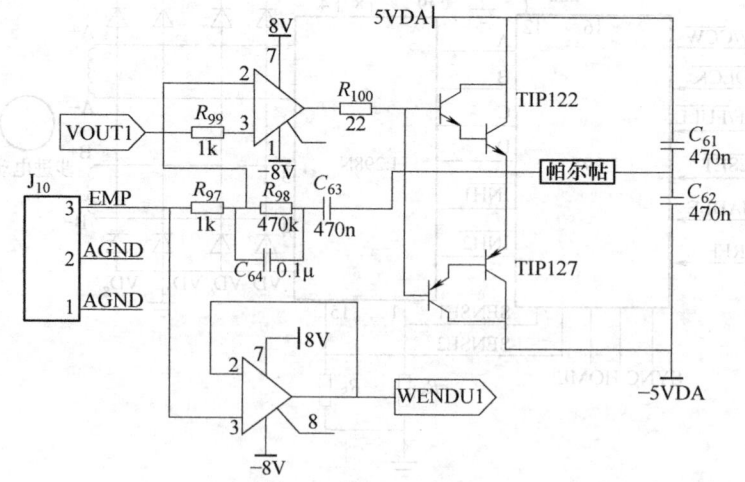

图 7-15 温度控制电路

系统中温度传感器测量得到的电压信号经过信号调理电路后，由单片机内部 A-D 转换出相应的数字量。单片机通过 PID 控制算法，计算出控制量的值，经过 DAC7512 输出模拟量来达到温度控制的目的。

第 8 章 多参数监护仪设计

监护是指测量患者生理及病理状态的生物信号，提取其特征，并及时转变成可视信息，对潜在的危及生命的事件自动报警。其优点是用仪器实时地监护患者，便于医生及时掌握病情和进行治疗，评估治疗方案和药物。集中使用监护仪器组成监护病房，还可以在提高护理质量的同时，减少护士的工作量，降低护士与病员的比例。

监护仪可以分为中央监护仪和床边监护仪，如图 8-1 所示。床边监护仪直接与患者相连，通过电极、传感器获得各种临床相关的生理信息，并通过电缆或者无线装置将信号传输至中央监护仪。中央监护仪放在护士工作站内，通常可以连接和控制 6～12 台床边监护仪，以多道的方式同时显示各床边监护仪送来的信号，也能对各床边监护仪的监护项目进行设置。在发生报警时，中央监护仪能自动储存该时刻前、后一段时间内的相关信号，在需要的时候还可以通过打印机输出相关信号。

监护仪所监护的信号通常为心电、脑电、血压、呼吸、体温、心输出量、血氧浓度、呼气末二氧化碳浓度等。根据临床需要，不同的监护仪可有不同的侧重，并作不同的配置。

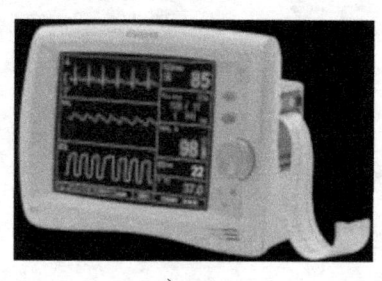
a)

b)

图 8-1　监护仪外形
a）床边监护仪　b）中央监护仪

8.1　监护仪概述

监护仪是医院不可缺少的重要设备，是通过 24h 对各种生理参数的监测及分析，在病人的生理机能参数超出某一数值时发出警报，提醒医护人员或病人家属进行抢救的一种监护系统，是医护人员诊断和治疗及抢救的重要参考指标。监护仪技术正在不断发展和更新换代，可用于医院的多种病房，如手术病房、精神病房、冠心病房、儿科与婴儿护理病房、外伤护理病房、放射治疗机护理病房等。

监护仪功能各异，其具体工作原理也不同，但一般都是通过传感器感应各种生理变化，通过放大器强化信息，再转换成电信息，这时数据分析软件就会对数据进行计算、分析和编辑，最后在显示屏中的各个功能模块显示出来，或根据需要记录、打印下来。当监测的数据超出设定的指标时,监护仪就会激发警报系统,发出信号引起医护人员的注意。

8.1.1 监护仪的意义和作用

1)监护仪是一种以测量和控制病人生理参数,并可与已知设定值进行比较,如果出现超标可发出警报的装置或系统。

2)监护仪与诊断仪器不同,它必须24h连续监护病人的生理参数,检出变化趋势,指出临危情况,提供医生应急处理和进行治疗的依据,使并发症减到最少,达到缓解并消除病情的目的。

监护仪的用途除测量和监护生理参数外,还包括监视和处理用药及手术前后的状况。

3)监护仪可选的生理参数:心率和节率、有创压力、无创压力、中心静脉压、动脉压、心输出量、pH值、体温、呼吸等,还可进行ECG(心电图)/心律失常检测、心律失常分析回顾、ST段分析等。

8.1.2 监护仪的分类

1)根据结构分为4类:便携式监护仪、插件式监护仪、遥测监护仪、HOLTER(24h动态心电图)心电监护仪。

2)根据功能分为3类:床边监护仪、中央监护仪、离院监护仪。

床边监护仪是设置在病床边与病人连接在一起的仪器,能够对病人的各种生理参数或某些状态进行连续的监测,予以显示、报警或记录。它也可以与中央监护仪构成一个整体来进行工作。中央监护仪又称中央系统监护仪,它是由主监护仪和若干床边监护仪组成的,通过主监护仪可以控制各床边监护仪的工作,对多个被监护对象的情况进行同时监护,它的一个重要任务是完成对各种异常的生理参数和病历的自动记录。

离院监护仪(遥测监护仪)是病人可以随身携带的小型电子监护仪,可以在医院内、外对病人的某种生理参数进行连续监护,供医生进行非实时性的检查。

8.1.3 监护仪的测量内容

(1)心电图 心电图是监护仪器最基本的监护项目之一。心电信号是通过电极获得,监护用电极是一次性Ag-AgCl纽扣式电极。

(2)心率 心率是指心脏每分钟搏动的次数。心率测量是根据心电波形测定瞬时心率和平均心率。健康的成年人在安静状态下平均心率平均值是75次/min,正常范围为60~100次/min。在不同生理条件下,心率最低可到40~50次/min,最高可到200次/min。监护仪的心率报警范围:低限为20~100次/min,高限为80~240次/min。

(3)呼吸 呼吸监护是指监护病人的呼吸频率,即呼吸率。呼吸频率是指病人在单位时间内呼吸的次数,单位是次/min。平静呼吸时,新生儿为60~70次/min,成人为12~18次/min。

呼吸监护有两种测量方式:热敏式和阻抗式。热敏式呼吸监护是将热敏电阻放在鼻孔处,当气流通过热敏电阻时,热敏电阻受到流动气流的热交换,电阻值发生改变,从而测得呼吸的频率。人体呼吸运动时,胸臂肌肉交变张弛,胸廓也交替变形,肌体组织的电阻抗也交替变化,呼吸阻抗随肺容量的增大而增大。阻抗式呼吸监护就是根据呼吸阻抗的变化而设计的。监护测量中，呼吸阻抗电极与心电电极合用，即用心电电极同时检测心电信号和呼吸阻抗。

（4）有创血压监护　利用导管插入术来测量和监护动脉血压、中心静脉压、左心房压、左心室压、肺动脉和肺毛细血管楔入压等称为有创血压。有创血压测量在临床上通常有4种方法：

1）用导管或锥形针经皮插入血管，其测量点接近刺入点，导管或针与体外压力传感器相连。

2）导管插入术。它将一根长导管通过动脉或静脉达到测量点，此点可在较大的血管内或心脏中，测量压力传感器置于体外。

3）将压力传感器置于导管头导管顶端直接测出接触点的压力。

4）将压力传感器植入血管或心脏。

此方法必须做手术，一般用于动物实验研究，其优点是能留在血管内做长期测量。

有创血压的监护多用于重症监护病房，虽然操作复杂，病人有一定的痛苦，但它能获得比无创血压更高的精度，一般限于危重病人或开胸手术病人。

（5）无创血压　无创血压监护采用柯氏音检测法，即用充气袖带阻断肱动脉，在阻端压力下降的过程中会出现一系列不同音调的声音，根据音调和时间可以判断收缩压和舒张压。监护时，用传声器作为传感器，当袖带压力高于收缩压时，血管被压扁，袖带下的血液停止流动，传声器无信号。当传声器测到第一柯式音时，袖带对应的压力为收缩压。然后再利用传声器测柯式音从减音阶段到无声阶段，袖带对应的压力为舒张压。

（6）心输出量　心输出量是衡量心功能的重要指标。在某些病理条件下，心输出量降低，会使肌体营养供应不足。心输出量是心脏每分钟射出的血量，它的测定是通过某一方式将一定量的指示剂注射到血液中，经过在血液中的扩散，测定指示剂的变化来计算心输出量。

心输出量的测定有两种方法：Fick法和热稀释法。Fick法是在开放的血液循环中，以氧作为指示剂，由于肺毛细管与肺泡之间的氧交换量与肺血流量成正比，因此可以通过测量肺动脉和肺静脉的氧浓度获得心输出量。

热稀释法是采用冷生理盐水作为指示剂，采用具有热敏电阻的Swan-Ganz漂浮导管作为心导管。热敏电阻置于肺动脉，向右心房注入冷生理盐水，即可计算出心输出量。

（7）体温　体温反映了机体新陈代谢的结果，是机体进行正常功能活动的条件之一。身体内部的温度称"体核温度"，反映头部或躯干状况，一般从口、腋、直肠测量。统计表明，大部分中国人的口腔温度为36.7～37.7℃，腋下温度为36.9～37.4℃，直肠温度为36.9～37.9℃。

（8）脉搏　脉搏是动脉血管随心脏舒缩而周期性搏动的现象，脉搏包含血管内压、容积、位移和管壁张力等多种物理量的变化。

光电容积式脉搏测量在监护测量中应用最普遍。传感器由光源和光电变换器两部分组成，它夹在病人指尖或耳廓上。光源选择对动脉血中氧合血红蛋白有选择性的一定波长，最好用发光二极管，其光谱在610～710nm。这束光透过人体外周血管，动脉充血容积变化时，这束光的透光率改变，由光电变换器接收经组织透射或反射的光，转变为电信号送放大器放大和输出，由此反映动脉血管的容积变化。脉搏是随心脏的搏动而周期性变化的信号，动脉血管容积也周期性地变化,光电变换器的信号变化周期就是脉搏率。

(9) 血气 血气监护主要是指氧分压(PO_2),二氧化碳分压 PCO_2 和血氧饱和度(SpO_2)。O_2 和 CO_2 在血液中以物理溶解和化学结合两种状态存在,正是由于化学结合的存在,才使血液运输 O_2 和 CO_2 的能力大为提高。PO_2 度量动脉血管中的含氧量;PCO_2 度量静脉血管中含二氧化碳量。在 O_2 运输中,O_2 主要与血红蛋白以结合形式存在于红细胞内,溶解的量极微,故每 100ml 血中,血红蛋白结合氧的最大量称氧容量,血红蛋白实际结合的氧量称氧含量,血氧饱和度是氧含量与氧容量之比。

血氧饱和度的监护也是用光电法测量,与脉搏测量采用同一种传感器。血液中 PO_2 高时血液呈鲜红色,PO_2 低时血液呈暗红色。光电变换器呈低通特性,当光线透过 PO_2 不同的血液时,光电变换器接受不同频率的光线,由于光电变换器的低通特性,使不同频率的光线通过光电变换器有不同的灵敏度。通过测量光电变换器的灵敏度,即可测定 PO_2,再根据氧离曲线可测定 SpO_2。

8.2 信号采集硬件

8.2.1 监护仪的基本结构

监护仪是由各种传感器的物理模块和内置计算机系统构成的。各种生理信号由传感器转换成电信号,经前置放大处理后送入计算机进行结果的显示、存储和管理。监护仪中的显示技术包括:数码管(主要用于单参数监护)、CRT 显示器、LCD、EL 显示器、真彩色 TFT 显示器。目前多参数监护仪所采用的主要是 TFT 等离子显示器,显示模式一般为 VGA 模式,分辨率为 640 像素×480 像素以上。多参数监护仪的输入主要包括键盘操作输入和生理信号采集输入,输出主要是显示、打印、数据存储和报警信号。通常的监护仪整体结构如图 8-2 所示。

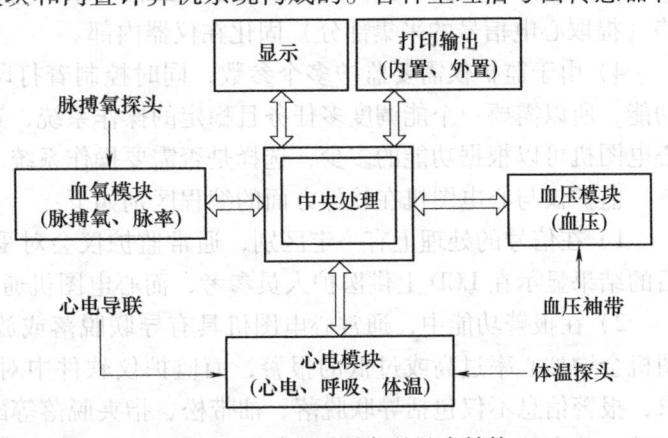

图 8-2 多参数监护仪的基本结构

8.2.2 多参数监护仪的参数测量方法

1. 心电(ECG)的监护

心肌中的可兴奋细胞的电化学活动会使心肌发生电激动,进而使心脏发生机械性收缩。心脏的这种激动过程所产生的闭合动作电流在人体容积导体内流动,并传播到全身各个部位,从而使人体不同表面部位产生电位差变化。心电图(ECG)就是把体表变动着的电位差实时记录下来。

导联是指人体两个或两个以上体表部位之间的电位差随心动周期变化的波形图。目前,临床上所使用的标准心电图机在测量 ECG 时,其肢体电极是安放在手腕和脚腕处,而作为心电监护中的电极则安放在病人的胸腹区域。虽然安放位置不同，但它们是等效的，其定义也是相同的。因此，监护仪中的心电导联与心电图机中的导联是对应的，它们具有相同极性和波形。

通常监护仪具有多种参数的监护，而心电图机只有心电功能的监护。然而监护仪的心电监护部分与心电图机也有一定差别，由于监护仪与心电图机的应用环境不同，决定其使用功能与设计要求有一定的差别。监护仪与心电图机在硬件方面的差别体现在下面几个方面：

1）首先由于监护仪监护参数较多，通常监护仪心电导联线采用5导联线模式，即RA、LA、LL、RL、V，目前也有监护仪采用12导联模式，临场应用较少。而心电图机采用国际标准12导联体系。

2）在信号处理上有一定不同。由于监护仪有多种工作模式，通常为诊断、监护、手术3种模式，而心电图机相对于监护仪只有一种模式。不同模式对信号的频率响应有一定要求，通常诊断模式为0.05~150Hz、监护模式为0.5~55Hz、手术模式为1~20Hz，而心电图机为0.05~150Hz，具体频响的数值不同厂家根据自己机器的特性有一定的浮动。

3）电路板设计中，为了节约空间、简化电路、减少上位机通信接口，通常把心电、呼吸、体温等参数的信号提取电路放在一个电路板上，部分厂家的机器同时包括有创血压、无创血压、血氧参数的提取，各个参数高度集成在一个电路板中，节约资源程序设计较复杂。监护仪的电路设计还有另外一种方式，即每一个模块都是独立的，通过结构连接可以选择不同的功能模块或更换模块，此方法便于监护仪的维护与增加功能。而心电图机则只将采集电路（提取心电信号的采集部分）固化在仪器内部。

4）由于监护仪需要监护多个参数，同时控制着打印、显示、存储、报警、数据分析等功能，所以需要一个能调度多任务且稳定的操作系统，这就需要有一个硬件的系统平台。而心电图机可以根据功能的多少，选择是否需要操作系统。

监护仪与心电图机在软件方面的编程区别如下：

1）在信号的处理上有一定区别，通常监护仪会对采集到的心电数据进行分析，把分析后的结果显示在LCD上供医护人员参考，而心电图机通常不对心电数据进行分析。

2）在报警功能中，通常心电图机具有导联脱落或放大器饱和等信息的报警，部分心电图机会增加心率过高或过低的报警，而监护仪软件中对报警状态以及报警响应时间都有要求，报警信息不仅包括导联脱落、袖带松、指夹脱落等配件连接信息，还有不同的心率失常报警，心率、血压、血氧、体温、呼吸值超过预设值后的报警，并要求软件可以设置报警级别，高级别报警提示要求具有声光提示。从产生报警到报警信息响应的时间间隔有严格的要求。

3）监护仪的心率计算是心电监护仪软件算法中的重要部分，软件程序通常通过寻找正确的R波来计算心率。在监护仪使用过程中，起搏信号、噪声信号、高频干扰脉冲等信号的部分特征通常与R波的形态比较相近，容易引起心率的计算误差，如何准确地得到R波形显得尤为重要。监护仪与心电图机的报警不仅在软件中有区别，在硬件中也区别很大，由于监护仪与心电图机使用环境的不同，要求监护仪报警声音清晰，还要有不同的报警音来区分是生理报警还是技术报警，故心电图机的报警提示音通常使用蜂鸣器，单片机通过GPIO的高、低电平变化使蜂鸣器发出响声。而监护仪则采用扬声器，通过单片机的D/A引脚输出声音信号，经功率放大器放大后通过扬声器输出。

利用 10 个电极获得 12 导联是目前用于分析、识别或确认心律失常、心肌缺血等疾病的医疗标准，是心电图机的标准配置。监护仪一般都能监护 3 或 7 个导联，可同时显示其中一个或两个导联的波形，并可直接显示心率。功能强大的监护仪可监护 12 导联 ECG；可对波形做进一步分析，提取出 ST 段波形和心率失常事件。

心电监护时的电极安放位置和测量心电图时有所不同。如图 8-3 所示，RA、LA 分别对应右上肢和左上肢，置于胸骨两侧第一或第二肋间。RL、LL 分别对应右下肢和左下肢，置于腋前线的剑状软骨水平，V 对应胸导联，这是因为肢体导联作监护用时显得非常不方便，尤其是对具有运动能力的病人。这些导联组成 3 个单极肢体导联、3 个双极肢体导联和一个胸导联，得到 7 个导联信号。

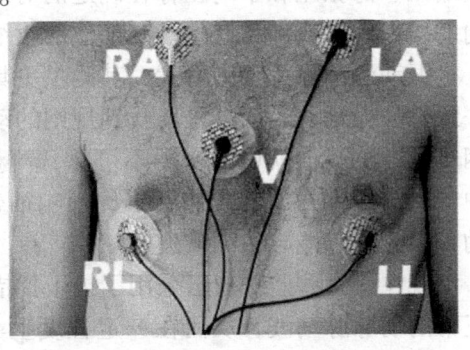

图 8-3　心电监护时的电极安放位置

监护仪 ECG 并不能完全替代标准心电图机，因为目前的多参数监护的 ECG 波形一般不能提供更细微的波形图，细微结构诊断能力还不是很强。这主要是由于两者的目的不同，监护仪的目的主要是长时间、实时地监测病人的心率情况，而心电图机的结果是在特定条件下，短时间的测量结果，前者的测量条件是十分恶劣的，而后者在测量时有较好的条件。所以两种仪器的测量电路中放大器的通频带不一样，通常心电图机的通频带要高于或等于监护仪的诊断模式下的通频带。

心电信号是一种很微弱的电信号，很容易受到外界的干扰。监护仪在产品设计时，充分考虑并采取了一些抗干扰措施，但有些干扰仍旧不可克服。

1) 肌电干扰。粘贴在心电极片下的肌肉收缩时，产生的肌电信号会对心电信号产生干扰，因为这类干扰和 ECG 信号的频谱带宽相同。

2) 运动干扰。病人的活动会引起 ECG 信号的变化，影响程度取决于活动的幅度和频率，如果在心电放大器带宽内，仪器很难克服。

3) 电极接触干扰。从人体到 ECG 放大器的通路上任何干扰都会造成强烈的噪声，可能会使 ECG 波形变得模糊不清，主要原因是电极与病人的皮肤接触不良。仪器应有良好接地，这样可抗干扰又能保护病人和操作者的安全。

4) 高频电刀的干扰。当手术中使用高频电刀或电凝时，加在病人身体上的电能量所产生的电信号幅值远远大于心电信号，频率成分十分丰富，易使心电放大器到达饱和无法观察正常的 ECG 波形。监护仪标准中的抗高频电刀干扰部分中要求，高频电刀撤消后 5s 内，监护仪应恢复正常状态。

2. 无创血压（NIBP）监护

监护仪在测量血压时一般分手动和自动测量，可以根据需要设定。血压就是指血液对血管壁的压力，心脏每一次收缩与舒张过程中，血流对血管的压力也随之变化，而且动脉血管与静脉血管内的压力也不相同，不同部位的血管压力也不同。临床上以人体上臂与心脏同高度处的动脉血管内对应心脏收缩期和舒张期的压力值表征人体血压，分别称为收缩压（高压）和舒张压（低压）。人体的动脉血压是一个易变化的生理参数，与人的心理状态、情绪状态、运动的姿态和体位有很大关系。

振动法是测量血压的方法。它的原理是利用袖带充气到一定压力时完全压迫动脉血管并阻断动脉血流,然后随着袖带压力减小,动脉血管将出现:完全阻闭→渐开→全放开的变化过程。在全过程中,动脉血管壁的搏动将在袖带内的气体中产生气体振荡,这种振荡与动脉收缩压、舒张压和平均压存在确定的对应关系。因此通过测量、记录和分析放气过程中袖带内的压力振动波即可获得被测部位的收缩压、平均压和舒张压。

振动法消除了人为因素,其测量更具客观性和可复性,如果保证测量条件,也有很高的一致性。振动法的前提是要找到规则的动脉压力脉动。如果测量的条件使这种检波方式发生困难时,测量值就可能变得不可靠,测量时间也会增加,甚至测量不出来。例如:在测量中,由于病人的运动或外界干扰影响袖带内的压力变化时,仪器将无法测到规则的动脉波动,因此就可能导致测量失败。

现在,有些监护仪已采用了抗干扰措施,如采用阶梯放气法,由软件来自动判断干扰与正常的动脉脉动波,从而在一定程度上具有抗干扰能力,但是若干扰太严重或持续时间太长,这种抗干扰措施也无能为力。所以,在无创血压监护过程中,应尽量保证有良好条件,同时注意袖带尺寸的选择、放置的部位和捆绑的松紧度。

3. 动脉血氧饱和度(SpO_2)监护

氧是人生存的第一生存条件,血液中的有效氧分子是通过与血红蛋白(Hb)结合形成氧合血红蛋白(HbO_2)而被输送到全身各组织中。用来表征血液中氧合血红蛋白比例的数值称为氧饱和度。定义式为:$HbO_2/(HbO_2+Hb)$。监护时血氧饱和度探头夹在手指上。测量是根据血液中血红蛋白和氧合血红蛋白对光的吸收特性不同,通过采用两种不同波长的红光(660nm)和红外光(940nm)分别透过组织后再由光电接收器转换成电信号。上壁固定了两个并列放置的发光二极管(LED),发出波长为660nm的红光和940nm的红外光。下壁有一个光电检测器,将透射过手指动脉血管的红光和红外光转换成电信号,它所检测到的光电信号越弱,表示光信号穿透探头部位时,被那里的组织、骨头和血液等吸收掉的越多。而皮肤、肌肉、脂肪、静脉血、色素和骨头等对这两种光的吸收系数是恒定的,因此它们只对光电信号中的直流分量大小产生影响。但是血液中的 HbO_2 和 Hb 浓度随着血液的脉动作周期性改变,因此它们对光的吸收也在脉动地变化,由此引出光电检测器输出的信号强度随血液中 HbO_2 和 Hb 的浓度变化脉动地改变,即可得出 S_PO_2 值。

光电信号的脉动规律和心脏的搏动一致,因此检测出信号的重复周期,还能确定出脉率。该方法能测量动脉血中的血氧饱和度,测量的必要条件是要有脉动的动脉血流,临床上在有动脉血流而且组织厚度较薄的位置安放传感器,如手指、脚趾、耳垂等部位。

会使血氧饱和度测量受到限制的原因:被测部位出现剧烈运动时,将会影响规则脉动信号的提取,而无法进行测量;病人的末梢循环严重不畅时,会导致被测部位的动脉血流减小,将使测量不准或无法测量;严重失血病人,测量部位体温较低时,外界强光照射到探头上,可能会使光电接收器的工作偏离正常范围,导致测量不准确,应尽量避免强光对探头的照射。

4. 呼吸(Resp)监护

呼吸监护包括监测呼气容量、气道压力、呼吸频率以及呼气末二氧化碳分压。呼吸监护仪多以风叶作为监控呼吸容量的传感器,呼吸气流推动风叶转动,用红外线发射和接收元件探测风叶转速,经电子系统处理后显示潮气量和分钟通气量。气道压力检测利用放置在气道中的压电传感器检测。这些检测需要在病人通过呼吸管道进行呼吸时才能测得。呼气末二氧化碳分压的监护也需要在呼吸管道中进行，而呼吸频率的监护不必受此限制。呼吸频率是患者在单位时间内呼吸的次数，平静呼吸时，新生儿为60~70次/min，成人为12~18次/min。呼吸频率在监护中有热敏式和阻抗式两种测量方法。

（1）热敏式呼吸测量　将热敏电阻放在鼻孔处，呼吸气流与热敏电阻发生热交换，会改变其电阻值。对于换热表面积为A，温度为T的热敏电阻，当鼻孔内呼吸气流的温度为T_f时，热敏电阻上的对流换热量为

$$Q = \alpha (T - T_f) A \tag{8-1}$$

其中，α是表面传热系数，它受呼吸流速、黏性等多种因素的影响。T_f与人体温度接近，且恒温。若呼吸流速大，则对流换热量Q就大，热敏电阻温度T变化也较大。

热敏电阻多数用半导体材料，一般用金属氧化物（如Ni、Mn、Co、F、Cu、Mg、Ti的氧化物）和单晶掺杂半导体（SiC）等。热敏电阻具有负阻特性，即

$$R_T = R_0 e^{a\left(\frac{1}{T} - \frac{1}{T_0}\right)} \tag{8-2}$$

R_0是温度T_0时的电阻值，α是常数。T越高，R_T就越小。当鼻孔气流周期性地流过热敏电阻时，热敏电阻值也周期性地改变。根据这个原理，将热敏电阻接在惠斯顿电桥的一个桥臂上，就可以得到周期性变化的电压信号，电压周期就是呼吸周期，因此经过放大处理后可以得到呼吸率。

由于热敏电阻测量的是气体的流速，如果将热敏电阻丝置于呼吸通道内，呼吸通道的直径已知，那么就可以测算出呼吸流量或潮气量。

（2）阻抗式呼吸测量　多参数监护仪中呼吸测量大多是采用胸阻抗法。人在呼吸过程中的胸廓运动会造成人体体电阻的变化，变化量为0.1~3Ω，称为呼吸阻抗。监护仪一般是通过ECG导联的两个电极，用10~100kHz的载频正弦波恒流向人体注入0.5~5mA的安全电流，从而在相同的电极上拾取呼吸阻抗变化的电信号，这种呼吸阻抗的变化图就描述了呼吸的动态波形，并可提取呼吸频率参数。

人体是一个大的生物导电体，其组织和器官对高频电流呈现一定的阻抗。当人体做呼吸运动时，其胸部组织阻抗的变化与肺容积的变化之间存在着比较好的关系曲线，通过对人体胸腔输入一定频率、一定大小值的恒定电流，检测出两端电压的变化，即可得到对应的呼吸阻抗变化信号。若通以直流，则组织中的容抗为无穷大，电流全部流过电阻；若通以高频电流，则组织中的容抗较小，电流多数通过电容。因此，不同频率的电流流过细胞分量各不相同，各种组织在不同频率下的介电常数阻抗值见表8-1。

表8-1　各种组织在不同频率下的介电常数和阻抗

组织名称	$\varepsilon/$（S/m）			$\omega RC/\Omega$		
	0.1kHz	1kHz	10kHz	0.1kHz	1kHz	10kHz
肺	450	90	30	0.02	0.05	0.13
肝	900	150	50	0.04	0.05	0.17
肌肉	800	130	50	0.04	0.06	0.21
心肌	800	300	100	0.04	0.15	0.32
脂肪	150	50	20	0.01	0.03	0.15

人体呼吸运动时，胸壁肌肉交变弛张，胸廓也交替变形，肌体组织的电阻抗也交替变化，呼吸阻抗（肺阻抗）与肺容量成正比关系。阻抗式呼吸测量是根据肺阻抗的变化而设计的。监护测量中利用心电电极同时检测心电信号和呼吸阻抗，以 RA 和 LA 两个电极之间的阻抗作为待测阻抗，Z_x 接在惠斯顿电桥的一个桥臂上。电桥的供电电源（u）采用 20~100kHz 的高频电源。这种电源的频率不会引起心脏的刺激作用，而且在这种频率下人体阻抗呈较好的电阻特性。图 8-4 所示为阻抗式呼吸测量的原理。

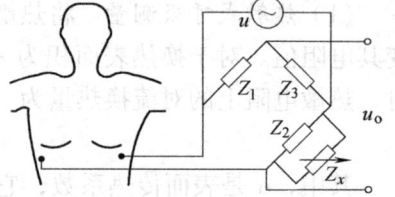

除了电桥法以外，还可以用调制法、恒压源法和恒流源法测量呼吸阻抗。呼吸阻抗是容性的，对电桥静态平衡调节较困难，而呼吸阻抗会随时间变化，要经常进行平衡调节。恒流源法将高频恒定的电流通过电极直接加到患者的胸壁上。由于呼吸阻抗的周期变化，两电极之间的电压也周期性地变化，经滤波、放大后可描记呼吸曲线，呼吸曲线反映呼吸频率和深度，进而也可以分析潮气量等。

图 8-4　阻抗式呼吸测量的原理

图 8-5 为阻抗法电路结构框图，图中的 LL 和 RA 分别代表心电电极中的左腿和右臂电极。高频激励脉冲发生电路将高频激励脉冲电压通过心电电极加于人体上，而两电极之间由于呼吸产生的阻抗变化所引起的电信号变化经过解调及放大和滤波电路以后得到呼吸信号。为了保证病人的电气安全，呼吸信号要通过光电隔离电路耦合，与病人相连的电路部分采用 DC/DC 隔离电源供电。

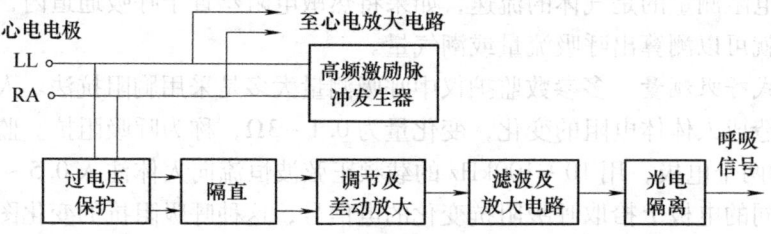

图 8-5　阻抗法电路结构框图

高频激励电压电路如图 8-6a 所示。由 555 产生 125kHz 方波信号，由 D 触发器对方波信号进行二分频，由于供电电压是 ±8V，得到 ±8V 的 62.5kHz 方波。在方波的每个周期中，C_3 和 C_4 通过 LL 和 RA 之间的人体电阻（即呼吸阻抗 R_b）及 R_3 和 R_4 这两个固定电阻进行充放电。取 $R_3 = R_4 = 152\text{k}\Omega$、$C_3 = C_4 = 220\text{pF}$，可以得到如图 8-6b 所示的等效电路。图 8-6b 中，R_b 是人体阻抗，在 62.5kHz 附近频带，人体阻抗呈近似纯电阻特性，达 1~10kΩ 量级。图中电路的时间常数 τ 为 35μs，而方波的周期 T 为 16μs，故每次充放电过程都不完全，电容上的电压波形近似三角波的形状。

考虑到 $R_b \ll R$，而且 R_b 相对于触发器输出端的信号来说是缓变信号，可以证明每一瞬间 B_1 点与 B_2 点的电位差的绝对值 $U_B(t)$ 与 R_b 成正比。如果能够取得 $U_B(t)$ 的波形，就可以得到呼吸阻抗的变化波形即呼吸波，这样人体呼吸阻抗的信息已经包含在 $U_B(t)$ 的幅值中了。把这个信息取出来，就是信号解调电路要实现的功能。

胸廓的运动、身体的非呼吸运动都会造成人体电阻的变化。当这种变化频率与呼吸通道的放大器的频带同宽时，监护仪就很难分辨正常的呼吸信号和干扰信号。当病人出现剧烈、持续的身体活动时，呼吸率的测量就会不准。

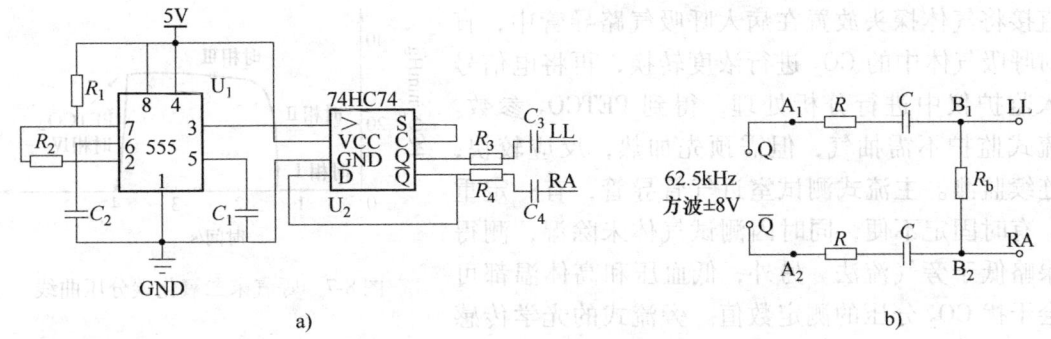

图 8-6 高频激励电压电路
a) 电压发生电路 b) 等效电路

5. 体温（Temp）监护

多参数监护仪体温的测量一般多采用负温度系数的热敏电阻作为温度传感器，利用的是热敏电阻的阻值随温度变化而变化的特性。监护仪一般提供单道体温，高档监护仪可提供双道体温。体温探头有体表探头和腔内探头两种。在进行体表温度测量时，注意保持传感器与病人体表接触良好，若没粘贴牢或病人活动使传感器与皮肤之间有间隙，则可能造成测量值偏低。

体温测量电路可以采用恒流或恒压的方式，把人体温度引起的体温探头的阻值变化转化为线性的电压变化，根据 A-D 转换的数据计算出体温探头的阻值，再根据探头阻值与温度对照关系查表计算出人体温度，体温检测范围为 0～50℃，精度为符 ±0.2℃。

在给病人测量体温时，被测部位与探头存在热平衡。开始安放时，由于传感器还没有完全与人体温度达到热平衡，此时显示的温度不准确，必须经过一段时间（3～5min）达到热平衡之后，才能真正反映实际温度。

6. 呼气末二氧化碳（$PETCO_2$）监护

呼气末二氧化碳是麻醉患者和呼吸代谢系统疾病患者的重要监护指标。呼气末二氧化碳浓度（$ETCO_2$）或分压（$PETCO_2$）除了可以用于通气监测外，还能反映循环功能和肺血流情况，是麻醉监测中不可缺少的监测指标。

组织细胞代谢产生二氧化碳，经毛细血管和静脉运输到肺，在呼气时排出体外，体内二氧化碳产量（VCO_2）和肺通气量（VA）决定肺泡内二氧化碳分压（$PACO_2$），即 $PACO_2$ = $VCO_2 \times 0.863/VA$。其中 0.863 是气体容量转换成压力的常数。CO_2 的弥散能力强，极易快速透过肺毛细血管进入肺泡，使 $PACO_2$ 和肺动脉 CO_2（$PACO_2$）完全平衡。因此测定 $PACO_2$，即 $ETCO_2$ 可了解 $PACO_2$，但在病理状态下，肺泡通气与肺血流（V/Q）及分流（Qs/Qt）会发生变化，$ETCO_2$ 不能代表 $PACO_2$。

呼气 CO_2 压力曲线有 4 个时相，曲线如图 8-7 所示。时相Ⅰ是呼气的开始部分，代表装置和解剖死腔内的气体，其形态与吸气时无区别，应在零位。时相Ⅱ表示肺泡进行性排空过程中 $PACO_2$ 的快速增加，为肺泡和无效腔的混合气。时相Ⅲ代表肺泡内气体的清除，呈平台形，正常人肺在此时相几乎保持一个水平，且其最高点即为 $PETCO_2$。时相Ⅳ中 CO_2 分压迅速而陡直下降至基线，新鲜气体进入气道。

CO_2 的主要测量方法是红外吸收法，主要依据是不同浓度的 CO_2 对特定红外光的吸收程度不同。CO_2 监护主要有主流式（main-stream）和旁流式（side-stream）两种。主流式监护是直接将气体探头放置在病人呼吸气路导管中，直接对呼吸气体中的 CO_2 进行浓度转换，再将电信号送入监护仪中进行分析处理，得到 $PETCO_2$ 参数。主流式监护不需抽气，但需预先加热，反应较快，可连续监测。主流式测试室近气管导管，有一定重量，有时固定不便，同时因测试气体未除湿，测得结果略低于旁气流法。另外，低血压和高体温都可能会干扰 CO_2 分压的测定数值。旁流式的光学传感

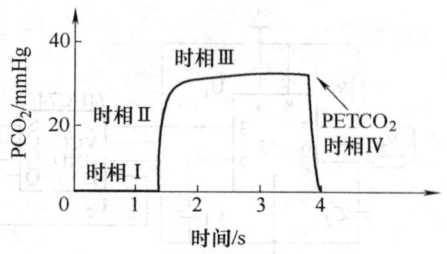

图 8-7 呼气末二氧化碳分压曲线

器是置于监护仪器内，由气体采样管实时抽取病人呼吸气体进入监护仪中进行浓度分析。此法可以连续监测，一般所需分析气体量 50～200ml/min，反应时间约为 85ms，需有除湿装置。

CO_2 能吸收 4.3μm 波长的红外线，CO_2 的浓度 C 以显函数表示为

$$C = \frac{1}{aL} \ln \frac{P_0(\lambda_1)}{P(\lambda_1)} \tag{8-3}$$

式中 λ_1 ——本征吸收光谱区波长，常选用 4.3μm（选 $\lambda_1 = 4.3$μm 能用于麻醉剂的监测）；

a ——单位被测气体浓度对 λ_1 波长光的单位行程的吸收系数；

L ——单色光在吸收气体媒质中传播的距离；

$P(\lambda_1)$ ——测量光路探测器检测到的光强的响应；

$P_0(\lambda_1)$ ——气体浓度为零时的响应。

因 a 又是气体浓度的函数，故式 (8-3) 只用于窄浓度范围。这样，在呼出气体通路上，一侧用红外光照射，另一侧用一传感器测出所接受红外光的衰减程度，就可测出 CO_2 的浓度。

采用主流式 CO_2 监护时应注意的问题：因 CO_2 传感器是一种光学器件，在使用中应注意避免病人分泌物等对传感器的严重污染。旁流式 CO_2 监护仪一般带有气水分离器，可将呼吸气体中的水分去掉。注意经常检查气水分离器是否有效工作，否则气体中的水分会影响测量的准确度。

8.3 核心控制系统设计

8.3.1 芯片选择

本系统的核心是数据处理模块，它主要完成对波形的软件滤波，并通过计算得到所需的生理参数，其运算量较大，软件设计较复杂，而信号采集模块要分时采集两路信号，并进行放大、滤波和 A-D 转换，为简化硬件电路的设计和软件系统的编写，采用两级 CPU 的设计方案，信号采集模块采用 TI 公司的 16bit 单片机 MSP430F149，数据处理模块采用 Samsung 公司的 ARM 芯片 S3C2410。

MSP430F149 具有正常工作模式和 4 种低功耗工作模式，它的集成度非常高，单片集成了多通道 12bit 的 A-D 转换、片内精度比较器、多个具有 PWM 功能的定时器、斜边 A-D 转换、片内 UART、看门狗定时器、片内数控振荡器（DCO）、大量的 I/O 端口以及大容量的

片内存储器，单片 MSP430F149 即可以满足绝大多数应用的需要，MSP430F149 具有丰富的片内外设，是一款性价比很高的单片机，它不仅极大地简化了系统硬件电路，还大大地提高了系统的性价比，其极低的功耗非常适合本系统的应用环境，本系统就是利用此单片机内置的 A-D 转换单元完成信号的转换，并通过片内的串口与其他模块通信。

S3C2410 微处理器是 Samsung 公司专为便携式设备提供的高性能及高性价比的微控制器，采用基于 ARM 9 的内核，主频高于 203MHz，片上资源丰富，扩展了一系列完整的通用外围器件，使系统成本及外围器件数目降至最低，这些功能部件主要包括 CPU 单元、系统时钟管理单元、存储单元和系统功能接口单元，它可用于接口、GPRS 通信、个人数字处理。它具有核心标准的 32MB NOR Flash、16MB NAND Flash 及 64MB SDRM，可稳定运行 Linux、WinCE、VXwork 等嵌入式实时操作系统，可以配置彩色显示器与触摸屏。本系统中，S3C2410 完成波形数据的处理和计算、驱动 LCD 等功能。

S3C2410 采用 ARM 公司研制的非常先进的 ARM920T 内核，ARM920T 实现了 MMU、AMBA BUS 和 Harvard 高速缓冲结构。这一结构具有独立的 16KB 指令 Cache 和 16KB 数据 Cache，每个都由 8 字长的行构成。

ARM 共有 37 个 32bit 寄存器，其中 31 个是通用寄存器，6 个是状态寄存器，但在同一时间，并不是所有寄存器都可见。某一时刻存储器是否可被访问是由处理器当前的工作状态和工作模式决定的。

ARM 状态寄存器系列中含有 16 个直接操作寄存器 R0~R15，除了 R15 外其他都是通用寄存器，可用来存放地址或数据。Thumb 状态寄存器是 ARM 状态寄存器的一个子集，可以直接操作 8 个通用寄存器 R0~R7，同样而可以这样操作程序计数器、堆栈指针寄存器、链接寄存器和 CPSR。

ARM920T 将存储空间视为从 0 开始由字节组成的线形集合，字节 0~3 中保存了第一个字，字节 4~7 中保存了第二个字，依次类推，ARM920T 对存储的字，可以按照小端或大端的方式对待。在大端格式中，字数据的高字节存储在低地址中，而字数据的低字节则存放在高地址中。小端格式，与大端存储格式相反，低地址存放的是字数据的低字节，高地址存放的是字数据的高字节。

S3C2410 采用 BGA 封装，总共有 272 只引脚。S3C2410 除去电源、地线、地址总线、数据总线和通用 I/O 口，以及其他的专用模块接口，剩下的引脚主要是控制信号，需要认真仔细分析。

在硬件电路系统的设计当中，应当注意芯片引脚的类型，S3C2410 的引脚主要分为 3 类，即输入（I）、输出（O）、输入/输出（I/O）。输出类型的引脚主要用于 S3C2410 对外设的控制或通信，由 S3C2410 主动发出，这些引脚的连接不会对 S3C2410 自身的运行有太大影响。输入/输出类型的引脚主要是 S3C2410 与外设双向数据传输通道。还有某些输入类型的引脚，其电平信号的设置是 S3C2410 本身正常工作的前提，在系统设计时必须认真处理。

8.3.2 系统硬件电路设计

1. 信号采集电路的硬件设计

医用监护仪具有以下几个方面功能：测量功能、分析功能、报警功能、打印功能、网络通信功能等。6参数模块通过导联端、光手指、袖带获得人体的心电、无创血压、血氧、脉率、呼吸、体温6项参数信号，通过串口通信方式与以ARM9为内核的嵌入式处理器相连，数据从串口送到ARM9中央处理器，通过多任务调度进行实时数据处理，并在LCD上实时显示各种信号的图形和数值。还可以由外部键盘控制，进行存储和网络发送，并对各种检测信号设置报警线，对超出报警范围的检测情况进行报警。信号采集模块的硬件结构如图8-8所示。

本系统中因采用了集成度很高的单片微控制器MSP430，所以系统的外围电路设计相对简单。信号采集硬件电路主要包括前端模拟电路、光源控制电路、电平转换电路和光电隔离电路，如上所述，模拟信号通过MSP430内置的A-D转换成数字信号，前端模拟电路采用两级放大和低通滤波完成对信号的处理，光源控制电路通过双脉冲驱动电路依次点亮红光和红外光发光二极管实现对脉搏波的光电测量。为增强系统的安全性，

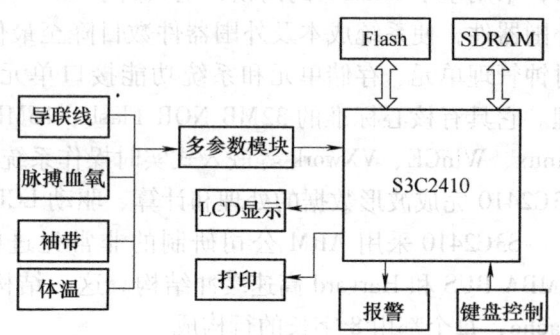

图8-8 多参数监护仪硬件结构图

系统采用专门的光电隔离电路实现电气隔离，以保证使用仪器时人体的绝对安全，温度测量部分采用美国DALLAS公司的DS18B20高精度数字温度传感器，该传感器采用单线接口，可直接把采集结果以9bit数字量方式串行传送到MSP430F149中，由此可计算得到温度值。本模块电路如图8-9所示。

2. 数据处理模块的硬件设计

数据处理模块的核心是ARM芯片S3C2410，本系统要采集的信号较多，需存储的数据量大，系统应用S3C2410存储单元设计了3层存储体系结构：片内Cache、片外主存和片外辅存，另外还有存储启动代码的线性Flash，具体设计如图8-10所示。S3C2410集成了大量应用资源，系统设计利用了其内部的

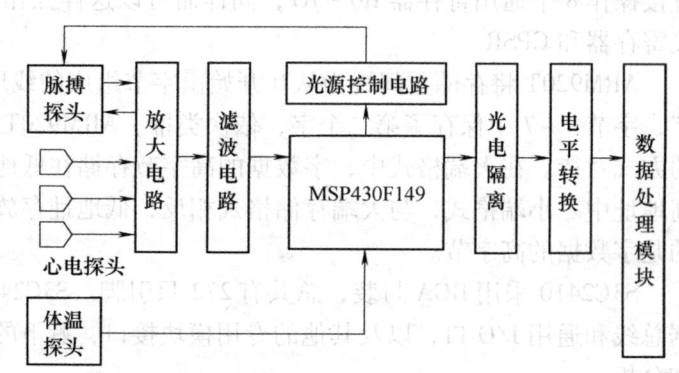

图8-9 信号采集模块的硬件结构

LCD控制器和串行通信UART接口，简化了外围电路设计。

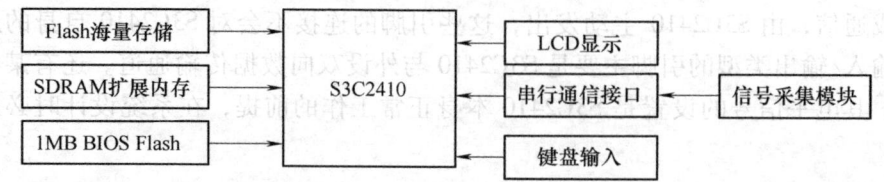

图8-10 数据处理模块硬件连接图

完整的监护仪硬件组成包括下面几个模块：电源模块、数据采集模块、打印模块、按键处理模块、LCD显示模块、核心处理模块。

(1) 电源模块　由于监护仪功能模块较多，需要单独的电源模块来管理各功能模块的供电。电源管理模块通常位于机箱的后部，提供独立的 DC 电源，为其他模块提供工作电力。市电经过变压器或开关电路降压后输入电源模块，在没有市电输入的情况下可以依靠监护仪随机携带的电池（通常输入 DC12V）来维持仪器的正常工作，并且在交流电提供的状态下对电池进行充电、维护及管理。由于采用变压器降压工作，而且变压器与电源模块主板有完善的电气隔离措施，所以使监护仪的使用与维修更加安全可靠。模块提供的直流电源还可以由其他相应的模块控制开启与关闭，用来延长电池组的工作时间。

(2) 数据采集模块　数据采集模块用于实时采集病人的信号。病人的生理活动以电信号的形式被电极片或传感器（包括温度传感器、压力传感器、红外传感器）采集后进行放大、整形与数字滤波，送入 A-D 转换器中，将 ECG、SPO2、NIBP、TEMP、RESP（也可扩展 IBP、CO_2、CO）等信号转换为数字信号，之后送入核心处理模块进行数据的分析与处理。数据采集模块内部分为隔离区与非隔离区域，隔离区的工作电源采用互耦变压器进行耦合，隔离区域与非隔离区域以及数据采集模块与核心处理器模块之间采用光耦合器件进行隔离，确保病人的安全。可以把各生理信号的检测放在一个电路板中通过 A-D 转换后传输给核心处理模块，也可以把不容易集成的生理信号采集单独做成外接的功能模块，比如在监护仪中预留出 IBP、CO_2、CO 等采集功能的接口，需要时直接插上相应的功能模块，该功能模块内部集成的传感器、数据放大电路、A-D 转换电路、隔离电路等，通过预留的数据接口把数字信号传输给核心处理板进行计算显示。

(3) 打印模块　打印模块包含打印机、驱动电路、CPU。CPU 采用 LPC213×系列单片机，通过串口接收核心处理器模块发送过来的位图数据，以及打印控制命令（包括走速、开启/停止打印等），控制打印机加热及步进电动机起动/停止。由于有时需要打印病人的病例信息、仪器的参数设置，所以需要 CPU 有相对较大的 Flash 空间用于存储汉字表格等信息；由于要打印的心电波形数据量较大，则要求 CPU 有较高的处理速度。

(4) 按键处理模块　根据监护仪核心处理模块中核心芯片的使用情况，及处理速度的要求，可以把按键处理模块放在核心处理模块中，也可以做成独立的功能模块，只需要与核心处理模块的串口连接，把得到的键值传输到核心芯片即可。

把按键电路放到核心处理模块中，优点是可以省去电路板的空间，方便结构设计，节约核心芯片的数据接口。缺点是占用核心芯片的 I/O 接口，且由于要计算按键键值，会增加核心芯片的负担。

由于核心芯片要控制 LCD 显示，通常把按键处理部分单独做成独立的模块。按键板中的 CPU 通过查询或者中断等方式判断按键的按下、抬起。预先把不同的功能键编码，通过按键检测程序，得到真正的键值（用户操作），再通过与核心处理模块相连接的串行接口，把相应功能键的键值传输到核心芯片。

(5) LCD 显示模块　核心芯片功能强大，自带 LCD 控制器，可以很方便地控制驱动扫描式接口的 LCD 显示，其包含 LCDCON1、LCDCON2、LCDCON3、LCDCON4、LCDCON5 等寄存器，在实际设计中根据显示设备的具体信息正确配置寄存器完成 LCD 的信息、控制时序、数据传输格式等配置，来控制不同的 LCD。核心芯片与 LCD 的连接信号线主要有：

1) VFRAME：LCD 控制器和驱动器之间的帧同步信号。

2) VLINE：LCD 控制器和 LCD 驱动器之间的线同步脉冲信号。

3）VCLK：LCD 控制器和 LCD 驱动器之间的像素时钟信号。

4）VM：LCD 驱动器的 AC 信号。VM 信号被 LCD 驱动器用于改变行和列的电压极性，从而控制像素点的显示和熄灭。VM 信号可以与每个帧同步，也可以与可变数量的 VLINE 信号同步。

5）VD［23：0］：LCD 像素数据输出端口，RGB 信号线。

（6）核心处理模块　核心处理模块通过与其他功能模块的数据接口，接收相应的数据，比如通过与数据采集模块相连的串行通信口接收心电、血压、血氧、呼吸、体温等数字信号；通过与按键处理模块相连的串行通信口接收键值，根据键值的功能完成相应的响应；比如波形的显示及打印等。由于核心芯片需要完成整个系统的调度，为了更好地利用资源，提高处理速度，通常由数据采集模块的 CPU 完成采集数据的滤波计算。

8.3.3　系统软件设计

本系统的工作过程为：用户通过按键选择需要实现的功能，ARM 处理器接收到命令后，通过串口向 MSP430 单片机发送采集相应信号的命令，单片机完成采集后再通过串口将采集到的数据发送到 ARM 处理器，进行数据处理。

首先运行系统、存储器及 I/O 端口的初始化程序，随后进入主程序，采用外部中断方式，判断是否有键输入，若有，则调用键盘控制子程序识别所按下的键，根据键盘的控制执行相应的任务；若无，则调用串口读入程序，采集心电、血氧、血压等数据，并判别所采集数据的类型，存入不同地址的 SDRAM 中，并依次分类进行处理，处理完毕判断是否超越各自的报警限，若是则调用报警程序和显示程序，否则直接调用显示程序。这样各种数据就被实时地采集进来，并在 LCD 上显示测试数值和心电、呼吸波形。其中测试数值按每分钟存储，按翻页键可以调出相应的存储波形并进行显示，根据打印和网络命令进行打印和网络命令处理等。程序主要用 C 语言编写。

本监护系统是一个复杂的多任务系统，为了实现系统的实时性及充分利用 32bit 内核 CPU 的性能，采用嵌入式实时多任务软件设计方法，在实时操作系统（Real-Time Operating System，RTOS）平台上进行嵌入式应用软件开发，系统选用 Linux 为系统的嵌入式 RTOS，将其移植到基于 ARM 内核的 S3C2410 硬件平台，Linux 自身具备一整套工具链，容易自行建立嵌入式系统的开发环境和交叉运行环境，并且可以跨越嵌入式系统开发中的仿真工具（ICE）的障碍。Linux 具有内核小、效率高、源代码开放等优点。强大的网络支持使得可以利用 Linux 的网络协议栈将其开发成为嵌入式的 TCP/IP 网络协议栈。应用 Linux 的内核多任务管理机制，可以更好地完成软件系统的编写。

系统的软件设计可以分为两部分：基于 Linux 的软件部分设计和单片机 MSP430F149 的软件设计。其中，基于 Linux 的软件部分是系统的主要部分，用来完成命令的输入和对信号进行软件滤波和参数的计算、显示，这部分由 S3C2410 处理器实现；信号采集部分软件实现信号的采集和发送，这部分由 MSP430F149 单片机实现。

1. 基于 Linux 的中心控制器软件部分设计

系统软件在启动 Linux 之前先进行系统硬件和操作系统的初始化，然后进入系统主任务，等待键盘响应，当按键按下时，系统向单片机发出命令采集相应的生理信号，并等待接收采集的数据，接收数据后进入数据处理子程序，计算得到所要求的生理健康参数，并进行显示。系统主程序流程如图 8-11 所示。

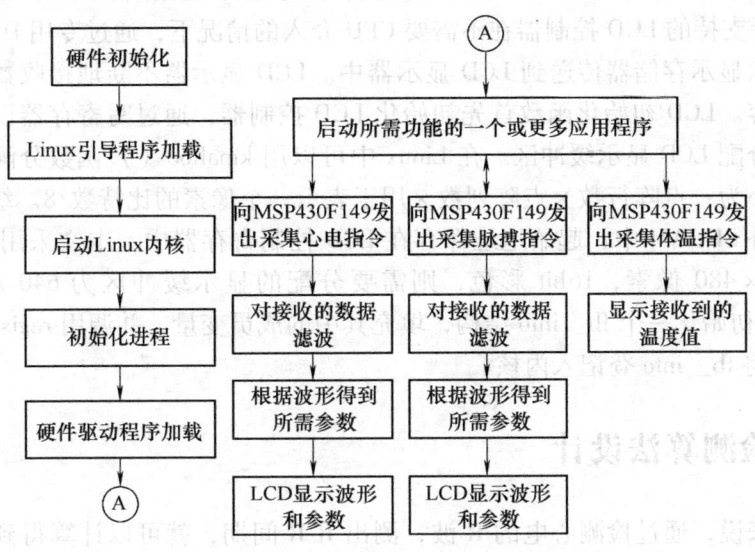

图 8-11　系统主程序流程

2. 各部分信号采集部分软件设计

此软件设计主要根据得到的指令采集相应的生理信号，经 A-D 转换后通过串口发送到数据处理模块，其流程如图 8-12 所示。

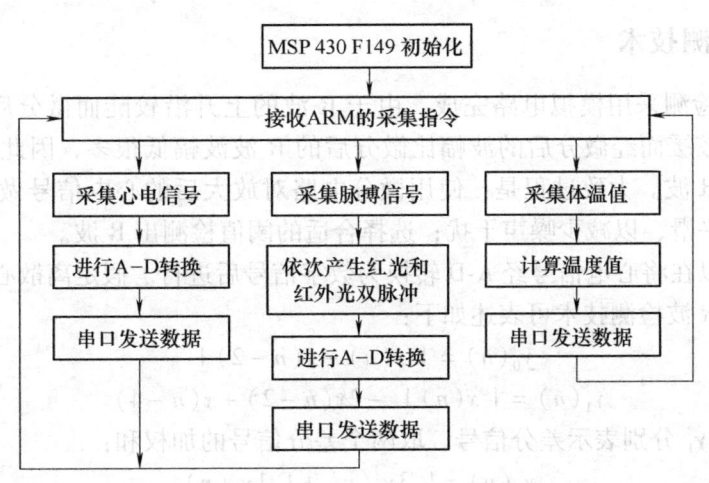

图 8-12　信号采集部分程序流程

3. 系统通信和调试

系统可在 LCD 上实时显示采集到的脉搏波和心电波形，并同时显示计算出的参数。实测中，根据本系统计算得到生理参数的准确度可达 90% 以上，因此，系统作为一个监护仪器可及时地检测出人体的健康状况，用户可根据系统的提示对一些病症作出及时反应，系统达到了预期效果。

4. LCD 显示

当有新数据需要显示时，LCD 显示模块将新的采样数据写入 LCD 显示存储器中，S3C2410 芯片所支持的 LCD 控制器在不需要 CPU 介入的情况下，通过专用 DMA 自动地将需要显示的数据从显示存储器传送到 LCD 显示器中。LCD 显示器不断地接收数据，就在 LCD 上显示监测内容。LCD 初始化函数首先初始化 LCD 控制器，通过写寄存器设置显示模式和颜色数，然后分配 LCD 显示缓冲区。在 Linux 中可以用 kmalloc（ ）函数分配一段连续的空间。缓冲区大小为：点阵行数×点阵列数×用于表示一个像素的比特数/8。缓冲区通常分配在大容量的片外 SDRAM 中，起始地址保存在 LCD 控制寄存器中。本文采用的 LCD 显示方式为 640 像素×480 像素，16bit 彩色，则需要分配的显示缓冲区为 640×480×2kbit = 600kB。最后是初始化一个 fb_ info 结构，填充其中的成员变量，并调用 register_ framebuffer（&fb_ info），将 fb_ info 登记入内核。

8.4 心率检测算法设计

从技术上来说，通过检测心电的 R 波，测出 R-R 间期，就可以计算得到心率。在监护仪上可以设置心率的正常值范围，当心率超过上、下限时发出警报，起到心率监护作用。通常选择 R 波较高的导联（如 II 导联）作为监护导联，电极放置在胸部。心律的监护对于冠心病患者更加重要。心律的监护需要自动测量 QRS 波形特征、S-T 段电平等参数，同时也要考虑心率。鉴于 R 波（或 QRS 复合波）检测是心电监护的基础，本节将简要介绍 R 波的检测和心电监护仪中常见的心电分析方法。

8.4.1 R 波检测技术

早期的 R 波检测采用模拟电路完成。由于 R 波的上升沿较陡而微分后的波幅较高，P 波和 T 波因波形较缓而经微分后的波幅比微分后的 R 波波幅低很多，因此可以通过设置波幅的阈值来检测 R 波。大致过程是：使用微分电路对放大后的心电信号做微分处理；对微分后的波形进行平滑，以减少噪声干扰；选择合适的阈值检测出 R 波。

该方法也可以在将心电信号经 A-D 转换为数字信号后进行。假定离散心电信号为 $x(n)$，一种基于差分的 R 波检测技术可表述如下：

$$y_0(n) = |x(n) - x(n-2)| \quad (8\text{-}4)$$

$$y_1(n) = |x(n)| - 2x(n-2) + x(n-4) \quad (8\text{-}5)$$

式中的 y_0 和 y_1 分别表示差分信号。取两个差分信号的加权和：

$$y_2(n) = 1.3y_0(n) + 1.1y_1(n) \quad (8\text{-}6)$$

取阈值为 1.0，如果 $y_2(n)$ 有连续 8 个采样点的值超过阈值，则认为该段信号是 QRS 波。

图 8-13 所示为采用上述方法对心电信号进行处理的过程。心电信号 $x(n)$ 已经过工频陷波和 90Hz 低通滤波，并用最大值作了归一化处理，有效采样率为 200Hz。图中可见，尽管 T 波的幅度很高，但经过差分处理后已可以忽略不计。另一方面也可注意到，差分后的 QRS 波有多个峰，需要做平滑。图中 y_3 是将 y_2 经 8 点滑动平均（MA）滤波后的波形。此法比较简单直观，但受噪声的影响比较大。

Pan-Tompkins 算法是一种经典的 QRS 波检测方法。此方法包括带通滤波、差分、积分、

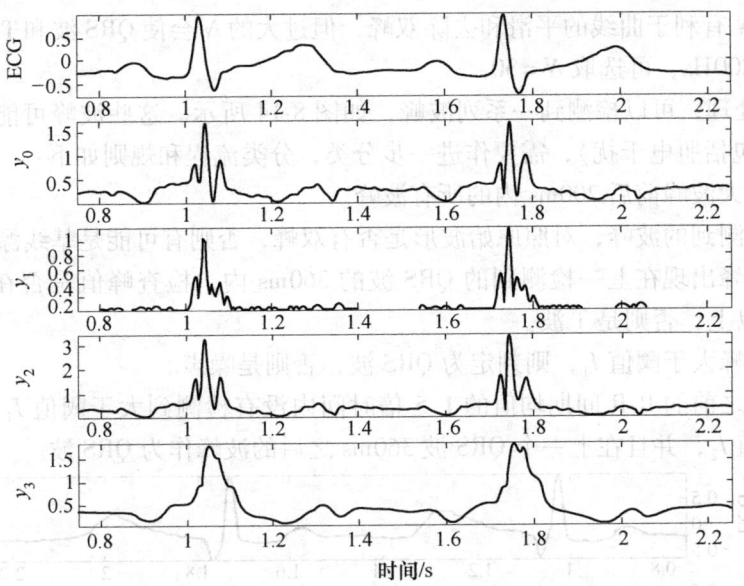

图 8-13 微分法检测心电 R 波

自适应阈值和搜寻等过程。

带通滤波由低通和高通滤波器组成。低通滤波器的传递函数是

$$H(z) = \frac{1}{32} \frac{(1-z^{-6})^2}{(1-z^{-1})^2} \tag{8-7}$$

对应的差分方程是

$$y(n) = 2y(n-1) - y(n-2) + \frac{1}{32}[x(n) - 2x(n-6) + x(n-12)] \tag{8-8}$$

当采样率为 200Hz,低通截止频率为 11Hz 时,有 25ms(5 个采样点)的延迟。

高通滤波器由全通滤波器和低通滤波器组成,其传递函数可表示为

$$H_{hp} = z^{-16} - \frac{1}{32} \frac{(1-z^{-32})}{(1-z^{-1})} \tag{8-9}$$

对应的差分方程是

$$y(n) = x(n-16) - \frac{1}{32}[y(n-1) + x(n) - x(n-32)] \tag{8-10}$$

高通滤波的截止频率为 5Hz,同时有 80ms 的延迟,从而得到截止频率为 5~11Hz 的带通滤波器,抑制工频干扰。

对滤波后的信号进行差分运算:

$$y(n) = \frac{1}{8}[2x(n) + x(n-1) - x(n-3) - 2x(n-4)] \tag{8-11}$$

经上式运算,QRS 波得到增强,T 波和 P 波被抑制,然后再将其二次方,以进一步拉开两者的差距,并使波峰向上。由于这样的波峰仍可能是双峰的,所以需要通过一定宽度的滑动窗口积分的办法消除:

$$y(n) = \frac{1}{N}\{x[n-(N-1)] + x[n-(N-2)] + \cdots + x(n)\} \tag{8-12}$$

选择大的 N 有利于曲线的平滑和去除双峰,但过大的 N 会使 QRS 波和 T 波融合在一起,对于采样率为 200Hz,可选取 N = 30。

通过以上处理,可以检测到一系列波峰,如图 8-14 所示。这些波峰可能是 QRS 波,也可能是噪声(包括肌电干扰),需要作进一步分类,分类流程和规则如下:

1)忽略较大波峰前后 200ms 内的所有波峰。
2)对于检测到的波峰,对照原始波形是否有双峰,否则有可能是基线漂移。
3)如果波峰出现在上一检测到的 QRS 波的 360ms 内,检查峰值是否在检测到的 QRS 波峰值得一半以上,否则是 T 波。
4)如果波峰大于阈值 I_1,则判定为 QRS 波,否则是噪声。
5)如果在之前的 R-R 间期均值的 1.5 倍时间内没有检测到大于阈值 I_1 的 QRS 波,则将大于检测阈值 I_2,并且在上一个 QRS 波 360ms 之后的波峰作为 QRS 波。

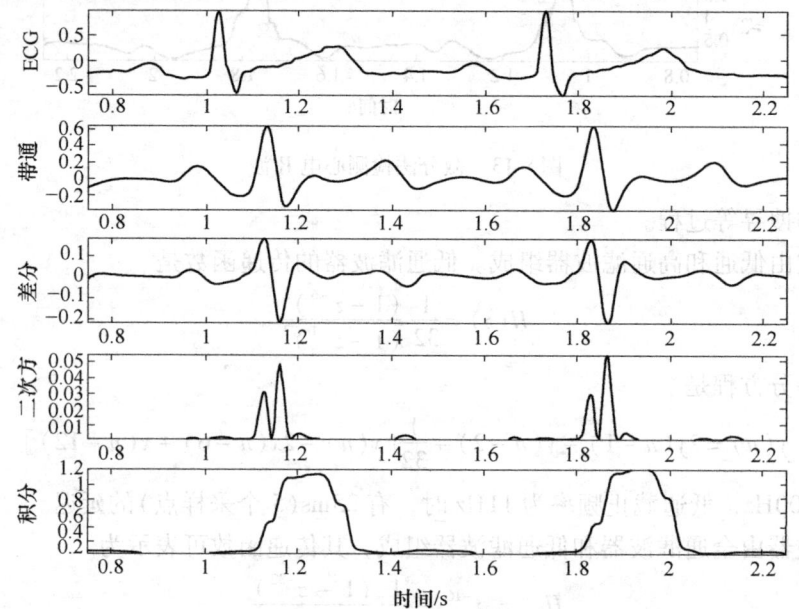

图 8-14　Pan-Tompkins 算法检测 R 波

对于上述 4)和 5),假定 SPK 为最近 8 个与 QRS 波对应的峰值得平均值,NPK 为最近 8 个非 QRS 波(噪声、肌电)所对应峰值的平均值,对于每个搜寻到的新峰值 PEAK,对上述参数作如下更新:

如果 PEAK 是 QRS,则 $SPK = 0.125PEAK + 0.875SPK$;
如果 PEAK 是噪声,则 $NPK = 0.125PEAK + 0.875NPK$;
$$I_1 = NPK + TH(SPK - NPK)$$

其中 TH 为阈值参数,可在 0.25~0.5 之间选取。
$$I_2 = 0.5I_1$$

如果 I_2 确定为 QRS 波,则 $SPK = 0.25PEAK + 0.75SPK$。

Pan-Tompkins 算法抗干扰性强,对实际心电信号处理的效果良好。但该方法如果使用第二次搜索,则 QRS 波的检测会有一定的延迟。

8.4.2 心律失常的判别

心电分析的依据通常是 QRS 波的宽度、幅度、波峰方向和 R-R 间期等参数，以及与心电模板的匹配程度等。

QRS 波的宽度是判别心律失常的基本参数。正常心电的 QRS 波宽度一般小于 100ms，而室性早搏则比较宽。室性早搏（简称室早，Premature Ventricular Contraction，PVC）的特点是：提前出现 QRS 波群及 T 波，其前无 P 波；提前出现的 QRS 波群呈宽大畸形，时间大于 0.12s，其后的 T 波方向与 QRS 波的主波方向相反；有一完全性的代偿间期（提前的 QRS 波群前后两个 R-R 间隔之和等于两个正常的 R-R 间期）。

模板匹配是选择一个 QRS 波形作为模板，将后续采集到的 QRS 波形与模板从幅度上配准，逐点比较两者的差异，将差异小的 QRS 波归为同一类，并用检测到的 QRS 波对模板作更新（NEW_ TEMPLET = 0.125 QRSnew + 0.875 QRSold）。可以将差异大的 QRS 波列为新的模板，但应该去除因噪声干扰造成的不同模板。初始模板一般根据近期的 180 个心跳的心电给出。节律正常，而且 QRS 波的宽度小于 120ms 的心电认为是正常心电。

心律失常的判别规则简要介绍如下，有关心电波形请参照心电图诊断的专门书籍。

1) 心脏停搏（Asystole，ASY）：大于 4s 的时间内没有检测到 QRS 波。

2) 心跳暂停（Pause，PAUS）：在 1.0～3.5s 的时间内没有检测到 QRS 波。

3) 室颤（Ventricular Fibrillation，VF）：低幅振荡波形持续 3s 以上，振荡次数超过 250～300 次/min 以上。

4) 室性心动过速（Ventricular Tachycardia，VT）：有连续 N 个 PVC，且心率大于设定的 VTrate，（N 和 VTrate 可以根据具体情况由医生设定，N 可选择为 5～15 个，VTrate 一般在 100～200bit/m 范围内选择）。

5) 阵发性心动过速（Ventricular Run，RUN）：3 次或以上 PVC，心率为 VT。

6) 加速性室性自主节律（Accelerated Idioventricular Rhythm，AIVR）：3 次或以上的 PVC，但心率小于 VT。

7) 室性联结（Ventricular Couplet，CPT）：一对 PVC 在正常 QRS 波之前或之后，两个 PVC 的形状不必相同。

8) 二联律（Bigeminy，BGM）：PVC 出现在每个正常 QRS 波之后。

9) 窦性心动过速（Sinus Tachycardia，TAC）：平均心率大于 100 次/min。

10) 窦性心动过缓（Sinus Bradycardia，BRDY）：平均心率小于 60 次/min。

此外，S-T 段的电平对心肌缺血的诊断有意义，很多心电监护仪具有 S-T 段电平检测和报警功能。S-T 段电平是指心电波形 S-T 段与心电等电位之间的电位差，有些监护仪以 QRS 波起始点前 28ms 作为等电位测量点，以 QRS 波结束点（J 点）后 80ms 处作为 S-T 段电平的测量点，并提供根据临床实际情况前后微调等电位和 S-T 电平测量点的功能。测量点的确定还要参照不同导联的心电波形。

心率变异性（Heart Rate Viability，HRV）也是现代心电监护经常分析的参数。心率变异分析的是在正常窦性心律时的每搏心律变化情况，即在剔除非正常心电波形后的正常窦性 R-R 间期的变异情况。正常窦性 R-R 间期常记为 N-N 间期，通常是全程分析 24h 的心电。分析 HRV 的指标可分为时域参数和频域参数。时域参数有：全程 N-N 间期的标准差

(SDNN)、全程每5minN-N间期平均值的标准差（SDANN）、全程每5minN-N间期标准差的平均值（SDNNindex）、全部相邻N-N之差的方均根（RMSSD）、相邻N-N之差大于50ms的个数占总窦性心搏个数的百分比（PNN50），以及三角指数（HRV tri-angular index），即N-N间期的总个数除以N-N间期直方图的高度（在计算N-N间期直方图时，横坐标的时间单位为1/128s，相当于7.8125ms）。频域指标参数有：不大于0.4Hz的所有N-N间期的变异（总功率，TP）、在0.003~0.04Hz范围内的N-N间期的变异（极低频，VLF）、在0.04~0.15Hz范围内N-N间期的变异（低频，LF）、在0.15~0.4Hz范围内N-N间期的变异（高频，HF）以及LF/HF值（LF与HF的比值）。

此外，还有Q-T离散度（QTD）分析。Q-T离散度是12导联心电图各导联间Q-T间期存在的差异（最大Q-T间期与最小Q-T间期之差）。QT离散度主要反映心室肌复极的不均一性，可代表心室肌兴奋性恢复时间不一致的程度，或心室肌不应期差异的程度。Q-T间期是指QRS起点到T波终点的时程，由于Q-T间期受到心率的影响，需要根据心率进行校正，得到校正后的QTc间期。通常采用二次方根校正方法：$QTc = QT/\sqrt{RR}$，最终计算12导联同步心电图同一心动周期中Q-T间期离散度QTd和心率校正后的Q-T间期离散度QTcd。离散度的分析和测定指标有：最大Q-T间期（QTmax）、最小Q-T间期（QTmin）、Q-T间期离散度（QTd）、心率校正后的Q-T间期离散度（QTcd）、12导联中相邻导联Q-T间期之差最大的差值（AdQTd）、QTd率（QTdr）、Q-T间期早期离散度（QTad）、Q-T间期晚期离散度（QTed）等。

8.5 多参数监护仪的设计特点

由于多参数监护仪集成ECG、SpO_2、NIBP、TEMP、RESP、IBP、CO_2、CO等参数，必要时各个参数都要在显示屏中显示，这就要求多参数监护仪需要使用相对大的LCD来显示各个参数便于医护人员观察，同时为了保证各个参数的实时性和数据准确性，通常按照模块化设计，某个或某几个参数集成到一个模块中由一个MCU来采集、处理数据。如果多参数监护仪支持打印功能，则需要另外的MCU来控制打印输出。由于多参数监护仪由数个模块组成，在电源设计中要充分考虑到各模块的功耗，以及应用部分与电源的隔离。同时为了良好的人机交互，需要主控制芯片要有较快的处理速度及强大任务调度能力，也需要足够的外设来支持与其他功能模块的硬件连接。

针对以上要求，多参数监护仪与手持式医疗设备的设计区别为：
1）需要独立的电源模块完成锂电池充电及其他功能模块的供电。
2）LCD相对要最够大以便显示多个生理参数。
3）内部硬件采用模块化设计，数据采集、打印部分采用独立的MCU减少主控芯片的负担。
4）通常监护仪需要网电源供电，要充分考虑到应用部分与电网电源部分的隔离设计。
5）采用高处理速度且外设丰富的MCU，嵌入操作系统控制各任务的调度。

手持设备如血氧仪、电子血压计、胎儿心率仪、动态心电图仪在设计时主要考虑的是低功耗设计，操作简单方便，采用电池供电，为了便于用户携带，电路设计集成度高，通常一个 MCU 完成全部功能。

8.6 动态心电监护仪设计

8.6.1 动态心电图设计需求

24h 动态心电图（Dynamic Electrocardiography，DCG）于 1949 年由美国人 Holter 首创，故又称 Holter 心电图。国外自 20 世纪 80 年代已在临床广泛应用，国内近几年迅猛发展，其仪器由磁带式记录发展为固态式记录、闪存卡记录，由单导、双导发展为 12 导联全记录。动态心电图可连续记录 24h 心电活动的全过程，包括休息、活动、进餐、工作、学习和睡眠等不同情况下的心电图资料，能够发现常规 ECG 不易发现的心律失常和心肌缺血等心脏问题，是临床分析病情、确立诊断、判断疗效重要的客观依据。

动态心电图可确定病人的心悸、头晕、昏厥等症状是否与心律失常有关，如极度心动过缓、心脏停搏、传导阻滞、室性心动过速等，这是目前 24h 动态心电图最重要、应用最广泛的情况之一。24h 动态心电图也是监测心肌缺血的标准化方法之一。

根据 IEC60601-2-47（2001）标准，要求动态心电图仪必须满足如下要求：①最小检测信号为 50μV（峰-峰值）；②最长记录 24h 总误差不大于 30s；③通带频率为 0.67~40Hz；④共模抑制比不小于 60dB；⑤输入动态范围为 ±300mV；⑥系统噪声不大于 50μV；⑦定标电压为 1mV±5%；⑧输入阻抗不小于 10MΩ。

8.6.2 动态心电图设计原理

动态心电监护仪的性能指标与心电图机是很相近的，在设计方法上也极为相似。动态心电监护仪原理框图如图 8-15 所示。

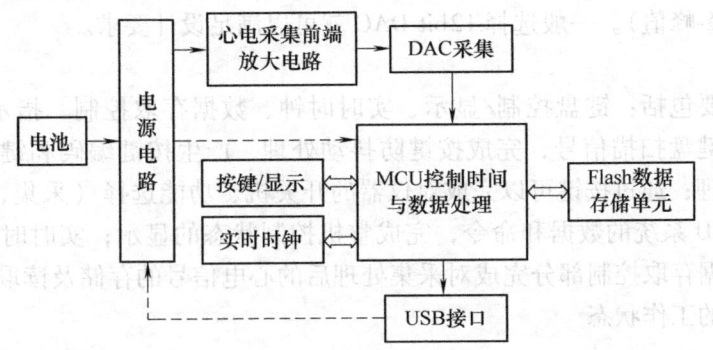

图 8-15 动态心电监护仪原理框图

动态心电监护仪电路由电源、信号采集及处理和控制系统等部分构成。电源部分将电池电压变换为仪器所需的各种稳定直流电压；信号采集与处理部分负责导联输入信号的采集、放大、滤波等；控制系统部分完成 LCD 显示及键盘驱动等智能子系统的运作，控制信息显示、键盘管理及整机的其他控制。下面对各部分设计原理进行详细说明。

1. 电源部分

动态心电监护通常具备两种供电方式：电池供电和 USB 供电。一般情况下，病人正常使用时采用碱性电池供电或可充电锂电池供电，根据设计不同通常碱性电池可以是一节7号碱性电池到几节5号碱性电池不等，电池容量越低对系统的功耗设计要求越高；USB供电部分主要是用于医生回放病人心电波形，使用USB线将仪器与计算机连接，计算机也将通过USB给仪器供电。受到电池电量的发展瓶颈，动态心电监护仪的一个重要指标就是功耗，无论是选择DAC、运算放大器还是单片机等，在满足设计要求的前提下，要将功耗放在第一位置，否则很难完成24h的心电采集。

2. 信号采集与处理部分

动态心电监护仪的前端采集放大电路与心电图机前端采集电路基本相同，主要包括：前端保护电路、前级低通滤波电路、差模放大电路、带通滤波电路、主放大电路。

前端保护电路的作用主要是防止人体静电对机器产生损坏，一般选择放电管或压敏电阻来解决此问题。由于人体静电电压一般都会大于500V，经过放电管或压敏电阻时，该器件会瞬间导通，将静电导入大地，保护后面的元器件不被损坏。

前级低通滤波电路的主要作用是滤除心电信号通带频率以外的其他杂波信号，使得下级放大电路不会对该信号产生放大，影响心电信号的采集。

差模放大电路主要选用高共模抑制比的仪用运算放大器，对差模信号进行放大，有效抑制共模信号。该运算放大器的选用对系统的共模抑制比影响很大。此处放大电路的放大倍数一般选为5~10倍。

带通滤波电路与前级低通滤波电路不同，前者主要用于滤除人体其他生理信号，保证有效心电信号不受其他信号干扰。该滤波器通带频率一般与专标一致，选择0.67~40Hz。

主放大电路主要用于心电信号的放大，一般为100倍左右。该处放大器由于放大倍数较大，需要选用温度漂移小、输出偏置电压小的集成运算放大器来避免基线漂移。

DAC采集主要用于将模拟的心电信号转换为数字信号。对于心电信号来说，选用DAC的位数越高，对最小信号的采集就会越频繁，同时成本也会增加。根据专用标准，最小检测信号为50μV（峰-峰值）。一般选择12bit DAC就可以满足设计要求。

3. 控制部分

控制部分主要包括：键盘控制/显示、实时时钟、数据存取控制、指示灯控制等部分。键盘控制器产生键盘扫描信号，完成按键防抖动处理，产生按键编码和键盘中断信号，由CPU系统加以处理；通过按键可以完成对仪器的开关机、功能选择（采集，设置）；液晶显示器接收来自CPU系统的数据和命令，完成整机控制状态的显示；实时时钟用于记录采集时间和日期；数据存取控制部分完成对采集处理后的心电信号的存储及读取功能；指示灯便于用户识别当前的工作状态。

8.6.3 动态心电监护仪的特色设计

根据IEC组织对动态心电图仪的标准要求，其与心电图机的标准要求主要有如下几条区别：①最长记录24h总误差不大于30s；②通带频率为0.67~40Hz；③系统噪声不大于50μV。

由于要得到至少24h的动态心电图用于分析，要求仪器至少需要连续工作24h以上并实时存储病人的心电图数据，这就要求动态心电监护仪有一个足够大的Flash来存储心电数据。以500点采样率、12bit采样精度、8个采样通道计算，24h的数据大小为

$$500 \times 12 \times 8 \times 3600 \times 24\text{bit} = 494.38\text{MB}$$

  这就要求至少预留出495MB的存储空间。目前通常用Flash芯片或TF卡作为心电数据的存储器。由于动态心电监护仪在数据采集过程中对病人的一天活动不做限制，这就要求采集设备必须是电池供电且需要连续工作24h以上，目前市场上大部分动态心电监护仪采用两节5号碱性电池可以完成24h的心电数据采集存储，也有部分厂家可以做到一节7号碱性电池采集48h的心电数据。这就要求仪器从芯片的选择到电源的设计要充分考虑功耗的问题。在数据分析过程中，PC软件需要对24h心电数据中的异常波形进行模板匹配及数据统计。为了提高数据统计的准确性，这就要求24h的采集误差小于30s，对于动态心电监护仪的设计要求有一个准确的实时时钟来记录采集时间及结束时间。

  由于病人在佩戴动态心电监护仪时，可能处于运动状态及处于干扰较大的环境中，这就要求动态心电监护仪有较强的抗运动干扰的能力，而相对于心电图机及心电监护仪在系统内部噪声的抑制能力上允许稍差一些。为了增强对运动干扰的抑制能力，即抗基线漂移能力，通常在采集电路中增加0.5Hz的有源滤波器来使心电波形能较快地恢复到基线附近。所以IEC组织根据对不同地域人员的测试得出在通带频率下限为0.67Hz时，即能有效地抑制基线漂移，又可以尽量地保证心电波形的不失真。同理，为了抑制50Hz工频干扰，将通带频率上限要求设置为40Hz，如果医学研究需要通带频率较宽的动态心电，则需在电路设计中尽可能地增加采样频率，以保证采集信号不失真，设置50Hz陷波电路，来抑制工频干扰。

  动态心电监护仪通常在PC端配有分析软件，接口目前常用USB线连接。由于24h的动态心电数据数据量较大，为了尽可能快地将数据录入到PC端，要求仪器与PC端的接口有较快的通信速度，通常采用USB 2.0数据口进行通信，也有部分仪器采用内置TF卡存储数据，读取数据时可以把TF卡取出，利用读卡器进行数据读取。

  动态心电监护仪导联线及佩戴方式与心电图机有一定区别，为了提高病人的佩戴舒适度，采用电极片与按扣式导联线方式采集信号，电极片肢体导联粘贴位置与监护仪的肢体导联粘贴位置相同，胸导联电极片粘贴位置与心电图机的吸球放置位置相同。

第 9 章 常规治疗仪器设计

9.1 除颤器

心脏是推动全身血液循环的器官。由于心脏的有节律的搏动,推动了血液从静脉经过心房和心室流入动脉,维持血液循环。完成心脏泵血功能的必要条件是心肌纤维的同步收缩。当心肌因种种原因不能同步收缩而代之以蠕动样颤动时,心脏的泵血功能就完全丧失。心房肌肉的颤动称为房颤,心室肌肉的颤动为室颤。

房颤时,心室的功能仍然正常,受到房颤的影响,心室的收缩频率增加而心律不规则。由于大部分血液是在心房收缩以前就被抽入到心室内,所以血液循环仍能继续,然而心室做功的效率大大降低,容易导致心肌衰竭。

室颤发生后心室不能泵血,血液循环停止,若不立即采取措施,病人在几分钟内就会死亡。而且室颤一旦发生,就不易自动消失。通常使用的除颤方法是电击除颤。电击除颤是利用足够大的电流流过心脏来刺激心肌,使所有的心肌细胞同时除极化,然后同时进入不应期,从而促使颤动的心肌恢复同步收缩状态,使心肌恢复正常。只有具备一定幅度和一定的持续时间的电流才能起到除颤作用。

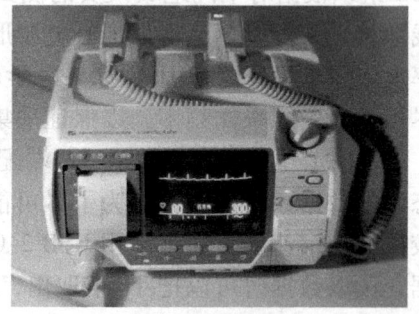

图 9-1 除颤器

电击除颤由除颤器完成,如图 9-1 所示,它产生足够大的电能量,通过除颤电极引入到病人的心脏,从而达到除颤目的。最初的除颤器可产生出 60Hz 的交流电流流过心脏,电流可大到 15A,持续 150ms。用这样的交流电流去电击心脏,使心脏重新同步,若不能恢复,则再次重复让这样的交流脉冲流过心脏,直到恢复心跳为止。

交流除颤器可以消除室颤,但无法消除房颤。此外,在它的最大输出时,除颤器变压器的输入端电流会高达 90A,这会干扰连在同一电源线上的其他仪器的工作。交流除颤器现在已不再使用。

1962 年末,Bernard Lown 发明了直流除颤器并成功地用于临床,而且这种直流除颤方法一直沿用到现在。这种方法是先用直流电流对电容充电,达到较高的电压后再通过电极在病人的胸部快速放电,直流除颤器不仅能比交流除颤器更有效地去除室颤,而且也能用于消除房颤和其他类型的心律失常。对病人来说,其危害也比较小。直流除颤器自 20 世纪 70 年代开始已在医院广泛普及。

除颤器是手术室和急救科的必备设备。现代直流除颤器可分为常规的和自动的,自动除颤器又可分为体外的和植入体内的。

9.1.1 除颤器电路原理

直流除颤器的典型电路如图9-2所示。图中T为升压变压器，W为能量表，RP为调压电位器，调节滑动臂的位置可改变电容器C的充电电压U，即改变电容器上充电的能量E。当开关S_2在位置1时，电源通过变压器和二极管VD对电容器充电，电容器上储存的能量为$E=CU^2/2$。在大电流的情况下，人体的阻抗R可以认为是50Ω，所以当开关S_2置于位置2时，组成了一个RLC二阶放电回路，电流通过手柄上的电极P_1和P_2向病人放电。根据RP上滑动臂的位置，电容放电的能量可以是100~400J，放电的有效时间在5~10ms左右，放电的能量为

$$E = \int_0^\infty i^2(t)Rdt \qquad (9-1)$$

电感器的主要作用是为了防止在放电的起始阶段释放的电流过大或电压过高，从而降低峰值电压，但是尽管如此，直流除颤器在放电时的电压峰值仍可达到3kV以上。电路中R'的

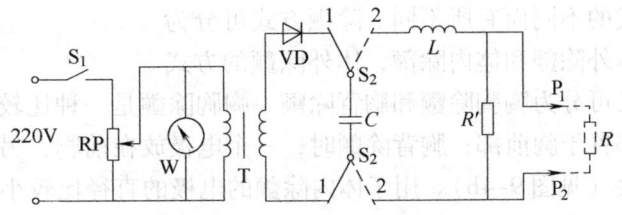

图9-2 直流除颤器的典型电路

作用是机内放电，在实际除颤器中是必不可少的，因为有时对电容充电后可能不需要对病人放电，这时需要在机器内部将储存在电容器中的高压电能放掉以避免危险。由于$R' \gg R$，所以在对病人放电时R'不会产生影响。

一般认为，对于单相除颤波形，大于400J的能量会造成心肌损伤，但实际上造成心肌损伤的是过高的电压或电流峰值，所以现代除颤器的设计者着力在保持足够能量的情况下，尽可能地降低峰值电压（电流）。

根据不同的设计，除颤器的输出波形可以有多种。图9-3中的曲线1是没有电感器的电容、电阻放电波形，初始电压等于电容的充电电压，非常高；曲线2是经典的单峰波形输出（放电电路见图9-2），由于电感器的作用，输出电压峰值大大降低，根据元件参数不同输出波形可以是单相的或双相的。曲线3是双峰波形，此放电电路中电感器有中心抽头，并有两个电容器，形成两套相互感应的LC网络，起到了延迟作用，从波形上可以看出，放电主峰的时间延长了，但大大降低了峰值电压。而释放的能量与放电波形所包围的面积成正比，即释放相同的能量，双峰比单峰除颤器的除颤峰值电压要降低许多，但持续时间较长。根据同样的理由，梯形波（方波，见图中的曲线4）在释放同样的能量时，它的峰值电压可以更低。用时间控制电路控制晶闸管的通断，可以通过改变放电的持续时间来改变释放能量的大小，而放电波形的高度基本不变。需要注意的是，由于释放能量的大小是可以通过放电波形的截断时间来改变的，同样能量、不同机型的电压峰值可以是不同的。曲线4的波形也称为单向指数截断波（MTE）。曲线5是双向方波（双向指数截断波，BTE），最初用于心内除颤，现也常见于体外除颤，由于电容器、电池、高压开关可以微型化，所以使得整体体积大为缩小，而且在实践中发现，在除颤成功率相同的情况下，所需的能量水平明显低于单相波形。

除颤放电的剂量是以能量来计量的，由于个体对电流的灵敏度不同，对于单相波的能量释放方案是第一次为200J，第二次为200~300J，第三次为360J或最大值。而对于双相波常

采用3次相同的能量（150J—150J—150J），尽管某些病人仍需要大于200J的能量进行除颤。对于儿童，则是根据体重来决定剂量，如单相波的儿科剂量指南是 2~4J/kg。

9.1.2 除颤电极

除颤器的电极通常是一个带有手柄的金属圆盘，其大小和形状根据除颤方式的不同而有所不同。除颤方式可分为体外除颤和体内除颤，体外除颤的方式

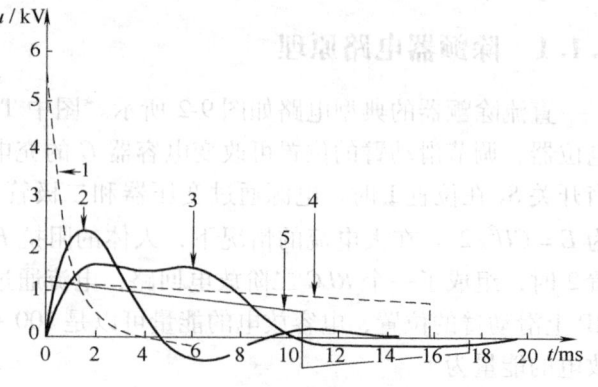

图 9-3 除颤器的输出波形

又可分为胸胸除颤和胸背除颤。胸胸除颤是一种比较常用的方式（见图 9-4a），其两个电极都置于胸前部；胸背除颤时，一个电极放在前胸，另一个垫在背上的电极是扁平的，直径稍大（见图 9-4b）。用于体内除颤的电极的直径比较小，电极手柄比较长，便于在手术中将除颤电极直接放在心肌上（见图 9-4c）。

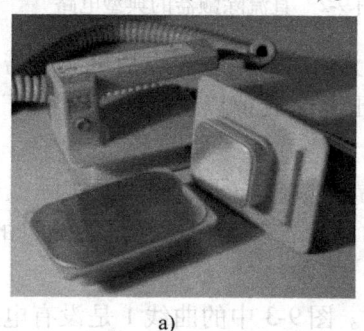 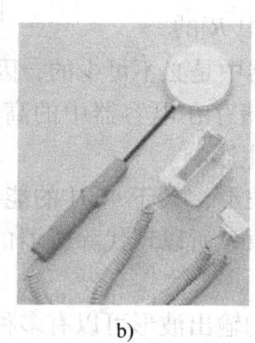 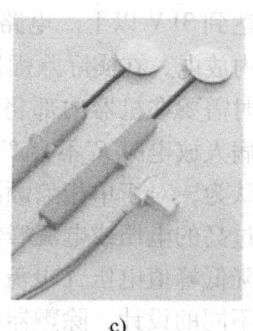

a)   b)   c)

图 9-4 除颤电极

a) 成人胸部除颤电极和小儿电极　b) 胸背电极　c) 体内除颤电极

电极和皮肤要接触良好，由于除颤器释放的是大电流，根据焦耳定律可知产生的能量为 I^2R，只有减少电极和皮肤接触面的阻抗，才能减少能量作用于皮肤而使皮肤烧伤。另外，当接触不好而导致阻抗增加时，能量的消耗增加而实际作用于心肌的能量减少，会因心肌得到的能量不够而造成除颤失败。为了保证电极和皮肤的接触良好，通常要求电极的表面积要足够大，一般直径在 7.5cm 以上，通常使用直径为 8cm 的电极。一般除颤器都配有成人用的电极和儿童用的小直径的电极，也有些公司采用装卸式的儿童/成人两用电极，即一个成人电极套在儿童电极之外，根据临床需要选用（见图 9-4a）。若把成人电极用于儿童，则由于电极较大，使用时电极靠得太近，易造成电击，降低能量并烧伤皮肤。使用导电膏降低阻抗（如用于 ECG 记录的导电膏）时，要注意不要涂得太多而产生电极之间的旁路，使心肌得到的实际能量减少。在除颤时，电极上要加上足够的压力（约 12.5kg）使皮肤扁平，接触良好。有些除颤器电极内安装有压力感受器及开关，只有加上足够的压力以后，开关才接通。除颤时，要做好皮肤清洁工作，涂上导电膏，并加上适当压力，使阻抗达到 50Ω 左右，从而达到最佳的除颤效果。有些除颤器还提供两电极之间的阻抗值，以供参考。

由于电极要通过高电压、大电流，因此它的安全性非常重要。良好的接触和有效的除颤

为病人提供了安全，但对病人除颤时，医生的安全也同样重要。电极的手柄和电缆线应该绝缘良好，此外在手柄上要有护圈，以防操作人员不小心使手与电极板相接触，或导电膏被涂到手柄上。除颤触发按钮应仅安装在电极手柄上，仪器的其他部位没有另外的除颤触发按钮，这样既可方便医生操作，又可防止在操作医生不知道的情况下，被其他人员不小心启动而放电。现代除颤器的两个电极上都装有除颤按钮，并且是串联的（见图

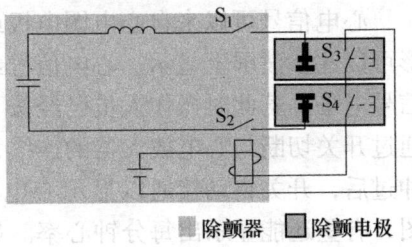

图 9-5　除颤按钮安全电路

9-5)，只有当两个按钮（S_3、S_4）同时按下时，高压继电器的回路才导通，才能使 S_1、S_2 接通而放电。现在有些除颤器的电极上还有充电按钮，使得操作起来更为方便。

除颤器的电极除了用做传导除颤能量外，由于在除颤时安放在胸壁上，所以也能用来提取心电信号，以便对心电进行监护。

9.1.3　同步除颤

直流除颤器除了能消除室颤外，还能纠正房颤、心动过速等心律失常，这种用法又称电击复律。

这类病人的心室还是能收缩的，在心电图中可以看到 QRS 波和 T 波。如果在电极复率时除颤电击恰好落在 T 波的中部，由于此时正值心脏的易损期，外加的刺激很容易引起室颤。因此，对于这类病人的复律应避免电击发生在 T 波的中部，最佳的放电时间是在 R 波的下降期或下降期的中部（图 9-6 中箭头所指），这时整

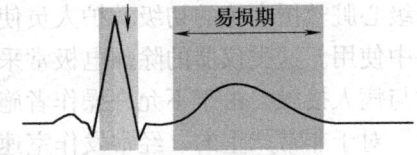

图 9-6　同步除颤时电击发生的时相

个心室肌纤维正处于绝对不应期，有利于心律的恢复，又可以避免电击不落在 T 波段。要做到这一点，就必须要使电击放电与 QRS 波同步。

同步除颤时必须从病人身上取得心电信号，经检测出 R 波以后，再经过 30ms 延迟，然后才触发放电，由于正常人室壁激动时间小于 30ms，所以这时除颤脉冲大约是在 R 波的下降期中部。

具有同步除颤功能的除颤器在电路上至少可以分成 3 大部分（见图 9-7）：除颤器充放电电路、心电放大与显示电路和 R 波检测、延迟电路。

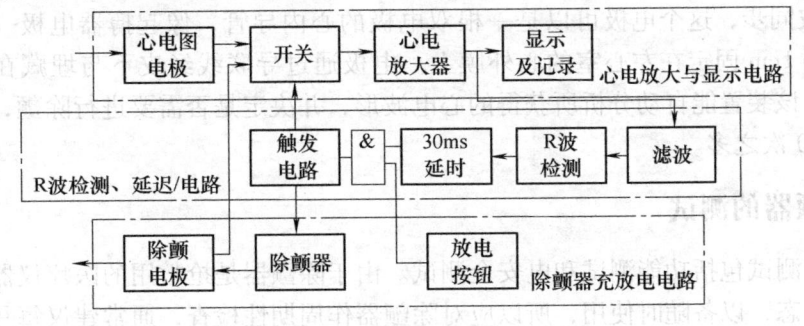

图 9-7　同步除颤的原理框图

心电信号可以来自心电图电极或除颤电极，由心电放大器中的导联选择器选择，心电波形可以在示波屏上显示。心电信号经滤波，检测出 R 波及整形后再经 30ms 延迟后产生一个信号电平。若此时操作人员已经按下放电按钮，则就可以通过触发电路使除颤器放电，同时通过开关切断与心电放大器的连线，以防大电流进入心电放大器而使之受到损坏。在除颤脉冲过后，开关自动接通以显示心电波形。有些除颤器的记录器还能自己自动记录一段心电图，有些还能显示出每分钟心率。如果要选择非同步除颤时，则可以通过外部按钮选择。因为室颤比房颤更危险，为病人的安全考虑，一般要求除颤器在刚接通电源时，自动置非同步状态，以便抢救时使用。

9.1.4 自动除颤

自动除颤器可分为自动体外除颤器和植入式除颤器。

自动体外除颤器（Automated External Defibrillator，AED）具有心律分析能力，可分为全自动和半自动两类。全自动型只需操作者把除颤电极置于病人身上，并启动仪器，通过对经除颤电极得到的心电信号作心律分析，决定是否需要施行除颤，一旦确定，仪器就自动充电与放电，并自动设置除颤能量和决定是否需要重复除颤。半自动型能分析病人的心电图，在必要除颤时提示操作者，然后由操作者实施除颤放电。这类除颤器主要是供那些未经完整的高级心脏救援训练的初级救护人员使用。通常是在到达医院前对心脏病人进行抢救的突发事件中使用。这类仪器的除颤电极常采用有吸力的电极，操作者不必手持电极，可避免在电击时与病人接触，由于不允许操作者施加压力，必须仔细使用以确保与病人皮肤接触良好。

对于非常严重的、经常发作室速或室颤甚至从死亡线上救回的而且无法用药物控制的病人，为了防止忽然发作死亡，可使用自动植入式心律转复/除颤器（AICD）。有报道认为该设备可以使这种高危病人的猝死率降低2%。这种仪器能检测室速或室颤，并能自动连续释放 25～30J 的电脉冲。

AICD 由脉冲发生器和两对电极组成，脉冲发生器内包含有锂电池和电子元器件，大约能进行 3 年的检测和大约 100 次放电，其质量为 290g，可以植入在病人的腹部皮下。

AICD 有两对电极，其中一对电极既用于心脏转复除颤，也用于探测心电波密度。阳极通常是弹簧形的管形电极，一半安放在上腔静脉右心房结上面，一半安放在下面；阴极是软性的导线织成的正方形片状电极，安放在左心室的心尖部。而有些装置则是将第二个软性片状电极安放在右心房或右心室，以代替弹簧形的电极。另外一对电极用于检测心率及用于保证放电与 R 波同步，这个电极可以是一根双电极的心内导管，像起搏器电极一样。也可用两个电极相隔 1cm 固定在左心室的心外膜上。电极通过导联线经皮下与埋藏在腹壁的脉冲发生器相连。该装置能自动分析所获得的心电波形，并决定是否需要进行除颤，除颤脉冲可连续释放达 10 次之多。

9.1.5 除颤器的测试

除颤器的测试包括功能测试和电安全测试。由于除颤器是抢救用的医疗仪器，必须时刻处在完好的状态，以备随时使用，所以应对除颤器作周期性检查，通常建议每月检查一次。

除颤器是根据人体的阻抗为 50Ω 进行设计的，测试时也必须在两个电极之间加上 50Ω 的负载，只有这样，测试结果才会准确。尽管除颤器能显示出电路所储存的能量，或能选择一定的能量，但实际通过电极板释放出来的能量并不一定与此相等，其能量有可能消耗在电极的导线内，而使病人不能得到所需要的能量。对于任何一台除颤器，即使是新开箱的，都必须对实际从电极板上释放出的能量进行测量。通常分别设置除颤器的能量为10J、20J、50J、100J、200J、360J及最大功率，并依次测出实际输出功率，列成一张对照表，此表可以粘贴在除颤器外壳上，每次测试都可以得到这样一张表，这样既可以使医生比较精确地知道每次除颤时给予病人的实际能量，又可以与前一次测试作比较，以判断该除颤器工作是否正常。

除颤器的放电波形也是一个常用的测试项目，观察其是否与厂商说明书中提供的标准波形相符合，但作此项测试时要利用存储示波器或用同步照相机技术。通过波形测量可以了解除颤器的峰值电压（电流）和放电时间，判断相关元器件是否正常。这些参数对于除颤器的安全使用也是至关重要的。对于有同步功能的除颤器，还必须测试其同步触发是否正常，延迟时间是否正确。

以上测试项目，可以用专门的除颤器测试仪进行测试，也可以用下列器材组成测试系统来进行测试：一个50Ω无感型线绕电阻，一个1000:1的分压器，一台存储示波器，一台心电信号模拟器或信号发生器，一台电子计时器。输出能量可以用公式进行计算：

$$E = \frac{1}{R}\int U^2(t)\,dt \tag{9-2}$$

其他功能测试还包括：关机后能否自动通过内部电路进行放电。有同步功能的除颤器，关机后能否自动从同步回复到非同步除颤状态。有些除颤器带有心电放大显示电路及起搏器，则还要分别测试心电放大与显示功能和起搏器的功能。便携式除颤器还要测充电时间，以判断电池是否工作正常，充电时间应越短越好，一般在10~15s之间。便携式除颤器要经常插上电源，保持电池充电充足，以应付紧急需要。对镍镉电池还要经常作充放电操作，以延长寿命。能量测量和电池检查一般每月一次。除了测量仪器接地电阻、机架漏电流外，还应检查电极手柄上的防护圈是否完好无损，电极与大地也应绝缘良好，使放电电流不会经大地而旁路。

9.2 电外科器械

电外科器械（Electro-surgical Unit，ESU）又称高频电刀或电刀，是一种利用高频电流生物组织效应的医疗仪器，用电刀来完成组织切开可以大大减少组织出血，对出血点也可实现快速有效的电流止血——电凝。经过几十年的临床发展应用，电外科器械已经成为手术室的常规必备设备，现在已很难想象外科手术在没有电外科器械的情况下将如何开展。近年来伴随着外科技术的不断发展，尤其是微创外科技术的蓬勃发展，电外科产品的应用领域得到了全面的拓展，为微创技术的普及做出了巨大的贡献。

电外科器械利用电流通过人体所产生的热效应，从而实现以电凝和电切为基础的手术应用。直流电通过人体在产生热效应的同时，会导致组织内离子发生异常移动，造成组织功能紊乱。低频交流电（频率小于20kHz）通过人体组织在产生热效应的同时，会对神经和肌肉造成刺激，造成肌肉的抽搐，当电流频率在10~100Hz范围内时，此刺激现象最甚。Thompson和d'Arson Vol在实验中证实了高频电流经人体会产生热量，但不会引起电击和肌肉刺激。高频电刀的工作基准频率在300kHz以上，如此高的频率可以确保电流通过人体只产生所需利用的热效应，从而保证手术的安全性。

用间歇放电产生的高频电流，最初用于长距离通信。1901年，芬兰人Macarni第一次收到越洋的无线电信号。也就在这时，电外科器械开始了第一步。在20世纪最初的10年，火花放电电流已用来治疗损伤。20世纪20年代世界上第一台真正意义上的电外科产品被应用到临床，从而开创了电刀应用的纪元。早期的电刀还停留在对电火花放电利用的初级阶段，到1952年左右，逐步形成了今天被大家所熟悉的电外科技术，即高频正弦波电流流经人体产生的切割、凝固和烧灼作用。现今电外科器械已广泛应用于外科手术的各个领域，从最基本的手术无血切口、内脏组织块切除、切口止血，到肿瘤消融、大血管电结扎等最新应用；从普通外科、心胸外科，到妇科、泌尿外科、耳鼻喉科、骨科、神经外科等各科室；从普通外科手术，到微创外科手术甚至内科治疗领域。医院的许多部门：手术室、急诊室、门诊室、内镜室都能见到高频电刀的身影，如图9-8所示。

常用的电外科器械就像手术刀一样进行切割，常被称为"电刀"。由于是使用高频电流来实现其功能，因此又常被称为"高频电刀"。高频电刀根据不同的手术需要预先设定了多种电流波形参数，以实现不同的应用功能——模式。在每个模式下还可通过提供效果调节对输出作进一步细调。输出功率的设定是电刀的基本参数设定，电刀的最大功率一般不超过400W，常见的手术室用电刀最大功率在300W左右。现在，除常规的高频电刀外，电外科领域还有氩气刀和射频消融仪等新开发的技术应用。具有类似切割止血功能的还有超声刀等新兴手术设备。

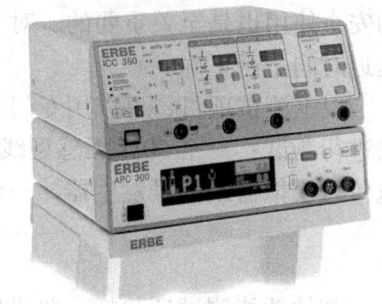

图9-8　现代电外科产品

9.2.1　电刀切割止血的机制

电外科器械的作用基础是高频电流通过组织而产生的热作用。这种热作用有选择性地由电外科器械的作用电极传导到需破坏的生物组织表面。医生利用这种组织破坏作用来实现切割和凝血。这种热作用受生物组织阻抗、电流密度和作用时间的影响。与作用电极相接触的人体组织相应点上电流密度很高，在局部区域上能产生足够热量，从而控制性地破坏组织，如图9-9所示。

切割（Cutting）又称为电切，由于电外科器械作用电极的边缘犹如手术刀口，表面积较小，接触组织时，电流以极高的密度流向组织。组织呈电阻性，在电极边缘有限范围内的组织的温度迅速而强烈地上升，微观上细胞内的液体温度迅速超过100℃，水分爆炸性地蒸发从而破坏细胞膜，周围的大量细胞被破坏，宏观上组织被快速地切开。配合各种特殊设计的作用电极（刀头），电刀能用来切割各种类型的组织。相对于传统的手术刀，电刀电切的优势在于：切割进行的同时具有连续的凝固（止血）作用；不需医生施加过多的机械力。

凝固（Coagulation）又称为电凝，当电流作用于组织而使组织温度较慢速（相对于电切）而有效地升高至100℃左右时，细胞内外的液体逐步蒸发，从而使组织收缩并凝固。在切割过程中被切断的小血管口，在电流的热作用下血管壁凝固收缩封闭，从而达到止血的效果。电刀快速有效的电凝作用，很大程度上取代了复杂的血管结扎，可以大大节省手术时间，简化手术操作，并可以减少价格相对较高的凝血胶的使用，有效地降低手术成本。利用电凝使细胞凝固、蛋白质变性和组织失活的效果，可对增生的肿瘤组织实行电凝，达到治疗破坏的目的。

根据作用机制，凝固又可分为烧灼（Fulguration）和干燥（Desiccation）。烧灼是作用电极在不接触组织的情况下以作用周期较短（6%～10%）的电流产生电火花来烧灼组织，由于作用周期短，可以使

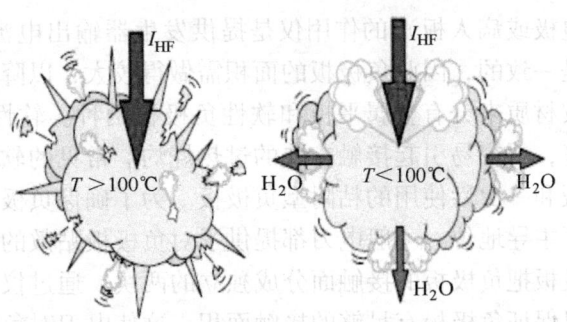

图 9-9　切割（左）和凝固（右）的原理示意图

升温不致太快。干燥是作用电极以较大的接触面积直接接触组织，由于电流密度小，故仅使细胞脱水而非破裂或气化。

高频电流所产生的切割和凝固作用，两者是密不可分的。对高频电流波形的改变可以增加电流的切割作用从而减少凝固作用，相反地也可增加凝固作用而减少切割作用。电刀的工作模式（不同的切割或电凝功能，常见的划分有：纯切、混切、强力电凝、喷射电凝等）划分就是通过电流波形的改变人为地划分出电切或者电凝功能模式，在电刀上电切模式设置区域用黄色勾画，蓝色代表着电凝设置区域。

9.2.2　电极与工作方式

电外科器械是一个高频能量发生器，通过高频电流将能量传导至靶组织。常规电刀构成这一电流回路的方式通常采用双端方式，有两种：单极和双极。在高频情况下，单端也可以构成回路，如图 9-10 所示。

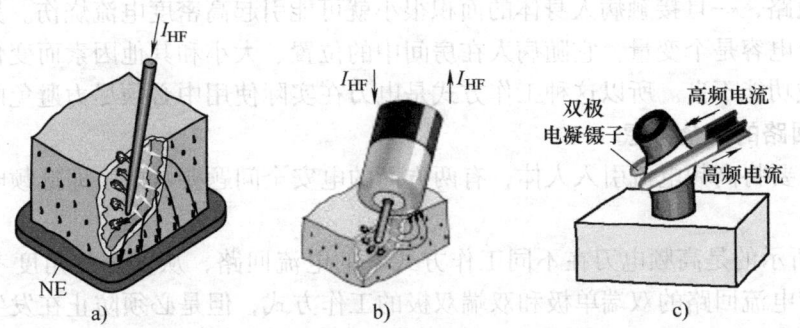

图 9-10　几种电极的工作原理
a) 单极切割针　b) 双极电凝镊子　c) 双极切割针

1. 单极

单极技术在电外科应用领域最为常见，其电流回路由发生器、作用电极、人体和负极板构成。发生器输出电流，通过作用电极将电流传导至人体靶组织，电流再通过负极板流回发生器。作用电极因手术的不同而选用不同形状的刀头、切割针、切割环等。电极的作用面积相当小，从而使流过组织的电流密度很高，产生足够的热量，实际应用中通过调节输出功率、电流波形及电极和组织的接触程度来达到预期的效果。负极板（又称中性电极、扩散

电极或病人板）的作用仅是提供发生器输出电流的回路，负极板上的电流与作用电极上的是一致的，因此负极板的面积需做得较大，以降低电流密度，从而避免出现热损伤。负极板按材质来分有金属平板和软性负极板两种。软性负极板能保证负极板与病人的接触更为良好，不容易引起接触皮肤的过热烧灼。常见的软性负极板又有两种：可重复使用的硅胶负极板和一次性使用的粘附型负极板。为了确保负极板使用的安全性，软性一次性负极板已取得了主导地位。一般电刀都提供了对负极板贴敷的安全监测电路，以确保手术安全。分片式负极板把负极板的接触面分成独立的两块，通过仪器可以分别检测各自是否接触良好，从而可以保证负极板有足够的接触面积，这使电刀对负极板的监测能力大大提高。

2. 双极

顾名思义，双极技术的电极集作用电极和负极于一体，电流由电极的一端流向靶组织，再由另一端流回发生器。在某些组织结构较为复杂的手术中，如脑外科手术，为了提高手术的安全性，减少电流在人体中流经的距离，必须选择使用双极技术。双极电凝镊子是最常见的双极电极，镊子的两端均具有电凝的作用。此外微创外科手术中常见的腹腔镜器械很多也采用了双极技术，如双极电凝钳、穿刺电凝针等。双极技术最用的是双极电凝功能，而双极电切功能只有部分较高级的电刀才能提供，并需配合使用特殊设计的双极切割针等双极切割器械。

单极技术的应用比双极技术更为广泛，单极电极更为灵活多样，操作更为简单方便。而双极技术更加安全和精细，在神经外科和其他微创手术中较为常见。

3. 射频单端

在电流频率足够高的情况下，病人与周围空间和大地间因电容效应呈低阻抗，不用负极电极和电缆，而只用单个作用电极即可实现电外科作业，该技术被称为单端射频技术。由于没有专用的电气回路，如果病人无意中与接地物体有导电性接触，那么这个触点就可能成为意外的电流通路，一旦接触病人身体的面积很小就可能引起高密度电流烧伤。另外，病人与地之间的耦合电容是个变量，它随病人在房间中的位置、大小和其他因素而变化，可能会导致电外科器械功能不良。所以这种工作方式是电刀在实际使用中必须尽力避免的。

4. 输出回路的安全考虑

由于电刀要将高频电流引入人体，有两方面的电安全问题要考虑，即低频电击和高频灼伤的防护。

图 9-11 所示的是高频电刀在不同工作方式下的电流回路，从安全的角度考虑，显然应该选用有固定电流回路的双端单极和双端双极的工作方式，但是必须防止在发生故障或误操作的情况下变成了单端输出，因此电刀必须对负极板的连接状况进行监测，一旦发现接触不良，即刻停止工作，并发出报警。所以，如果没有接好负极板，电刀是不能工作的。

选择合适的输出回路接地设计，也有助于防止这类危险。输出回路的接地方式主要有 3 种，即直接接地、参考接地和浮地（隔离）。直接接地的缺点是由于扩散电极（负极板）直接接地而致使病人直接接地，如果病人与其他电气装置相连，这个装置也有可能成为另一个接地通路，高频电流会经过这个电气装置而形成回路，造成意外伤害，而且这个接地通路也会成为低频市电电流的附加通路。所谓参考接地，是指输出回路通过电容接地。对于高频电流，这种类型与直接接地没有本质的不同，但可以限制 50～60Hz 市电电流以提高电安全性能。第 3 种输出接地方式是采用隔离输出回路，即输出回路不接地（浮地），可以较好地解决上述问题。目前绝大部分电刀采用浮地方式，同时某些高端电刀还能提供对高频漏电的检测报警。另外在作用电极的电缆中串联一个电容，它能通过高频电流，但阻止低频电流通过，避免因低频电流导致电击和神经、肌肉的电刺激。

9.2.3 输出波形和发生器

电外科器械产生所需的电流波形由发生器产生，经放大、控制并传输给病人而起到治疗效果。电刀所能产生的不同切割和凝血效应是由不同的高频电流波形所产生的。波形的基本调节包括电压的调节和调制波占空比的调节。通过这两项参数的变化组合，实

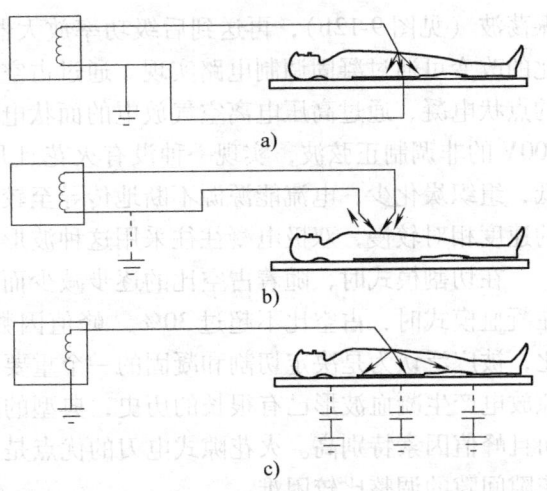

图 9-11 高频电刀在不同工作方式下的电流回路
a) 单极 b) 双极 c) 射频单端

现了电刀上的不同工作模式。决定电外科器械的临床效果的因数有电极的几何形状、高频电流的幅度、波形形状和作用时间。

实现切割的一个必要因素是电火花的产生，当带有大于200V电压的电极与组织之间的距离足够小时，火花即可产生。换句话说，当电刀电压输出低于200V时，不足以产生电火花，将不具备任何切割作用。当电压从200V不断增加时，电火花的密度也随之增加，从而在切割过程中组织被凝固的程度也越深。但当电压过大时，组织凝固将会过度，造成不必要的组织炭化和坏疽，同时造成电极和组织之间严重粘连。切割电流波形往往是没有调制或很少调制的正弦波，这种模式称为纯切模式。在实际应用中，为了能减少在切割中组织的出血，采用电压相对较高，且经过一定调制的波形，这样的模式常被称为混切（切、凝相混合）。真空管和晶体管电路技术都能产生连续波（见图9-12），连续波的频率范围是250kHz~4MHz。

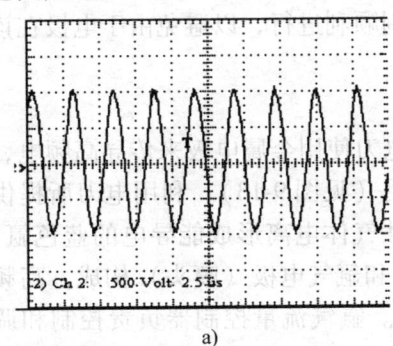

a)

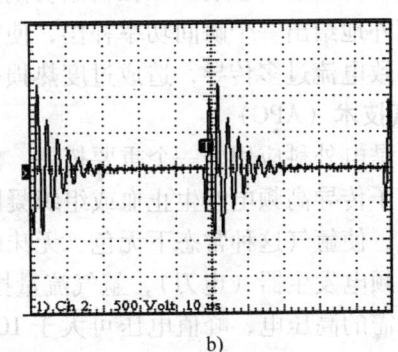

b)

图 9-12 电刀输出电压波形
a) 用于纯切割的连续正弦波 b) 有止血作用的间歇振荡波

常见的凝固电流是经过调制的正弦波，且峰值电压较高。这种调制的正弦波可以通过电子技术获得。晶体振荡器产生的高频信号经功率控制及激励器、功率放大器放大，送至输出电路。而当处于凝血模式时，高频信号在激励器中受脉冲电路产生的信号的控制，成为间歇

振荡波（见图9-12b），再送到后级功率放大器。脉冲发生器产生的频率为脉冲信号，占空比的改变可通过凝固调制电路实现。通过占空比和电压的调节，常见的电凝模式有快速有效的点状电凝、通过高压电离空气放电的面状电凝。也有特殊的电凝方式：通过峰值电压低于200V的非调制正弦波，实现一种没有火花且几乎无组织炭化和组织粘连的电凝，由于电压低，组织炭化少，电流能源源不断地传导至较深部组织，可实现相对较深的电凝。这种电凝的速度相对较慢，双极电凝往往采用这种波形。

在切割模式时，随着占空比的逐步减少而凝血效果逐渐明显，同时切割效果逐渐变差。在凝血模式时，占空比不超过30%。峰值因数（Crest Factor）是指峰值电压与平均电压之比，被广泛认为是决定切割和凝固的一个重要因素，但它不是唯一的决定因素。利用火花隙放电产生凝血波形已有很长的历史，典型的阻尼振荡频率是500kHz，波形谐波成分丰富，而且峰值因素特别高。火花隙式电刀的优点是止血效果非常好，其缺点是体积庞大，而且火花隙间隙的调整比较困难。

9.2.4 电外科的拓展技术

经过多年与临床紧密的联合发展，电外科产品的技术不断改进，以方便使用者的操作，改善输出效果，减少并发症，同时配合临床开发出了许多新的适应症。

1. 电刀输出控制技术

常规电刀的使用质量受3个因素影响：组织类型、电极形状和大小，以及操作医生的切割深度和移动速度。电刀的电压输出受这3个因素的影响而剧烈波动，造成输出效果的不稳定。一些高端电刀采用了实时监测反馈技术，对电刀输出的电流、电压、火花密度等参数高速采样并反馈，迅速计算出一个合理的输出参数并对下一步输出进行智能调节，以确保组织效果稳定、安全且有效。常见的调节技术有电压自动调节技术和火花调节技术，确保在外界使用环境不断变化的情况下，电刀始终以有效且尽可能损伤小的效果输出，同时使高阻抗的水下切割或富脂肪区的切割也能顺利进行，即限制与补偿并行，这样电刀的输出可最大程度上不受上述3种因素的影响。如在初始切割阶段，由于电极与组织接触面积较大，为减少切割延时，额外地给出一个瞬间功率补偿，使得切割顺利进行，以避免由于电极在该切点过多地停顿而导致电流过多传导，造成过度热损伤。

2. 氩气技术（APC）

氩气刀是电外科应用的一个重要拓展。传统电刀使用金属电极来传导高频电，而氩气刀利用氩等离子传导高频电产生止血或组织凝固作用（见图9-13）。利用电刀所提供的高压电来电离氩气，使氩气这种常态下无色、无味的惰性气体电离形成能导电的蓝色氩等离子束。氩气刀由高频电发生器（电刀），氩气流量控制器和氩气电极（喷头）构成，高频电发生器提供电离所需的高压电，峰值电压可大于10000V。氩气流量控制器负责控制和调节氩气流量以适应不同氩气电极和不同手术的要求。氩气刀技术是一种特殊的单极技术，通过氩等离子束来传导高频电有传统电刀所不具备的特殊优势。在对出血点喷射凝固完成后，被凝固组织的阻抗相对于周围出血组织的阻抗要高，根据电流的特性，流动性的氩等离子会自动流向那些低阻抗区域（出血点），这样凝固的面积就得到了扩大。同时电流不集中于一点传导，所以对组织的热损伤深度也得到了有效控制。氩气刀最初是被应用于普通外科手术的创面止血，氩气电极与组织非接触，可以快速移动，特别适合于手术中大面积渗血的止血。在20

世纪 90 年代中期，氩气刀被引用到了内镜治疗领域，充分展现了这项技术无可比拟的优势。在消化道或呼吸道的出血治疗中（在内窥镜下使用特殊设计的氩气软喷管），氩气刀对组织损伤深度的有效控制意义重大，较浅表的治疗深度可以有效防止肠壁或气管壁的穿孔，大大提高了治疗的安全性。对于消化道或呼吸道肿瘤增生组织，同样可以通过氩气刀的凝固灭活来达到治疗的目的。在该领域氩气刀逐步取代了激光消融的地位，氩气刀相对于激光更经济高效，使用更简单更安全。

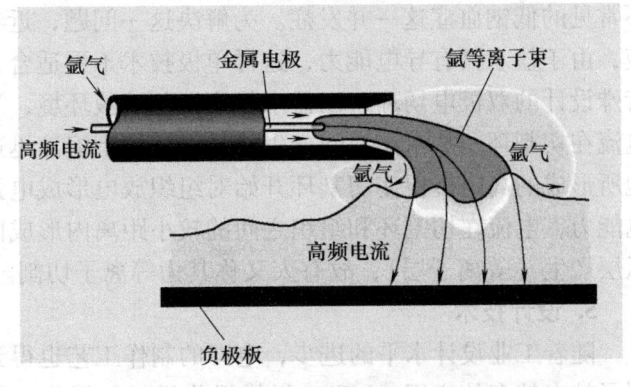

3. 大血管的电结扎技术

电刀的常规凝血模式往往只能用来处理一些小血管的破裂，手术中对于大血管的处理只能采用传统的线结扎或使用较昂贵的钛夹。近年来少数厂家开发出了通过电流来闭合结扎大

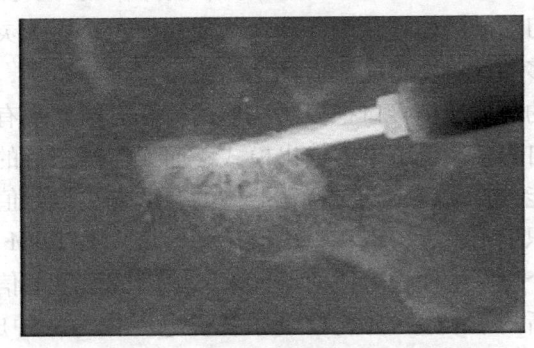

图 9-13 氩气刀的示意图

血管的新功能。它的工作原理是：用特殊设计的双极凝血钳夹合大血管，辅以特殊控制的低电压、高电流的脉冲波形，通过十几秒甚至几秒的电流传导，血管壁或组织形成一层白色透明凝固带，即实现了对最大直径为 7mm 的血管的闭合（电结扎，见图 9-14），被这样特殊凝固的血管壁能耐受 4~6 倍的平均动脉压的冲击。在电结扎的过程中，通过对血管壁阻抗变化的监测，在闭合完成后电刀可自动切断输出，避免血管壁的过渡电凝。电结扎技术的应用，可简化手术步骤，节约游离大血管的时间，减少缝线等外部材料的使用，尤其对腹腔镜手术大血管的处理和组织止血意义重大。

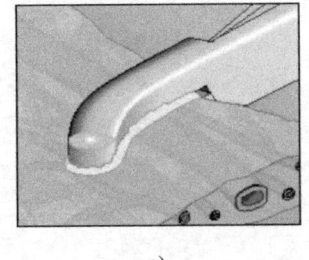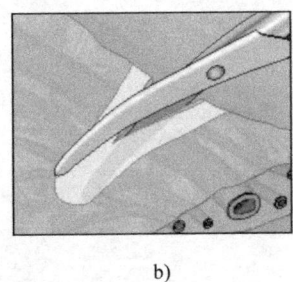

a)   b)

图 9-14 电结扎的原理示意图

4. 双极盐水下电切技术（双极等离子）

高频电刀的应用中有两个常见而又较特殊的适应症：前列腺电切/气化（TURP/TUVP）和宫腔镜下子宫内膜切除术（TCR），即运用特殊设计的高能切割模式，配合切割环在镜下糖水冲洗溶液中对增生的前列腺组织或子宫内膜进行切除或气化。该工作环境要求电刀在水下高阻抗状态中能量输出维持在高水平，衰减最小化。切割环在切开组织的同时，可能会暴露相当的出血点（血管口），糖水溶液作为镜下的手术视野清洗液可能会渗入血液，造成并

不常见的低钠血症这一并发症。为解决这一问题，近年来研究使用等渗的生理盐水作为冲洗液，由于盐水具有导电能力，这样单极技术不再适合，双极盐水下电切技术应运而生。配合特殊设计的双极电切环，以盐水作为切割溶液环境，当切割环无限接近待切割组织时，高能电流在切割环和盐水溶液间产生热量，环周围溶液迅速达到沸点后围绕切割环形成气泡，气泡所形成的高阻抗促使切割环开始对组织放电形成电弧，从而实现切割作用。利用盐水的导电能力，电流在切割环和组织之间的较小距离内形成回路。由于该切割方式有明显的环形电弧层产生（等离子层），故有人又称其为等离子切割。

5. 设计技术

随着工业设计水平的进步，电刀的制作工艺也得到了提高。高性能的处理器、传感器得到了越来越多的应用，LCD、触摸操作设计、操作系统的优化使得电刀的使用越来越方便。电刀功能的模块化设计理念，使功能组合更为灵活，随着电外科临床应用的不断发展，越来越多的针对新适应症而优化的波形将推向市场，而这样的新波形输出方式，已经可以通过电刀的数据通信接口把控制波形的算法升级到现有的产品之上。电刀的遥控功能使得主刀医生可自行控制调节电刀输出模式，而无需第三者的帮助。越来越多的电刀可实现器械自动识别功能，自动调出针对特殊器械的合适参数设置值，早期的器械自动识别还停留在对不同电阻的识别水平上，现在一些器械开始植入 EPROM 来存储特殊的设置值，这样就可以开发出保存个体医生使用习惯的器械来。电刀的数字通信接口使得远程维修诊断成为可能，并可融入最新的手术室一体化控制系统。电刀作为一种成熟的医疗仪器，伴随着医疗技术的不断进步，不断推出新的手术功能和理念，为手术水平的提高做出了巨大的贡献。

参考文献

[1] 余学飞. 现代医学电子仪器原理与设计[M]. 广州：华南理工大学出版社，2007.
[2] 邓亲恺. 现代医学仪器设计原理[M]. 北京：科学出版社，2004.
[3] 杨玉星. 生物医学传感器与检测技术[M]. 北京：化学工业出版社，2005.
[4] 王保华. 生物医学测量与仪器[M]. 上海：复旦大学出版社，2003.
[5] 张国雄. 测控电路[M]. 北京：机械工业出版社，2007.
[6] E A Parr. 怎样使用运算放大器[M]. 翟钰，叶治政，译. 北京，人民邮电出版社，1985.
[7] 程德福，林君. 智能仪器[M]. 2版. 北京：机械工业出版社，2011.
[8] 谢楷，赵建. MSP430系列单片机系统工程设计与实践[M]. 北京：机械工业出版社，2012.
[9] 徐可欣，高峰，赵会娟. 生物医学光子学[M]. 2版. 北京：科学出版社，2011.
[10] 李刚，张旭. 生物医学电子学[M]. 北京：电子工业出版社，2008.
[11] 付华，郭虹，徐耀松. 智能仪器设计[M]. 北京：国防工业出版社. 2007.
[12] 杨玉星. 生物医学传感器与检测技术[M]. 北京：化学工业出版社，2009.
[13] 王平，刘清君. 生物医学传感与检测[M]. 3版. 杭州：浙江大学出版社，2010.
[14] 胡坤，杨振. 光频率转换式脉搏血氧仪：中国，200920167977.7[P]. 2009.
[15] 林家瑞. 微机式医学仪器设计[M]. 武汉：华中科技大学出版社，2004.